康复增力型下肢外骨骼机器人智能控制

Intelligent Control of Recovered and Augmented
Low Limb Exoskeleton

王浩平 韩帅帅 田 杨 著

科学出版社

北京

内 容 简 介

本书以穿戴式下肢外骨骼机器人为研究对象，以康复训练辅助和增力辅助为主要应用目标，对下肢外骨骼机器人研究中的运动学/动力学建模、运动意图识别、康复运动步态规划、外骨骼运动控制方法、康复训练辅助策略和增力辅助策略等进行了系统的研究与介绍，设计了相应智能控制算法并进行了验证。

本书主要面向具有一定控制理论与工程知识的本科生、研究生、教师和工程技术人员等，可以作为高校机器人技术与控制工程相关专业的高年级本科生、研究生的学习资料，以及相关领域研究人员、工程技术人员的参考资料。

图书在版编目（CIP）数据

康复增力型下肢外骨骼机器人智能控制/王浩平，韩帅帅，田杨著. —北京：科学出版社，2023.6

ISBN 978-7-03-074715-0

Ⅰ. ①康⋯ Ⅱ. ①王⋯ ②韩⋯ ③田⋯ Ⅲ. ①下肢－康复训练－专用机器人 Ⅳ. ①TP242.3

中国国家版本馆 CIP 数据核字（2023）第 018767 号

责任编辑：李涪汁 王晓丽 曾佳佳 / 责任校对：郝璐璐
责任印制：张 伟 / 封面设计：许 瑞

科 学 出 版 社 出版
北京东黄城根北街 16 号
邮政编码：100717
http://www.sciencep.com
北京中科印刷有限公司 印刷
科学出版社发行 各地新华书店经销
*
2023 年 6 月第 一 版 开本：720 × 1000 1/16
2023 年 6 月第一次印刷 印张：17
字数：340 000
定价：139.00 元

前　言

　　我国人口老龄化加剧、残障人士逐年增多，迫切需要新的助老助残技术方案来缓解社会压力；同时，新时代军事环境下，增强单兵作战能力成为关系我国国防安全的紧迫需求，引入新的技术和设备成为解决这一需求的重要途径。穿戴式下肢外骨骼机器人作为一种新型机电一体化智能设备，融合了生物力学、人体工程学、机构学、电子信息、传感和控制等多学科技术，在康复治疗辅助、老年或残障人士行走辅助、单兵作战能力增强等方面具有广阔的应用前景，目前已成为国内外机器人领域的研究热点之一。

　　经过几十年的发展，机器人领域的著作成果颇为丰富，但目前外骨骼机器人领域的专著相对较少。作为一种穿戴式机器人，外骨骼机器人人机共融与实时交互的特性使得系统的复杂性更高，在安全性上的要求也更高，这对外骨骼系统的分析、设计和实时控制都提出了更高的要求。

　　本书主要以穿戴式下肢外骨骼机器人为研究对象，以康复训练辅助和增力辅助为主要应用目标，在人体工程学原理分析的基础上，设计集康复训练与增力辅助于一体的穿戴式下肢外骨骼机器人；对运动学/动力学建模、下肢运动意图识别、康复运动步态规划、外骨骼运动控制方法、康复训练辅助策略和增力辅助策略等展开系统全面的介绍，相应的控制方法和策略均进行了专门的仿真研究，最终利用实验平台对外骨骼机器人进行了算法和功能验证。通过本书，读者可对穿戴式下肢外骨骼机器人具有系统性的了解和认识，对其中个别方向感兴趣也方便进行深入研究。

　　全书共包括 9 章内容，第 1 章在介绍研究背景及意义的基础上，总结了目前康复增力型下肢外骨骼机器人研究中设计的主要样机类型以及相应的特点，同时对这类机器人的控制方法研究现状及发展动态进行了分析和介绍；第 2 章和第 3 章在健康与残障人士下肢运动机理分析的基础上，介绍了康复增力型下肢外骨骼系统的机械本体结构设计、建模和系统构建；第 4 章针对下肢运动意图识别问题，基于人体表面肌电信号，介绍了目前较为前沿的意图识别方法；第 5 章针对不同类型的康复患者以及不同的康复阶段，设计了针对性的辅助步态规划方法，特别地，针对主动康复训练这一前沿问题，设计了具有自适应能力的先进规划策略；第 6 章针对动力学层面的运动控制问题，在第 2 章和第 3 章建模的基础上，介绍了一种基于极局部模型建模的无模型智能控制算法，具体介绍了三种无模型自适应抗扰控制器；第 7 章和第 8 章在第 6 章运动控制研究的基础上，设计了康复运动辅助策略和增力辅助策略；第 9 章利用 dSPACE 硬件在环（HIL）实时测控平台，构建了康复增力型下肢外骨骼系统，进行了智能控制算法的验证研究以及外骨骼系统的功能验证。

本书是在总结作者多年的项目积累与研究成果的基础上撰写而成的，可以作为高校机器人技术与控制工程相关专业的高年级本科生、研究生的学习和辅导资料，要求学生具备理工科背景，拥有一定高等数学基础；也可以作为从事相关教学工作的高校教师的辅导材料；同时，也可作为从事康复机器人相关领域的研究人员或工程技术人员的参考书。

感谢为本书的撰写做出贡献的课题组学生，书中部分内容基于部分学生的科研成果撰写而成，他们是李善志博士、Saim Ahmed 博士、倪施燕硕士、章心忆硕士、王锡坤硕士、费菲硕士、汤国苑硕士、林敏硕士、孙玉娟硕士、唐昊硕士、韩佳伟硕士、殷越硕士、王益凯硕士、徐辉硕士等。

本书参考了国内外其他学者的论文和专著，由于篇幅有限，未能详尽列出，谨在此表示衷心的感谢！

由于作者水平有限，书中难免存在不妥之处，敬请读者批评指正。

作 者

2023 年 3 月

目　　录

第1章 绪 论

本章首先介绍穿戴式下肢外骨骼机器人在医疗康复和增力辅助中的应用价值与研究意义，总结目前康复增力型下肢外骨骼机器人的主要类型和特点；其次，将针对下肢外骨骼机器人的控制方法展开介绍，总结目前的研究现状和方向；最后，在以上分析与介绍的基础上，引出本书的具体内容。

1.1 研究背景及意义

目前，我国老龄化进程逐步加快：据统计，65 岁及以上老年人口从 1990 年的 6299 万人增加到 2000 年的 8811 万人；预计到 2040 年，65 岁及以上老年人口占总人口的比例将超过 20%。80 岁及以上高龄老人正以每年 5% 的速度增加，到 2040 年将增至 7400 多万人。2020 年第七次全国人口普查结果显示，与第六次全国人口普查数据（2010 年）相比，我国 60 岁以上人口比重上升 5.44 个百分点，人口老龄化进一步加剧，2021~2050 年将是中国快速老龄化阶段，未来将面临长期的养老和医疗压力。老龄化过程中的生理衰退导致四肢能力逐渐下降，给老年人日常生活带来诸多不便，使社会养老保险系统面临前所未有的压力。

同时，由各种疾病（如脑卒中，神经、脊柱损伤等）或灾难造成的残疾人也在逐年增加[1, 2]。2006 年第二次全国残疾人抽样调查显示，与 1987 年相比，2006 年残疾人总数明显增多，从 5146 万人增加到 8296 万人。截至 2021 年，各类残疾人总数已达 8500 万人左右，并且综合考虑人口结构的变动及社会经济因素等影响，我国人口的残疾现患率将在未来 40 年持续增长。为此，《中国残疾人事业"十二五"发展纲要》着重指出，需要完善康复服务网络，通过实施重点康复工程帮助残疾人得到不同程度的康复。

现阶段，患者运动功能的恢复主要通过康复医师对患者进行人工或简单医疗设备康复训练来实现，效率较低且康复效果在很大程度上取决于康复医师的临床经验，不能满足患者及大范围普及的要求。进入 21 世纪以来，许多发达国家已相继启动了康复机器人的国家研究计划，如美国卫生署 2006 年的康复机器人研究计划，重点支持康复机器人的基础科学、基础工程及临床应用技术的研究；瑞士也启动了与康复机器人相关的神经修复研究计划。在此背景下，我国启动了康复机器人研究计划，如国家科技支撑计划和国家高技术研究发展计划均已把康复机器人列为重点发展对象，以促进残障人士康复事业的发展[3]。

此外，利用高科技提高单兵作战能力一直是军事科技发展的一个主要研究方向。20世纪60年代，美国国家航空航天局实施了"负重机器人（Human Amplifier）计划"，期望通过结合士兵矫健的身手和机器人的大负载能力来提高普通士兵的作战能力。2000年，美国国防部高级研究项目局又制定了"增强人体机能的外骨骼项目（Exoskeleton for Human Performance Augmentation，EHPA）计划"，预计在近几年内研制一种穿戴式的、具有自适应能力的系统，极大提高行军、作战及防护能力。此外，俄罗斯、以色列及法国等多个研究机构也正在积极研制此类基于外骨骼的单兵作战系统。

外骨骼机器人系统作为一种模仿生物外骨骼的新型智能机电一体化系统，可为穿戴者提供如运动辅助、康复训练、机能增强等功能，同时由于融合了生物仿生、肌电传感、控制驱动、信息融合、移动计算等多学科交叉技术，保证外骨骼和穿戴者间在感知、决策与执行层面进行有效结合，提升人机系统的整体性能。近年来，外骨骼机器人系统逐渐成为国际学术及工程界的研究热点。然而，目前国内大多数研究集中在上肢外骨骼系统，对下肢外骨骼的研究相对较少，且自由度配置相对简单、本体结构设计功能单一、控制算法相对复杂，高度契合人体动作敏捷性及准确性要求的控制系统亟须深入研究。

因此，本书在我国逐渐进入老龄化、由各种疾病灾难所导致的残障人士逐年增加以及新形势下军队提高单兵作战能力需要的背景下，针对下肢外骨骼功能单一、控制算法复杂、不同人群普适性较差等现状，重点研究集康复运动及人体机能增强于一体且高度契合人体动作敏捷及准确度要求的穿戴式下肢外骨骼智能系统及其抗扰协同控制策略。

本书从我国现实紧迫需求出发，着力突破关系国计民生和国家安全的关键技术与设备，符合国家中长期科技发展纲要所规定的：重点开发个性化医疗工程技术及设备、重点研究基于生物特征为基础的"以人为中心"的智能信息处理和控制技术以及在非结构环境下为人类提供必要服务的多种高技术集成的智能化装备。以下肢康复增力型外骨骼机器人应用需求为重点，研究系统本体结构设计和智能控制等共性基础技术。

1.2 国内外研究现状及发展动态分析

针对人体外骨骼动力设备的研究始于20世纪60年代末，美国通用电气研究所联合康奈尔大学，构建了一个基于主从控制的液压动力外骨骼 Hardiman，由于该系统的结构设计过于复杂，它无法行走甚至不能稳定移动。几乎在同一时间，前南斯拉夫贝尔格莱德普平研究所的 Miomir Vukobratovic 与其同伴针对外骨骼的稳定性问题，对人形外骨骼基于零力矩平衡点（zero moment point，ZMP）算法进行研究[4]。近 40 年来，外骨骼机器人的发展可大致分为三个阶段：20 世纪 90 年代以前，受工业技术等因素的影响，外骨骼主要用于机械手遥操作、人体上/下肢及手指姿态测量及肢体残障人士的简单康复训练[4]；90 年代后，由于力反馈和触觉反馈逐步应用于外骨骼系统，控制效果有较大提高；21 世纪以来，能源、微驱动、材料科学及信息等技术的发展，推动了外骨骼系统研究的进一步发展[5]。目前，穿戴式下肢外骨骼按用途可分为测量感知型、增力辅助型、康复训练型、医学护理型及娱乐型等[6-8]。

下面主要从康复训练型和增力辅助型下肢外骨骼系统及其控制方法等方面进一步阐述下肢外骨骼的研究现状及发展趋势。

1.2.1 康复增力型下肢外骨骼系统研究现状及发展动态分析

20 世纪末至今，国内外学者提出了各种不同的下肢外骨骼，根据其应用功能，可主要分为以下两类。

1. 康复训练型下肢外骨骼

康复训练型下肢外骨骼专为下肢肌肉或运动神经受损而无法独立行走的人设计，主要作用为协助患者与医师进行康复训练，帮助患者恢复下肢运动能力，修复受损运动神经，故多由护理人员操作或在其监督下进行人体运动机能的再训练。目前较为成熟的典型系统主要包括瑞士的 LOKOMAT[7]下肢外骨骼系统、荷兰的 LOPES（Lower extremity Powered Exoskeleton）[9]、美国的 ALEX[10]等，部分典型康复训练型下肢外骨骼如图 1.2.1 所示。

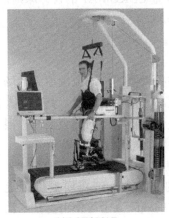 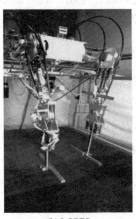 

(a) LOKOMAT　　　　　　(b) LOPES　　　　　　(c) ALEX

图 1.2.1 康复训练型下肢外骨骼

LOKOMAT 是瑞士 Balgrist 大学附属医院脊髓损伤中心与瑞士联邦理工大学紧密合作开发的机器人步态训练系统，用于因脑部损伤、脊柱损伤、神经性损伤、肌肉损伤和骨科疾病等造成步态异常的患者的步态训练，并提高神经疾病患者的行动能力，其基本功能为根据预定义的步态带动患者下肢进行康复运动，通过安装的三维力传感器，可对人体与外骨骼之间的交互力进行检测，交互力反馈可用于实时调整康复步态轨迹，逐步提高患者在康复过程的主动参与度，达到自适应调整步态的目的。该系统应用中结合了虚拟现实技术对患者的康复过程进行诱导，使得康复过程更为有趣，从而提高患者康复训练的主动参与度。

LOPES[9]由荷兰 Twente 大学生物医学工程实验室研发而成，相比于LOKOMAT，LOPES 为提高外骨骼与患者间的兼容性和舒适性，配置了更多的自由度，包括髋关节的屈伸和外展内收，骨盆的上下移动自由度和膝关节的屈伸自由度。LOPES 的四个主动自由度通过柔性拉线传动装置控制，系统的力反馈由弹性元件实现。因此外骨骼系统的关节机构更轻便，结构更简洁，在与人体的交互过程中外骨骼具有更低的阻抗，具备更好的安全性。

2009 年问世的 ALEX，由美国哥伦比亚大学机器人与康复工程实验室研制，其设计目的与 LOKOMAT 相似，是一款克服了被动机器人局限的主动外骨骼，允许患者障碍腿在约束动作内自由运动；具有 12 个自由度，每个自由度由相应的直流电机驱动控制，脉冲增量编码器用于位置反馈[10]。

相对于国外，国内康复训练型外骨骼的发展较晚，开始于 2004 年，总体处于实验室研发阶段[5]，距离实际的应用与市场推广仍具有相当的距离，其中包括机械结构设计、能源、人体意图识别、动力学控制算法等诸多方面的问题。目前取得初步应用的包括北京大艾机器人公司推出的艾康（AiWalker）和广州一康医疗设备实业有限公司的 A3 康复训练外骨骼，其研制多借鉴 LOKOMAT 的设计原则，功能相对单一，仅能实现较为基础和简单的康复动作。

2. 增力辅助型下肢外骨骼

相比于康复训练型下肢外骨骼，增力辅助型下肢外骨骼的活动范围更大，场景更为复杂多变，并不局限于室内或医院这样封闭且易于操作的场景，其应用人群为不具备完整下肢活动能力的残障人士或者需要提供负重辅助的健康人群，根据其应用目的可进一步分为运动辅助型下肢外骨骼和负重增力型下肢外骨骼。

1）运动辅助型下肢外骨骼

运动辅助型下肢外骨骼适用于无法独立行走的残障人士或需要提供行走辅助的行走机能衰弱的老年人士，无法做到行走稳定的残障人士可使用拐杖来辅助维持平衡，该类外骨骼的典型产品包括以色列埃尔格医学技术（Argo Medical Technologies）公司的 REWALK[11]、美国 Ekso Bionics 公司的 EKSOBIONICS[12]、中国上海傅里叶智能公司的行走助力外骨骼 Fourier X1、北京大艾机器人公司的艾动（AiLegs）等。部分运动辅助型下肢外骨骼如图 1.2.2 所示。

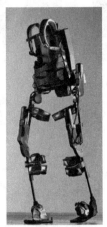

    (a) REWALK   (b) EKSOBIONICS   (c) 东南大学外骨骼   (d) 电子科技大学外骨骼

图 1.2.2　运动辅助型下肢外骨骼

    REWALK 外骨骼由电动腿部支架、身体感应器和一个背包组成，可帮助下身麻痹患者站立、行走、爬楼梯，但需一副拐杖来帮助患者维持身体平衡。背包内有计算机控制系统和蓄电池。使用者可先用遥控腰带选定某种设置激活身体感应器启动装置[11]。EKSOBIONICS 是一款可穿戴的、通过电池供电的仿生机械腿，穿上后可提供必要的支撑力，在手杖的辅助下让人重新站立[12]。

    上海傅利叶智能公司研发的第一代下肢外骨骼系统 Fourier X1 是国内第一批推向市场的下肢外骨骼，其主要应用于下肢残障人士的行走辅助，使患者恢复行走能力，其控制策略与功能模式仍相对单一。东南大学、电子科技大学等也对这类外骨骼进行了一定的研究，但距离实际应用和市场推广仍有一定距离。

    2）负重增力型下肢外骨骼

    负重增力型下肢外骨骼主要为正常的如医院护工、繁重劳工、士兵等特殊人员设计，通过合理选取外骨骼关节的传感、驱动设备，构造智能控制决策策略，提高穿戴者的运动、反应及负荷载重等能力，主要有：美国加利福尼亚大学伯克利分校研制的 BLEEX[13]、美国犹他州盐湖城的 Sarcos[8]、美国伯克利仿生公司的 HULC（Human Universal Load Carrier）、美国雷神公司的 XOS-1/XOS-2、日本的 HAL（Hybrid Assistive Limb）[14]、法国的 HERCULE 大力神外骨骼、新加坡南洋理工大学的 LEE（Lower Extremity Exoskeleton），以及中国人民解放军海军航空工程学院（现海军航空大学）的 NES-X 等，图 1.2.3 给出了国外与国内的部分产品或样机。

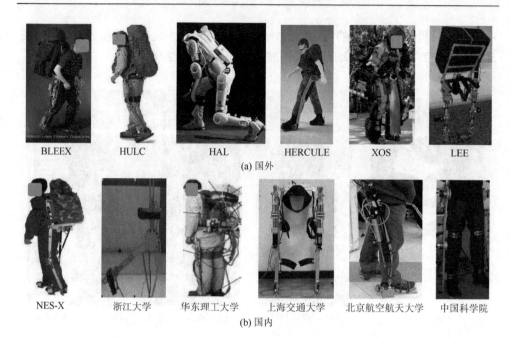

(a) 国外

(b) 国内

图 1.2.3   国内外负重增力型外骨骼系统

BLEEX 是第一个自带移动电源且能负重的外骨骼机器人,通过双向线性液压缸来驱动;其控制目的在于减少使用者与外骨骼间感官信息的交互,即仅基于外骨骼测量值估计的控制器设计[13]。

Sarcos 是一种自带电源的有源外骨骼,采用回转液动执行器且直接安装在设备的供电关节处,通过力传感来实现避让控制[8]。之后,麻省理工学院提出了无源外骨骼的概念,通过采用弹簧、可变阻尼器等无源元件来构建在节点处不使用任何执行器、完全依赖储存于弹簧中能量的外骨骼;由于采用了无源元件,该装置与其他外骨骼相比较轻便[8],但由于其辅助人体的能量来源于人体自身的运动储能,本质上是一种滞后的辅助,无传感、无驱动使其功能上受到限制。

雷神公司收购了 SARCOS 公司,并将其研制的第一代外骨骼更名为 XOS,2010 年 XOS-2 问世,其能量消耗减少了一半,并且比第一代更强更快,但有关 XOS 的各类技术信息至今未公开[4]。

日本的混合式辅助腿 HAL 是筑波大学的 Yoshiyuki Sankai 教授和他的团队研发的一种全身性、利用皮肤表面肌电信号(sEMG)、关节角度反馈、交互力反馈等来识别人运动意图并进行控制的外骨骼[14, 15]。

法国 HERCULE 大力神外骨骼是由法国武器装备总署与某防务公司联合研制的协同可穿戴式外骨骼,主要由机械腿和背部支撑架组成,旨在使穿戴者能轻松携带重物、辅助增强士兵在战场上的负重与持久作战能力[16]。

海军航空工程学院是我国最早进行骨骼服研究的院校之一，2006 年设计完成了第一代骨骼服样机，命名为 NES-1，采用电机驱动方式巧妙地使用了气弹簧实现关节助力，展示了行走、步行等功能，其步态模式有待进一步扩展[17]。2008 年，第二代骨骼服 NES-2 问世，它的驱动电机不再直接安装在膝关节，而是通过柔性拉索装置，将电机和关节在空间上进行隔离，从而大大降低了骨骼服腿部的重量，保证了摆动腿可不加控制，简化了控制方法。2009 年，又设计了第三代骨骼服，在结构设计及控制算法等方面均有一定的改进和提高[18]。

浙江大学流体传动及控制国家重点实验室提出了硬件具有 8 自由度的下肢外骨骼研制，但仅对外骨骼的髋和膝关节进行基于伺服电机的驱动运动控制[19]。中国科学技术大学也对由 4 自由度驱动的助力外骨骼机器人的构型、感知和控制方法等进行了分析与研究[20]。华东理工大学机械与动力工程学院也进行了原理类似于 HULC 的下肢外骨骼研制，但其驱动自由度相对较少[21]。近年来，国内各单位下肢外骨骼研究也逐渐展开，中国科学院、哈尔滨工业大学、上海交通大学、北京航空航天大学、华中科技大学等均有相应的初步研究（部分样机如图 1.2.3 所示），但距应用仍有较远距离。

综上所述，目前大部分研究工作分别对康复训练、运动辅助或负重增力型下肢外骨骼进行了研究，符合多功能要求的复合一体化的下肢外骨骼本体结构设计及其控制方法的研究并不多见，且多处于实验室研发阶段；为实现实际应用需求，其在系统适应性、可靠性，特别是在人机运动意图识别与观测、高度契合人体动作敏捷及准确度要求的控制系统等方面均亟待深入研究。除了合理有效的结构设计与传感设计，下肢外骨骼系统的成功应用离不开有效的控制算法，接下来，将围绕外骨骼研究领域一直以来的研究热点和难点进行重点分析与阐述[6, 22]。

1.2.2 康复增力型下肢外骨骼系统控制方法研究现状及发展动态分析

相比于传统的机器人控制系统，外骨骼控制系统包含高、低两层次控制，其中高层控制反映了外骨骼与传统机器人的不同，即"人在回路中"（human in loop）是造成两者差异的主要原因。穿戴者不仅是机器人控制命令的发送者或任务的监督者，也是控制回路中必不可少的组成部分，其与外骨骼系统的人机交互方式、控制方法设计等决定着外骨骼系统的整体性能、安全性和舒适性。不管是康复运动、运动辅助还是负重增力型外骨骼系统，都需通过不同的传感器从人体获得力和（或）生物信号（如肌电、脑电信号等）以及相应的人机交互模型来预测穿戴者的运动意图，作为外骨骼系统控制的参考运动信息输入。本书所设计研发的下肢外骨骼具有康复运动与增力辅助的复合功能，故对于不同的应用需求其控制手段存在较大差异，从该角度出发，将外骨骼控制方法的现状总结如下。

1. 基于位置反馈的控制

位置控制主要用于外骨骼关节期望轨迹跟踪控制，对于人体运动跟踪、关节或步态康复训练具有十分重要的意义。针对外骨骼系统的非线性耦合、摩擦不确定以及外界扰动等影响，传统的基于模型或经典 PID 控制已不能很好地满足系统控制性能提高与被控系统复杂度不断增加的要求。近年来，为提高轨迹跟踪控制精度，文献[23]和文献[24]分别提出了一种基于滑模与神经模糊的轨迹跟踪控制方法。另外，为了消除系统关节转动摩擦、执行器或操作者端干扰带来的不利影响，更好地进行人体关节或步态康复训练，文献[25]针对三自由度的下肢康复机器人，提出了一种自适应鲁棒控制，实现对人体髋、膝与踝关节的精确轨迹跟踪控制。

针对单自由度膝关节矫正外骨骼，为实现膝关节的弯曲/伸展轨迹跟踪控制，文献[26]提出了一种无须任何被控系统动态模型先验知识的有限时间收敛的非奇异终端滑模控制方法。因此，位置反馈控制方法由最初的基于模型的控制方法逐步发展过渡到无须模型且控制性能更优的智能自适应控制方法。

2. 基于交互力/力矩反馈的控制方法

利用力/力矩反馈信号，作为人机交互作用最直接的形式，被广泛用于人机交互外骨骼系统的控制研究中。最常用的方法有灵敏度放大控制（sensitivity amplification controller，SAC，也称虚拟关节力矩控制）、阻抗控制或导纳控制（其输入输出与阻抗控制正好相反）[27-29]，其目的都是基于改变系统行为方式，使其具有低阻抗动态特性。灵敏度放大控制通过避免测量穿戴者与外骨骼之间的交互力，采用虚拟关节力矩代替所需阻抗。阻抗控制通过测量穿戴者与外骨骼之间的交互力来克服灵敏度放大控制方法的不足以实现低阻抗。然而，实际应用中由于系统模型的不确定性，上述基于模型的方法带来了较大的局限性，其期望运行轨迹需要进行修正。

为克服上述不足，特别是对因系统不确定性引起较大危害的灵敏度放大控制来说，文献[30]提出了精确系统辨识法，并且加入了低通滤波器以消除控制器中未建模高频动态所导致的放大效应。文献[29]提出了一种基于在线非线性系统不确定辨识法，以消除阻抗控制中的不确定性影响，但该方法需获取穿戴者下肢角加速度作为理想参考轨迹，即需要穿戴者与外骨骼间的交互力产生控制信号输入，然而由于交互力测量所需的力传感器成本昂贵及测量使用摆放等约束限制了该方法的推广应用。文献[29]针对下肢外骨骼摆动运动，提出了一种基于自适应学习算法的 RBF 神经网络不确定补偿法，并基于李雅普诺夫稳定性理论分析了闭环控制系统的稳定性，但由于基于 RBF 神经网络的计算较复杂，实际应用需进一步简化。近年来，其他鲁棒控制方法，如终端滑模控制[31]也被应用到下肢外骨骼系统中，由于其对不确定非线性系统控制的有效性，逐渐受到关注。

3. 基于表面肌电信号反馈的控制方法研究

表面肌电信号（sEMG）因与人体肌肉运动间交互固有相关性，近年来逐渐引起学者的广泛关注[14, 15, 32-34]。利用表面肌电信号进行下肢外骨骼控制，目前主要有以下待解决的问题。

1）sEMG 信号特征提取

sEMG 信号特征提取是 sEMG 预测人体运动意图的核心技术之一。利用绝对值积分[34, 35]、均方根[36]、线性自回归模型[37]等时域或其他时-频域方法对 sEMG 信号进行特征提取后，才能进一步进行人体运动意图的预测，否则需处理的数据量太庞大，会影响系统的实时性。

2）人体主动运动意图识别

人体主动运动意图识别即 sEMG 转换成肌肉力或肢体运动所需的模型，包含动力学模型和肌肉模型两类。动力学模型是将人体肢体视为由关节连接的刚体，得到由惯性矩阵、科氏力和离心力矢量以及重力矢量组成的模型；肌肉模型预测下肢关节附近肌肉产生的肌力，是关于肌肉活跃度和关节运动量的函数，通常有Hill-based 模型和骨骼肌的三元模型[32]，随着自由度的增加，其计算复杂度将成倍增加。

基于 sEMG 信号的研究在日本第三代混合式辅助腿 HAL-3 得到较早应用，即利用多处不同的趾伸与趾屈肌腱的 sEMG 信号对人体关节力矩进行估计，以及基于此信号的功率辅助反馈控制[14]；此后，在第五代混合式辅助腿 HAL-5 中，基于sEMG 信号控制得到较成功的应用[15]。近年来，针对辅助人体站立的下肢外骨骼系统，提出了一种较为特殊的基于 sEMG 信号反馈的阻抗控制[33]。目前，人工智能控制算法，如神经网络、模糊控制等，由于对系统不确定的适应性强，在外骨骼机器人领域越来越受到关注[34-38]；但现阶段，基于 sEMG 信号的人工智能控制算法还主要应用在上肢外骨骼系统中[34-37]。另外，人工智能控制算法的大计算量也限制了其进一步应用。

同时，随着 sEMG 信号在人体运动意图识别估计研究中的不断深入，发现还有不少实际问题。如 sEMG 信号传感器的探头测量位置选取、区域肌肉信号、外界测量噪声等因素会对测量精度产生较大影响[39, 40]；其性能受到穿戴者个体差异性的影响，且贴附于皮肤的传感器件存在易脱落的问题，需更高效且普适性更好的传感技术与信号处理方法[6, 15]。

4. 基于多种信号反馈或扰动观测的控制研究

近年来，针对上述各种反馈信号以及控制方法的不足，为提高外骨骼系统的整体控制性能，出现了基于多种复合反馈信号的混杂控制研究，如美国的 BLEEX 外骨骼系统针对人体水平行走问题，提出了一种基于比例微分位置子控制与灵敏度放大子控制器 SAC 相结合的混杂控制方法。但 SAC 子控制器需知道精确的下肢外骨骼与人体腿部动力学信息，难以大范围应用[6]。最近，在 BLEEX 混杂控制方法的启发下，文献[6]提出了一种基于传统 PID 与模糊控制的可切换混杂控制算法。针对下肢辅助外骨骼系统，文献[41]提出了一种具有自学习估计功能的滑模导纳控制器，该估计器是结合了基于关节角位置反馈的动态子模型及基于 sEMG 传感信号反馈的 EMG 子模型的混杂模型，在整个人体下肢运动、外界扰动下均能较好地估计人体所需的力矩，使人机系统的鲁棒性增加。此外在通过传感等工具获得模型信息的基础上，可进行相应的力/力矩观测器设计研究。文献[42]和文献[43]设计了一种力观测器，实现不依赖力传感的交互力或外力控制，可应用于伺服电机驱动的外骨骼机器人中；文献[44]利用模型信息和输出反馈，设计了一种非线性干扰观测器，实现了对一种气动人工肌肉的位置跟踪控制，利用非线性干扰观测器对未知干扰进行估计并补偿，提高了位置控制精度。

由此可看出，基于输出反馈状态观测器对人机交互作用或外界扰动的识别与观测是新近出现、代表未来发展趋势的一个有效方向。此外，人机外骨骼非线性系统的高度耦合交互程度，使得系统精确模型的建立与获得变得越加困难。因此迫切需要研究一种更为智能高效的控制算法即无模型自适应控制[6, 22]。

5. 无模型自适应控制方法研究

目前，国内外主要无模型自适应控制方法包括以下五种。

1）基于特征模型描述的智能控制方法[45-47]

20 世纪 90 年代初，由吴宏鑫等提出的基于特征模型描述的智能自适应控制方法，以航天器和工业过程系统为主要研究对象，将自适应控制和智能控制相结合。其优势在于结合被控系统的动力学特征、环境特征和控制性能进行建模，而不是仅以对象精确动力学分析建模为主，可用于具有不确定性、非线性、大滞后而无法精确建模的系统。

2）基于数据驱动的无模型控制方法[48-50]

20 世纪 90 年代中期，侯忠生、韩志刚等提出了一种基于数据驱动的无模型自适应控制器设计，该方法主要由基本算法和组合算法两部分组成，参数可在线自适应调节。优势在于将现代与古典控制方法相结合，只需受控系统的输入输出数据，不依赖被控系统具体模型；对单输入单输出、多输入单输出及多输入多输出系统，可分别设计相应的控制器，达到不同的工艺控制要求。

3）自抗扰控制方法

自抗扰控制方法（active disturbance rejection control，ADRC）[51-54]是由韩京清提出的，基于 20 世纪 70 年代的不变理论（the theory of invariance）从经典 PID控制中发展而来，用于克服经典 PID 方法不足的新型实用控制技术。主要由微分跟踪器（tracking differentiator，TD）、扰动估计的扩张状态观测器（extended state observer，ESO）以及非线性反馈组合（nonlinear feedback combination，NFC）三部分组成，近年来逐渐成为研究的一个热点。

4）基于代数估计的无模型控制方法研究[55-57]

随着计算机技术的快速发展，近年来，基于代数估计的无模型控制方法由Fliess 带领的法国国家信息与自动化研究所（INRIA）NON-A 团队提出并发展而来，其主要思想是：针对任意高阶的 SISO 被控系统，引入极局部低阶模型（ultra-local model）来逼近原系统，其中极局部模型阶次通常为 1 或 2，未知动态由基于拉普拉斯变换与逆变换的代数方法计算估计得出；在该代数估计法的基础上引入具有 PID 控制结构的反馈控制，该方法也称为智能 PID 方法。该方法结构简单，但基于拉普拉斯变换与逆变换代数法的未知动态估计的计算步骤与计算量较大，其实际应用仍受到较大限制。

5）基于时延估计的智能控制方法[58-61]

20 世纪 80 年代末，由美国麻省理工学院的 Youcef-Toumi 等最先针对机电二阶系统提出，该方法利用当前时刻前的一微小延时时刻的输入与输出值来估计被控系统中未知量而得名，故称为时延估计（time delay estimation，TDE），其中可包括被控系统未建模不确定动态、参数摄动、测量误差及控制输入干扰等；然后，基于 TDE 的动态估计、被控系统输出及输出高阶微分项反馈，进行时延控制（time delay control，TDC）。该方法在被控系统阶次较低时性能较好，当系统阶次较高时，由于其控制输入信号的计算需引入易受测量噪声影响的系统输出高阶微分项，其性能会变差。因此，为提高控制性能，经过韩国 KAIST 科学院 Chang 等的发展，基于时延估计的同时，引入其他如滑模等控制方法，在多自由度机械臂、双臂机器人中均得到了较好应用[59-61]，近年来逐渐在下肢外骨骼机器人中应用。

本书将在无模型自适应控制方法的基础上，基于由间断运行混杂系统（piecewise functioning hybrid systems，PFHS）[62-65]发展而来的与被控系统参数无关、抗干扰且系统参数摄动能力强、仅采用系统输入输出数据的多输入多输出的轨迹跟踪控制器，即循环迭代无模型自适应控制器（recursive model free controller，RMFC）[62, 65]、受限系统状态观测器[62-64, 66-68]，针对人机外骨骼高度交互耦合的复杂非线性受约束不确定系统，引入极局部低阶模型对被控系统基于微小时间滑动窗口的模型等效降阶建模，并基于此等效低阶模型引入时延估计法对系统的未建模动态、参数摄动、测量误差、外界干扰等进行估计并补偿，引入具有 P 或 PD 或 PID 结构较为简单的新型抗扰协同控制策略。同时，针对微小时间滑动窗口，基于等效降阶模型时延估计所产生的误差，进一步采用非奇异终端快速滑模控制或时延误差估计的新型抗扰协同无模型自适应控制策略研究。

1.3　本书总体结构安排

本书总体安排如下。

第 1 章在分析康复增力型下肢外骨骼机器人系统方案和控制策略研究现状的基础上，总结当前研究中的难点和尚未解决的问题，引出本书的研究重点。

第 2 章对健康与残障人士的下肢运动机理进行了分析，包括关节自由度分布、行走步态特征、残障人士的下肢运动特征等。

第 3 章根据第 2 章中下肢运动机理的分析结果，在自由度配置和尺寸分析的基础上，设计了一种 12 自由度多功能下肢外骨骼虚拟样机；针对该虚拟样机，进行运动学与动力学分析。在硬件方案制订后，改进该虚拟样机的设计，设计并实现一种康复增力型下肢外骨骼机器人样机，基于 dSPACE 硬件在环（hardware in loop，HIL）测控平台，构建了康复增力型下肢外骨骼系统。

第 4 章针对人体运动意图识别问题展开研究，搭建人体表面肌电信号（sEMG）采集系统并获取大量的数据样本；基于 sEMG 信号数据，设计了多时域联合小波包部分子空间模糊熵的特征提取方法，在此基础上设计基于神经网络与支持向量机实现下肢关节运动意图识别方法和基于知识库与特征匹配的运动识别方法。

第 5 章针对康复训练这一应用目标和场景，在分析下肢外骨骼系统混杂系统特性的基础上，首先进行基于 ZMP 理论的稳定步态规划研究，规划适合被动康复训练模式下的稳定行走步态；继而进行了特殊动作（如起立、坐下、转向等）的步态规划。为提高步态生成的灵活性和适应性，基于振荡器学习理论设计了学习性步态规划策略；进一步设计了学习足部三维运动轨迹的自适应性步态规划策略。

第 6 章针对康复增力型下肢外骨骼运动控制问题展开研究，基于极局部建模（ultra-local modeling）理论，结合先进控制理论知识（分数阶终端滑模理论、RBF 神经网络理论、非奇异终端滑模理论、时延估计技术等），构建具有自适应、抗扰动性能的无模型运动控制方法。

第 7 章对康复运动辅助策略进行了研究，针对被动康复训练任务，设计了基于轨迹跟踪控制的辅助策略；针对主动康复训练任务，设计了基于多模式划分和基于力矩控制的按需辅助策略。

第 8 章对增力辅助策略进行了研究，在人机交互模型分析的基础上，分别设计了摆动相和支撑相辅助控制策略，联合仿真研究验证了策略的可行性。

第 9 章利用第 3 章构建的康复增力下肢外骨骼智能系统，分别在康复训练模式和增力辅助模式下展开了实验研究。

最后，对全书内容进行了总结，指出未来研究中待解决的一些问题。

第 2 章　健康与残障人士下肢运动机理分析

本章在人体工程学知识的基础上，重点分析健康人士和残障人士的下肢运动机理。健康人士的下肢结构（关节自由度、关节活动范围、行走特征等）是下肢外骨骼机器人结构设计的重要依据和参考；残障人士的下肢运动机理，尤其是病理步态特征，对辅助策略的设计具有重要意义。

2.1　健康人体下肢运动机理分析

2.1.1　人体的基本轴与基本面

与人体关节运动描述相关的两个术语是面和轴。图 2.1.1 所示的便是解剖学中人体所具有的三个相互垂直的切面以及对应的三个相互垂直的基本轴，人体的基本运动都是围绕这三个基本轴进行的，对这些面和轴的具体定义如下。

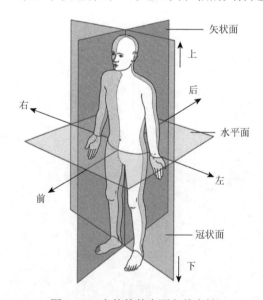

图 2.1.1　人体的基本面和基本轴

（1）矢状面（sagittal plane）：沿前后方向将人体分为左右两部分且与地平面垂直的纵切面。其中，将人体左右等分的矢状面称为正中（矢状）面。

（2）冠状面（frontal plane，或称额状面）：沿身体左右方向将人体分成前后两部分且与地平面垂直的纵切面。

（3）水平面（horizontal plane，或称横切面）：与上述两切面垂直并与地平面平行，将人体分为上下两部分的切面。

（4）垂直轴（vertical axis）：上自头侧下至尾侧且垂直于水平面的轴，是矢状面和冠状面的交线。

（5）矢状轴（sagittal axis）：由背侧面至腹侧面且垂直于冠状面的轴，是矢状面和水平面的交线。

（6）冠状轴（frontal axis，或称额状轴）：沿左右方向，与上述两轴垂直并与水平面平行的轴。

2.1.2　人体下肢关节与活动自由度

在解剖学上，人体下肢运动系统由下肢骨、下肢骨连结、下肢骨骼肌组成。在运动时，下肢骨骼肌收缩，牵引下肢骨移动位置。同时，下肢骨和下肢骨骼肌起到支持与保护的作用。下肢骨连结以运动枢纽的身份起到支点作用。下肢骨连结又可以根据连结的方式分为直接连结和间接连结，间接连结又可简称为关节。关节的运动主要包含：屈/伸（踝关节处可称为背屈/跖屈）、收/展、旋转、环转。

人体下肢自由的骨连结（即关节）主要有髋关节、膝关节和踝关节。髋关节主要由髋臼和股骨头组成，人体下肢的股骨和髋骨运动主要依靠髋关节，它不仅为人体下肢提供动力，也为人体上身提供支撑以保持人体平衡，因此髋关节在人体运动中起着至关重要的作用。髋关节为多轴性关节，其运动包含多个方向，具体如下。

屈/伸：运动在矢状面，即前/后方向。屈是指大腿靠近人体腹部运动，伸指大腿远离人体运动。髋关节的屈曲可达到 140°左右，伸展则只能至 10°左右。

外展/内收：运动在冠状面，即左/右方向。外展指大腿远离人体运动，内收指大腿靠近人体运动。髋关节的外展可达到 45°左右，内收则为 20°左右。

旋转：绕垂直轴进行。旋转亦可分为内旋和外旋，内旋指髋关节绕垂直轴向大腿内侧旋转，外旋指髋关节绕垂直轴向大腿外侧旋转。髋关节的内旋可达到 40°左右，外旋可达到 30°左右。

膝关节是人体最复杂也是最容易损伤的关节，由股骨和胫骨的内外髁及髌骨构成，它所受到的应力较大，结构稳定而又灵活。膝关节是支撑人体的一个关键部位，但其运动方向较少，主要作屈/伸运动，并且在屈膝时可有小幅度的旋内旋外运动，但在人体行走时只考虑其屈/伸运动，所以在此便只介绍膝关节屈/伸。屈/伸运动于矢状面，屈曲指小腿靠近大腿，伸展则指小腿远离大腿。膝关节的屈曲可以达到 145°左右，伸展只为 10°左右。

踝关节由胫、腓骨的下端与距骨滑车构成，它是联系人体足部和下身的一个交通枢纽。与膝关节相比，踝关节运动范围较小，但可以为人体的运动提供支撑和动力。踝关节的运动主要包括以下三类。

背屈/跖屈：运动在矢状面，即前/后方向。背屈是指脚背靠近小腿，跖屈指脚背远离小腿。踝关节的背屈可达到 30° 左右，跖屈则为 50° 左右。

外翻/内翻：运动在冠状面，即左右方向。外翻指脚背向外侧远离人体，内翻指脚背向内侧靠近人体。踝关节的外翻可达到 35° 左右，内翻则为 30° 左右。

旋转：绕垂直轴进行，踝关节的旋转也可分为内旋和外旋，均可达到 30° 左右。

2.1.3　人体下肢行走特征

行走是人日常生活中重复最多的一种整体性运动。它由多块肌肉有规律地收缩而驱动骨骼绕关节运动。人体走路的姿态称为步态，步态的生物力学参数包含时间参数和空间参数。

1. 时间参数

人体的步行是一个周期性的运动，从一只脚的脚跟着地开始到该脚跟再次着地为止称为一个步态周期，如图 2.1.2 所示。

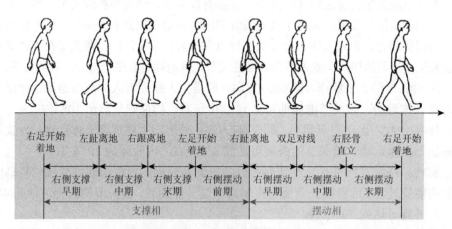

图 2.1.2　人体行走的步态周期

一个步态周期包含了支撑相（站立相）和摆动相。支撑相是指单腿或两条腿接触地面，并且承受重力，约占整个周期的 62%。其中站立相又分为双脚支撑、单脚支撑和第二次双脚支撑。当一侧肢体进入支撑相而另一侧还未脱离支撑相时为双腿支撑，约占全周期的 28.8%。随着年龄的增长，单、双支撑相的占比增加，因此，为老年人设计康复型下肢外骨骼时需注意支撑相步态的规划。摆动相是指人体在行进的过程中一条腿脱离地面进行摆动向前，约占整个周期的 38%。同样，摆动相也可分为初期、中期和末期摆动。

2. 空间参数

步行的空间参数包括步长、步幅、步宽、步频、足夹角等，如图 2.1.3 所示。步长是指行走时同侧足跟或足尖到迈步后足跟或足尖之间的距离，正常人为 150～160cm。步幅指行走时左右足跟或足尖间的纵间距，是步长的一半。步宽指行走时两侧足内侧弓之间的距离。正常人的步宽为 5～10cm。步频/步速指行走时每分钟迈步数。正常人的步频为 95～125 步/min。足夹角指行走时足底的中心线与前进方向的夹角。正常人的足夹角约为 6.75°。

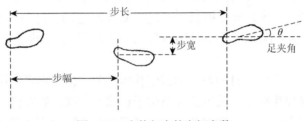

图 2.1.3　人体行走的空间参数

3. 时-空参数

人体行走中，以髋关节、膝关节、踝关节的角度-时间曲线为主要特征。通过研究角度、角速度或角加速度的变化可以研究不同状态下的步态以及关节的功能情况。研究不同关节间的角度-角度曲线可以反映关节间协同关系。因此，人体行走时的末端轨迹图、关节角度变化图等都可用于分析下肢关节的功能及运动。

4. 不同人群的步态特征

对于老年及残障人士，其步态与常人区别较大，其中老年人由于身体机能逐渐衰弱，步态常出现慢速、抖动、小幅度、低频、不对称甚至周期紊乱等特征。对于健康人士/士兵等具有负重辅助要求的人群而言，其步态即为常人行走步态，但在特殊行走环境下，如登山、越野等较为恶劣的环境中，步态有所差异，呈放缓或幅度变大状。

2.2　残障人士下肢运动机理分析

由于下肢外骨骼的主要作用在于康复训练或增力辅助中的行走辅助，下肢生理学特征是其设计上的重要依据，本节重点分析残障人士的病理学步态或其他异常步态特征，作为下肢外骨骼系统功能设计和构建的依据。根据行走特征，典型异常步态主要包括躯干弯曲、腰椎前凸、功能性腿长差异、髋关节异常旋转、膝关节过度超伸、膝关节过度屈曲、背屈不足、足部异常接触和足部异常旋转等，以下主要分析这几种异常步态的特征[68]。

2.2.1　躯干异常

躯干侧弯：指躯干向支撑腿一侧弯曲，又称为特伦德伦堡步态（Trendelenburg gait），行走中呈现出躯干左右摇摆的特征，躯干弯向支撑腿是为了减小单腿支撑下伸展肌肉群需要的力量。躯干侧弯可能是单向侧弯，也可能是双向侧弯，与患者的受损情况有关。躯干侧弯的原因主要包括髋关节疼痛（骨关节炎、类风湿性关节炎等）、髋关节外展肌力不足（肌肉或运动神经损伤）、髋关节异常（髋关节脱位、髋外翻、股骨头骨骺滑脱）、双腿不等长、内收肌挛缩、脊柱侧凸等。

躯干前弯：一个主要目的是人体试图补偿膝关节伸展不足。图 2.2.1（a）为正常步态下的支撑相前期，此时膝关节位于触地力方向线的右侧，腿部的四头肌收缩，产生内部力矩，维持膝关节伸展。当四头肌的肌力不足或麻痹时，无法产生足够的力矩，人体有摔倒的倾向，如图 2.2.1（b）所示，此时躯干前弯，人体的重心前移，膝关节偏移至力线左侧，产生了使得膝关节超伸的力矩。躯干前弯的其他原因包括马蹄足畸形、髋伸肌无力和髋屈曲挛缩等。

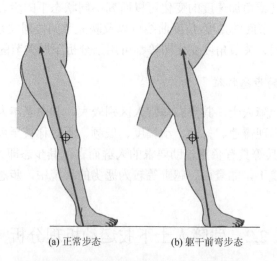

(a) 正常步态　　　　　　　　(b) 躯干前弯步态

图 2.2.1　正常步态和躯干前弯步态[68]

躯干后弯：目的是补偿髋部伸展肌群的肌力不足。正常步态中，在支撑相初期，触地力方向线位于髋关节右侧，如图 2.2.2（a）所示，此时地面反力产生与髋部伸展肌收缩相对的力矩，使得躯干向前弯曲，如果髋部伸展肌肌力不足或麻痹，则人体会将躯干向后弯曲，将髋关节移动至触地力方向线的前侧，如图 2.2.2（b）所示。另一种躯干后弯的情况发生在摆动相前期，人体向后弯曲躯干来驱使摆动腿向前移动，这种情况通常是由于髋部屈肌力量不足或伸展肌痉挛。

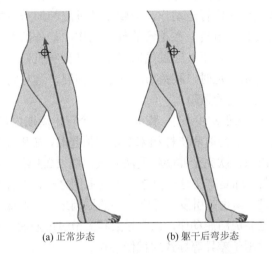

(a) 正常步态　　　　　　(b) 躯干后弯步态

图 2.2.2　正常步态和躯干后弯步态[68]

腰椎前凸：最常见的原因是髋关节屈曲挛缩和髋关节僵硬。为防止股骨从弯曲的位置向后移动，具有这类病症的人往往行走步长很短。若可以将股骨移动到垂直位置，则可以解决行走步长短这一问题，由于髋关节屈曲挛缩或僵硬，患者通过弯曲腰椎使得股骨移动到垂直位置，导致腰椎前凸。

此外，骨盆在矢状面内的旋转是通过躯干肌肉和下肢肌肉的共同作用实现的，若出现肌肉力不平衡的情况，如前腹壁肌肉力量不足、髋关节伸肌力量不足或髋关节屈肌痉挛，则人体出现骨盆过度前倾的情况，且伴有腰椎前凸。

2.2.2　下肢关节运动异常

髋关节异常旋转：将影响整条腿的动作，导致足部出现类似"内八字"或"外八字"情况，对摆动相和支撑相均有影响。髋关节异常旋转的原因通常为：提供旋转力矩的肌肉异常、足部触地方式异常或其他下肢问题引起的代偿行为。当驱动股骨围绕髋关节旋转的肌肉出现痉挛或虚弱时，通常会导致髋关节旋转异常，如脑瘫患者的髋部伸肌的过度兴奋可能产生髋部旋转扭矩；当足部存在功能障碍时，如足底翻转，支撑相状态下由于足部负重，同样会导致髋关节旋转；髋关节向外旋转的动作，在股四头肌无力、躯干前倾、髋关节屈曲不足等情况下可能成为人体的代偿动作，用以维持平衡行走。

膝关节过度超伸：指人体在支撑相时，膝关节无法维持正常的弯曲状态，出现关节伸展过度的情况，膝关节出现向后凹陷的趋势。股四头肌无力可通过膝关节过度超伸实现代偿，是过度超伸的原因之一，且经常伴有躯干前倾的情况。该异常步态使得患者能够完成行走动作，但膝关节过度超伸产生拉扯后关节囊的力矩，长此以往将引发骨关节炎。在正常的行走动作中，外部力矩在支撑相末期存在过度伸展膝关节的趋势，下肢通过屈肌（主要是腓肠肌）的力量与外部力矩取得平衡，当腓肠肌力量不足时，膝关节将被过度伸展，这对完成行走动作有所帮助，但也存在损伤关节囊的风险。

膝关节过度屈曲：在正常步态中，膝关节在一个行走周期内存在两次完全伸展，分别是支撑相初期足部触地时和支撑相末期足跟抬起时，在膝关节过度屈曲这一异常步态中，其中一次或两次完全伸展将无法完成，图 2.2.3 给出了膝关节过度屈曲的示意图。关节屈曲挛缩是产生这一异常步态的原因之一，也有可能导致膝关节过度屈曲；膝关节屈肌痉挛也是引发该异常步态的原因之一；若踝关节在支撑相初始阶段由于畸形等无法完成跖屈动作，也会导致膝关节过度屈曲；此外，膝关节过度屈曲也可能是功能性腿长差异等导致的代偿动作。

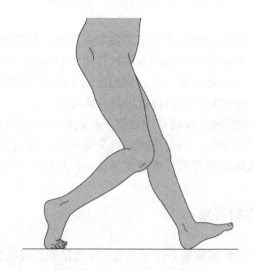

图 2.2.3　膝关节过度屈曲[68]

足部背屈不足：足部背屈动作在一个步态周期内出现两次，背屈不足将导致两种异常步态情况。①支撑相初期足部无法逐渐触地，出现脚掌拍地的步态；②支撑相末期足尖无法抬起，出现足尖拖行的步态。背屈不足的原因可能是胫骨前肌麻痹或力量不足抑或小腿三头肌痉挛。在摆动相的背屈不足的情况下，患者通常产生代偿性动作，导致功能性腿长差异，足尖拖曳通常只在患者无法实现代偿动作的情况下发生。此外，由于摆动相通常伴随着髋、膝关节屈曲带来的神经反射作用，即使背屈控制力量不足的患者，也常常能够完成踝部背屈动作。

　　足部异常接触：当足部着地后的负重点集中在某个区域时（足跟、足前端、足内侧、足外侧），这类异常步态产生的原因主要包括跟骨畸形足［仰趾足，图 2.2.4（a）］、马蹄足［图 2.2.4（b）］和马蹄内翻足［图 2.2.4（c）］等。跟骨畸形足表现为足部过度背屈，通常是由于足部和小腿的肌肉失衡造成的，如胫骨前肌痉挛或小腿三头肌无力时（除轻症患者），身体重量无法分担到前足，导致行走中的支撑相时间变短，另一侧的摆动相时间变短，最终使得整体行走步长变短。马蹄足的症状表现为足部始终处于跖屈状态，通常由跖屈肌痉挛导致，畸形程度较轻时，患者足部仍能完全触地，对于畸形较重的患者，足跟则始终无法触地。足内侧过度触地在多种足部畸形病症中均可能发生，如内翻肌肉无力或外翻肌肉痉挛均导致足外翻，足外翻使得足内侧脚弓部分承重增大；膝关节外翻畸形也会导致足内侧过度触地。足外侧过度触地也同样可能源于肌肉无力或痉挛导致的足部畸形，此时足内侧抬升，外侧下陷，称为马蹄内翻足；这种异常步态即与前者相反，身体重量大部分由足外侧承受。

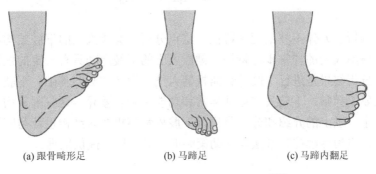

(a) 跟骨畸形足　　　　　　(b) 马蹄足　　　　　　(c) 马蹄内翻足

图 2.2.4　足部异常接触的几种原因[68]

　　足部异常旋转：在正常行走步态中，足部通常指向行走方向，或伴随足尖轻度外转，髋部内转或外转、股骨或胫骨转动、足部自身畸形等，导致病理性足尖外转或内转。这类异常步态导致行走中地面对人体的反作用力矩产生异常，如当足尖过度内转时，地面反作用力更加靠近足内侧，对膝关节和踝关节产生额外的内收力矩。无论足部内转还是外转，前进方向的有效足长都被缩短，这导致支撑相末期和摆动相初期的地面反作用力更为靠前，直接减小了小腿三头肌产生跖屈力矩的力臂长度。

2.2.3　功能性腿长差异

功能性腿长差异是指人体下肢无法在特定的行走相位时刻，合理地调整腿部动作，导致步态异常，实际腿长的差异只是功能性腿长差异的原因之一。功能性腿部延长（支撑相）的方式有髋关节伸展、膝关节伸展和脚背伸直；相反，功能性腿部缩短（摆动相）的方式则包括髋关节屈曲、膝关节屈曲和踝关节背屈；这类问题通常是神经损伤导致的，也可能由骨骼肌损伤等造成。功能性腿部延长是中风后的常见症状之一，由于前胫无力或麻痹导致的足下垂患者可能伴随有髋关节与膝关节的肌张力增大。为纠正这类步态，患者可能延长支撑相腿长，或者缩短摆动相腿长，使得摆动动作较为合理，这两种情况可能结合出现且因人而异。功能性腿长差异导致的异常步态主要包括环行、跨阈步态、外旋抬脚、跳跃步态等。

除了以上介绍的异常步态，其他异常步态还包括足部前推不足、步行稳定基线异常、节律性步态扰动、异常动作（如运动性颤抖和手足徐动）、上肢异常姿态或运动、头颈异常姿态、足跟着地后侧旋、摆动相足部外翻等。

2.3　本　章　小　结

本章分析了人体下肢工程学特征，重点分析了健康人士的下肢结构特征、步态特征和残障人士的异常步态特征。健康人士的下肢运动具有一定的规律性，结构相似，分析结果是进行下肢外骨骼机器人结构设计的必要基础；下肢异常步态主要包括躯干异常、下肢关节运动异常和功能性腿长差异，这些因素均会导致异常步态产生。以上的介绍和分析是进行下肢外骨骼机器人结构设计与应用的必要基础知识，将为后续控制方法与辅助策略的针对性研究提供依据。

第3章 康复增力型下肢外骨骼系统机械本体结构设计、建模与系统构建

3.1 基于三维设计软件的多功能外骨骼虚拟样机设计

依据健康与残障人士的生物学构造及相应的典型用力动作等运动机理与稳定条件进行深入分析，揭示人体相应的髋部、大腿、膝盖、小腿和脚踝之间在连续动作条件下的受力与能量转换关系，并建立人体下肢各关节（髋、膝和脚踝）在运动空间下的极限约束条件。基于我国人体体型与尺寸分布进行拟人化结构设计，同时考虑外骨骼作为一种穿戴式设备，应遵循简约、轻质、易控等基本原则，此外还需考虑以下因素。

1. 自由度配置符合人体下肢结构

拟设计的下肢外骨骼每条腿具有 6 个自由度[具体如图 3.1.1（a）所示]，其中髋关节 3 个自由度（屈/伸、外旋/内旋、外展/内收），膝关节 1 个自由度（屈/伸），踝关节 2 个自由度（背屈/跖屈、内翻/外翻）。考虑踝关节部位的空间限制以及关节运动范围，踝关节的内翻/外翻设置为非驱动自由度，背屈/跖屈为驱动自由度，其余均为驱动自由度。

2. 下肢外骨骼尺寸与功能可调

基于《我国成年人人体尺寸与分布》（GB/T 10000—1988）进行下肢外骨骼的硬件本体尺寸设计如图 3.1.1（b）所示。

为适应不同体型和高度人群，在大腿与小腿固件的长度上进行可调设计，使外骨骼在硬件本体上更好地与人体保持一致，减少系统的不协调与牵扯感。

3. 关节驱动考虑安全转动范围

为防止由于驱动电机误操作对人体下肢的伤害，对各个驱动关节的电机转动范围在充分参考人体下肢各关节的活动范围的基础上（表 3.1.1），在硬件设计上加限位保护装置，在硬件本体设计源头充分保证人体的安全。

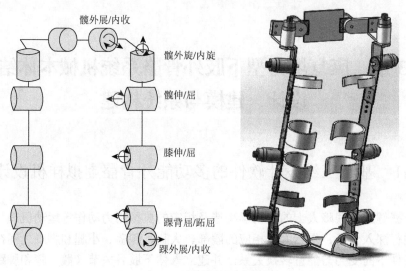

(a) 下肢外骨骼自由度配置

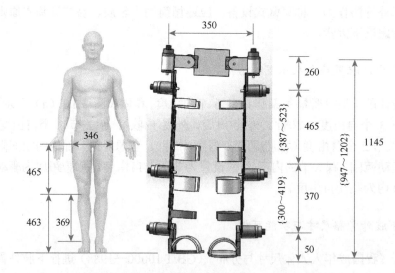

(b) 外骨骼尺寸设计（单位：mm）

图 3.1.1 下肢外骨骼机器人虚拟样机结构设计

表 3.1.1 人体下肢各关节自由度运动范围

关节	髋关节			膝关节	踝关节		
活动自由度	屈/伸	外展/内收	外旋/内旋	屈/伸	背屈/跖屈	内翻/外翻	旋转
运动范围	−10°~140°	−20°~45°	−70°~90°	0~135°	−60°~27°	几度	−30°~30°
行走范围	−10°~40°	−3°~5°	−3°~7°	0~67°	−20°~20°	几度	几度

4. 符合人体工程学与舒适性设计

依托人体下肢运动机理的研究，根据机械外骨骼的跟随伺服精度、续航能力和灵巧便携等设计要求，合理选取定位外骨骼的位置，肌电传感、驱动及能源部件；在满足所需的测量数据与控制需求下，减少传感器数量，降低驱动器成本。固件材质上拟采用轻质和高刚度的铝合金材料，其加工技术成熟且成本低。并考虑适当引入弹簧、阻尼器等无源器件，提高外骨骼电源单位体积续航能力。同时与人体的接触中，避免刚性接触，所有绑带拟采用软质材料，增强缓冲，提高人体舒适度，且绑带与固件设计上高度一致，避免由于人体与固件间的错位而引起对人体的牵扯与伤害。

针对不同的应用场景和不同的人群需求，对于所设计的 12 自由度下肢外骨骼进行了进一步的多功能模块化设计，根据可拆卸的设计原则，可将设计的下肢外骨骼扩展为髋关节外骨骼、整机外骨骼以及与跑步机相配合而成的康复训练平台（相应的拓展样机如图 3.1.2 所示），对于下肢行走能力受损并失去自平衡能力的人群进行康复训练，具备良好的扩展应用能力。

该设计的目的在于扩展所设计的外骨骼功能，使得其应用具备更好的灵活性和适应能力，对于不同的人群具有更好的针对性应用，避免全下肢设计带来的冗余度。

图 3.1.2（a）中髋关节外骨骼主要针对大腿缺乏一定运动能力或者需要进行行走辅助或步行训练的人群，该类人群小腿与膝盖具备较好的活动能力，其大腿部分功能退化或有所损伤，这样的设计避免膝关节以下部分的设计带来的冗余性问题，减轻了使用者的穿戴负担，是更为轻量化和有针对性的设计。

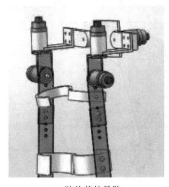 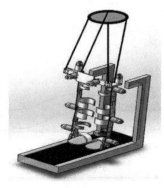 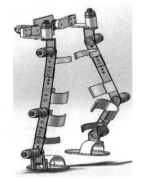

(a) 髋关节外骨骼　　　　　　(b) 整机外骨骼　　　　　　(c) 康复训练外骨骼

图 3.1.2　下肢康复增力型外骨骼多功能扩展

图 3.1.2（b）与跑步机相配合的方式，是如 LOKOMAT 等外骨骼常用的康复训练方式，该方式利用跑步机带动患者的下肢运动，上部可配合吊索对人体的重量进行支撑，这一设计对下肢几乎完全无支撑能力的使用者尤为重要，因为依赖上肢的支撑对人体的上肢力量要求过高，并不适用于上肢能力不足人群或老年人群。

图 3.1.2（c）主要针对需要进行户外康复训练或者需要行走辅助的人群，如 REWALK 的使用方式是配合拐杖进行支撑，但其应用方法较为简单且自由度少，本设计配合拐杖或其他支撑设备可代替人体进行抬腿迈步等动作的实现，对于有步态紊乱的患者或老年人可进行实时的步态调整，防止因自身步态紊乱或支撑力不足导致摔倒或难以行走的问题。

3.2　运动学与动力学建模分析

3.2.1　运动学建模

为分析与建立下肢外骨骼机器人足部与各关节之间的空间关系，本书根据 Craig 修正版的 D-H 参数建模方法[69]，建立外骨骼机器人运动学模型并进行逆运动学的求解与验证。D-H 参数建模方法通过各关节坐标间的位姿关系，建立齐次变换矩阵，利用齐次变换矩阵的计算建立各关节运动与末端运动的关系，即正运动学关系。图 3.2.1 描述了相邻关节坐标系之间的空间位姿关系与各参数的定义，连杆的编号从固定基座开始，即固定基座连杆为连杆 0，基坐标系的编号也通常为 0，因此，图中连杆 $i-1$ 接近基座，而连杆 i 靠近末端。在 Craig 修正版的 D-H 参数建模方法中，关节的旋转轴定义为 z 轴，参照图 3.2.1，连杆 $i-1$ 的关节坐标系的标定过程如下。

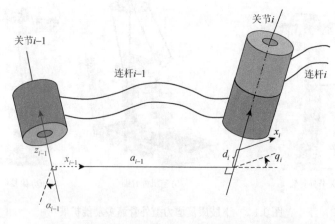

图 3.2.1　Craig 修正版连杆两端相邻坐标系示意图

（1）坐标轴 z_{i-1} 与连杆 i 的前端关节转动轴重合，轴正向尽量与其他坐标系的 z 轴保持一致。

（2）坐标轴 x_{i-1} 位于相邻两个 z 轴 z_{i-1} 和 z_i 的公垂线上，方向由 $i-1$ 指向 i。

（3）原点为坐标轴 z_{i-1} 和坐标轴 x_{i-1} 的交点。

（4）坐标轴 y_{i-1} 通过右手法则确定。

此外，图 3.2.1 的参数 a_{i-1} 代表连杆的长度，即沿 x_{i-1} 轴，将 z_{i-1} 轴移动到 z_i 轴的距离；α_{i-1} 代表围绕 x_{i-1} 轴将 z_{i-1} 轴旋转到 z_i 的角度；d_i 代表 x_i 轴和 x_{i-1} 之间的偏移长度，即沿 z_i 轴，将 x_{i-1} 轴移动到 x_i 轴的距离；q_i 代表围绕 z_i 将 x_{i-1} 旋转到 x_i 的角度，通常与关节旋转角定义相同。通过以上定义可知，相邻坐标 i 与 $i-1$ 可通过平移和旋转操作实现相互转换，其转换关系可由以下坐标变换矩阵描述：

$$T_i^{i-1} = \begin{bmatrix} \cos q_i & -\sin q_i & 0 & a_{i-1} \\ \sin q_i \cos \alpha_{i-1} & \cos q_i \cos \alpha_{i-1} & -\sin \alpha_{i-1} & -d_i \sin \alpha_{i-1} \\ \sin q_i \sin \alpha_{i-1} & \cos q_i \sin \alpha_{i-1} & \cos \alpha_{i-1} & d_i \cos \alpha_{i-1} \\ 0 & 0 & 0 & 1 \end{bmatrix} \quad (3.2.1)$$

T_i^{i-1} 中的参数均为图 3.2.1 中描述的参数，T_i^{i-1} 描述了坐标系 $i-1$ 相对坐标系 i 的关系，即在坐标系 i 中的位置向量：

$$p_i = [p_{xi} \quad p_{yi} \quad p_{zi} \quad 1]^{\mathrm{T}} \quad (3.2.2)$$

在坐标系 $i-1$ 中的位置为

$$p_{i-1} = T_i^{i-1} p_i \quad (3.2.3)$$

因此在确定外骨骼机器人各连杆的关节坐标系与相应的参数后，即可描述所有连杆之间的位姿关系，最终可得到末端（足部）与基坐标系（背板）之间的位姿关系，即运动学模型。

根据 3.1 节所设计的虚拟样机结构与尺寸分布，下肢外骨骼机器人的关节坐标设置如图 3.2.2 所示。由于踝关节的内翻/外翻自由度为被动自由度，仅提供活动空间而不提供主动辅助，在计算中该自由度未予以考虑。因此，图 3.2.2 外骨骼机器人的左右侧各标定了 5 个坐标系，对应 5 个主动自由度。

相应地，下肢外骨骼机器人的 D-H 参数可归纳如表 3.2.1 所示。

根据坐标转换矩阵的定义与表 3.2.1 的 D-H 参数，可得到末端坐标系 5 与基坐标系 0 之间的转换关系，即正运动学模型如下：

$$T_5^0 = T_1^0 \times T_2^1 \times T_3^2 \times T_4^3 \times T_5^4 = \begin{bmatrix} n_x & o_x & a_x & p_x \\ n_y & o_y & a_y & p_y \\ n_z & o_z & a_z & p_z \\ 0 & 0 & 0 & 1 \end{bmatrix} \quad (3.2.4)$$

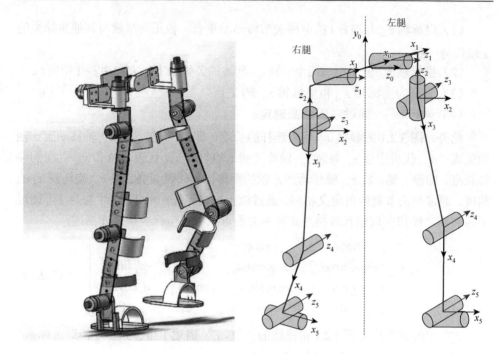

图 3.2.2　下肢外骨骼关节坐标设置

表 3.2.1　下肢外骨骼机器人 D-H 参数

连杆	右腿				左腿			
	q_i	α_{i-1}	a_i	d_i	q_i	α_{i-1}	a_i	d_i
1	q_1	0	$a_1 = -0.13$	0	q_1	0	$a_1 = 0.13$	0
2	q_2	$-\pi/2$	$a_2 = -0.116$	-0.139	q_2	$-\pi/2$	$a_2 = 0.116$	-0.139
3	q_3	$-\pi/2$	$a_3 = 0$	0	q_3	$-\pi/2$	$a_3 = 0$	0
4	q_4	0	$a_4 = 0.475$	0	q_4	0	$a_4 = 0.475$	0
5	q_5	0	$a_5 = 0.325$	0	q_5	0	$a_5 = 0.325$	0

经过坐标转换矩阵的计算可得

$$\begin{cases} n_x = c_5\left(c_4(s_1s_3 + c_1c_2c_3) + s_4(c_3s_1 - c_1c_2s_3)\right) \\ \qquad + s_5\left(c_4(c_3s_1 - c_1c_2s_3) - s_4(s_1s_3 + c_1c_2c_3)\right) \\ n_y = -c_5\left(c_4(c_1s_3 - c_2c_3s_1) + s_4(c_1c_3 + c_2s_1s_3)\right) \\ \qquad - s_5\left(c_4(c_1c_3 + c_2s_1s_3) - s_4(c_1s_3 - c_2c_3s_1)\right) \\ n_z = -c_{345}s_2 \end{cases} \qquad (3.2.5)$$

$$\begin{cases} o_x = c_5(c_4(c_3s_1 - c_1c_2s_3) - s_4(s_1s_3 - c_1c_2c_3)) \\ \quad - s_5(c_4(s_1s_3 + c_1c_2c_3) + s_4(c_3s_1 - c_1c_2s_3)) \\ o_y = s_5(c_4(c_1s_3 - c_2c_3s_1) + s_4(c_1c_3 + c_2s_1s_3)) \\ \quad - c_5(c_4(c_1c_3 + c_2s_1s_3) - s_4(c_1s_3 - c_2c_3s_1)) \\ o_z = s_{345}s_2 \end{cases} \quad (3.2.6)$$

$$a_x = -c_1s_2, \ a_y = -s_1s_2, \ a_z = -c_2 \quad (3.2.7)$$

$$\begin{cases} p_x = a_1 + a_4(s_1s_3 + c_1c_2c_3) + a_5(c_4(s_1s_3 + c_1c_2c_3) + s_4(c_3s_1 - c_1c_2s_3)) \\ \quad + a_2c_1 - d_2s_1 + a_3c_1c_2 \\ p_y = d_2c_1 - a_4(c_1s_3 - c_2c_3s_1) - a_5(c_4(c_1s_3 - c_2c_3s_1) + s_4(c_1c_3 + c_2s_1s_3)) \\ \quad + a_2s_1 + a_3c_2s_1 \\ p_z = -s_2(a_3 + a_5c_{34} + a_4c_3) \end{cases} \quad (3.2.8)$$

其中，$c_i = \cos q_i, s_i = \sin q_i, c_{ijk} = \cos(q_i + q_j + q_k), s_{ijk} = \sin(q_i + q_j + q_k)$。

正运动学模型通常用于计算末端在基坐标系中的位置，而在外骨骼机器人的实时控制中，往往需要将给定的末端轨迹（如经过规划后的足部期望轨迹）转换为各关节的轨迹，即逆运动学求解。在康复训练过程中，由于关节 2 的转动角 q_2 的转动范围小，为便于进行逆运动学求解，同时保持行走安全，本节提出以下限制条件。

（1）关节 2 的角度近似为常值 π/2，即 $q_2 = \pi/2$；

（2）脚掌与地面始终平行，即 $q_3 + q_4 + q_5 = 0$。

根据以上假设，在给定末端（足部）位置 (p_x, p_y, p_z) 后，可求得外骨骼机器人逆运动学解如下：

$$\begin{cases} q_2 = \dfrac{\pi}{2} \\[2mm] q_1 = a\tan\left(\dfrac{a_2s_2 - p_zc_2}{s_2}, \pm\sqrt{(p_x - a_1)^2 + p_y^2 - \left(\dfrac{a_2s_2 - p_zc_2}{s_2}\right)^2}\right) - a\tan 2(p_x - a_1, p_y) \\[3mm] q_4 = \arccos\left(\dfrac{\left(\pm\sqrt{(p_xc_1 + p_ys_1 - c_1a_1 - a_2)^2 + p_y^2 + p_z^2} - a_3\right)^2 + (d_2 + p_xs_1 - p_yc_1 - s_1a_1)^2 - a_4^2 - a_5^2}{2a_4a_5}\right) \\[3mm] q_3 = a\tan 2\left(\dfrac{p_xc_1 + p_ys_1 - c_1a_1 - a_2}{c_2} - a_3, \pm\sqrt{(a_4 + a_5c_4)^2 + a_5^2s_4^2 - \left(\dfrac{p_xc_1 + p_ys_1 - c_1a_1 - a_2}{c_2} - a_3\right)^2}\right) \\[2mm] \quad - a\tan 2(a_4 + a_5c_4, -a_5s_4) \\[2mm] q_5 = -\theta_3 - \theta_4 \end{cases}$$

$$(3.2.9)$$

3.2.2　动力学建模

刚性机器人的动力学建模方法主要包括牛顿-欧拉法和拉格朗日法[70]。相比于牛顿-欧拉法，拉格朗日法仅需要各部分的速度而不需要各部分之间的内力分析，可直接表示为系统的输入函数，因而在现有研究中被更为广泛地采用。本书即采用拉格朗日法进行下肢外骨骼系统的动力学建模。首先，定义拉格朗日函数 L 为系统动能 K 与势能 P 之间的差值，即 $L = K - P$，根据拉格朗日方程，系统动力学满足如下方程：

$$\tau_i = \frac{\mathrm{d}}{\mathrm{d}t}\left(\frac{\partial L}{\partial \dot{q}_i}\right) - \frac{\partial L}{\partial q_i} \tag{3.2.10}$$

其中，τ_i 表示 i 个关节的输出力矩，定义

$$Q = \begin{bmatrix} 0 & -1 & 0 & 0 \\ 1 & 0 & 0 & 0 \\ 0 & 0 & 0 & 0 \\ 0 & 0 & 0 & 0 \end{bmatrix} \tag{3.2.11}$$

计算可得

$$\frac{\partial T_i^{i-1}}{\partial q_i} = T_i^{i-1} Q \tag{3.2.12}$$

定义如下方程：

$$U_{ij} = \frac{\partial T_i^0}{\partial q_j} = \frac{\partial (T_1^0 T_2^1 \cdots T_j^{j-1} \cdots T_i^{i-1})}{\partial q_j} = T_1^0 T_2^1 \cdots T_j^{j-1} Q T_i^{i-1}$$

$$U_{ijk} = \frac{\partial U_{ij}}{\partial q_k} = T_1^0 T_2^1 \cdots T_j^{j-1} Q \cdots T_k^{k-1} Q \cdots T_i^{i-1} = \frac{\partial U_{ik}}{\partial q_j} = U_{ikj} \tag{3.2.13}$$

那么经过计算动能和势能总和，可得拉格朗日方程如下：

$$L = K - P = \frac{1}{2}\sum_{i=1}^{5}\sum_{p=1}^{i}\sum_{r=1}^{i} \mathrm{trace}(U_{ip} I_i U_{ir}^{\mathrm{T}})\dot{q}_p \dot{q}_r + \sum_{i=1}^{5} m_i g(T_i^0 \overline{r}_i) \tag{3.2.14}$$

$$\tau_i = \frac{\partial}{\partial t}\left(\frac{\partial L}{\partial \dot{q}_i}\right) - \frac{\partial L}{\partial q_i} = \sum_{j=1}^{5} D_{ij}\ddot{q}_j + \sum_{j=1}^{5}\sum_{k=1}^{5} D_{ijk}\dot{q}_j\dot{q}_k + D_i \tag{3.2.15}$$

其中

$$D_{ij} = \sum_{p=\max(i,j)}^{5} \text{trace}(U_{pj}I_pU_{pi}^{\text{T}}),\ D_{ijk} = \sum_{p=\max(i,j,k)}^{5} \text{trace}(U_{pjk}I_pU_{pi}^{\text{T}}),\ D_i = -\sum_{p=i}^{5} m_p g^{\text{T}} U_{pi} \overline{r}_p$$

$$(3.2.16)$$

I_p 为连杆绕自身坐标系的转动惯量，$\overline{r}_p$ 为连杆质心在当前坐标系的位置矢量。定义如下向量与矩阵：

$$\tau = [\tau_1 \quad \tau_2 \quad \tau_3 \quad \tau_4 \quad \tau_5]^{\text{T}}, q = [q_1 \quad q_2 \quad q_3 \quad q_4 \quad q_5]^{\text{T}}$$

$$G(q) = [D_1 \quad D_2 \quad D_3 \quad D_4 \quad D_5]^{\text{T}}$$

$$M(q) = \begin{bmatrix} D_{11} & D_{12} & \cdots & D_{15} \\ D_{21} & D_{22} & \cdots & D_{25} \\ \vdots & \vdots & & \vdots \\ D_{51} & D_{52} & \cdots & D_{55} \end{bmatrix}$$

$$C(q,\dot{q})\dot{q} = \left[\sum_{j=1}^{5}\sum_{k=1}^{5} D_{1jk}\dot{\theta}_j\dot{\theta}_k \quad \sum_{j=1}^{5}\sum_{k=1}^{5} D_{2jk}\dot{\theta}_j\dot{\theta}_k \quad \cdots \quad \sum_{j=1}^{5}\sum_{k=1}^{5} D_{5jk}\dot{\theta}_j\dot{\theta}_k \right]^{\text{T}}$$

$$(3.2.17)$$

可得如下动力学方程：

$$\tau = M(q)\ddot{q} + C(q,\dot{q})\dot{q} + G(q) \qquad (3.2.18)$$

其中，$\dot{q},\ddot{q}$ 为相应的速度与加速度，$M(q)$ 为惯量项，$C(q,\dot{q})$ 为科氏力和向心力矩阵，$G(q)$ 为重力项。从以上方程可以看出，外骨骼机器人的动力学具有多变量、强非线性、强耦合性等特征，当人体穿戴后存在实时物理人机交互时，人体-外骨骼系统的动态将变得更为复杂，实现外骨骼机器人稳定、准确的运动控制具有一定的挑战。

3.3　康复增力型下肢外骨骼机械结构设计与实现

3.3.1　样机本体结构

本书利用 UG 机械结构设计软件完成了康复增力型下肢外骨骼结构设计。本设计主要由盘式电机驱动部分、髋关节组件、大腿/小腿无级可调杆件、踝关节及脚部组件、拉压力传感器、足底压力传感器、大小腿固定穿戴部件、背板和背筐等组成。电机驱动部分包括光电编码器（角度与角速度测量）、谐波减速器和盘式电机；髋关节组件与背板用于将外骨骼固定于人体腰、髋部位，该部位的无级可调杆件用于适应不同体型人群的髋部；大/小腿杆件亦采用无级调节设计，杆件上配合的固定部件用于固定人体与外骨骼杆件；拉压力传感器用于检测人体与杆件之间的交互力，是人机交互信息的主要来源；踝关节及脚部组件包括杆端轴承关节、鞋底与足底压力传感器部分，满足踝关节全方向运动要求；足底压力传感器可用于检测人体下肢行走过程中的步态与所处的相位，是系统反馈信息的重要来源。最终的结构设计效果如图 3.3.1 所示。

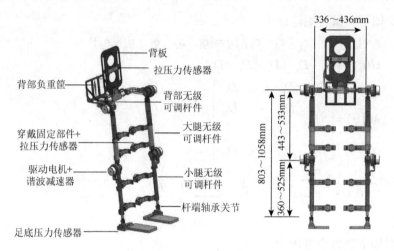

图 3.3.1　基于 UG 软件的下肢外骨骼本体结构设计

整个下肢外骨骼系统均根据人体实际尺寸进行设计，髋关节宽度、大腿与小腿杆件长度可根据不同人体下肢尺寸进行任意尺寸的无级调节。具体硬件可达尺寸如图 3.3.1 所示，下肢可调高度在 0.753～1.003m，适合身高在 1.5～2m 的人群穿戴。

3.3.2　自由度配置

进一步考虑实际应用的难度与可实施性，在自由度选择中相比 3.1 节基于 Solidworks 的虚拟样机设计方案做了如下修改。

1. 髋关节由 3 自由度减少为 2 自由度

髋关节内旋/外旋自由度在实际使用中用途较少，增加系统实际控制运行的难度，外展/内收自由度可使下肢完成一定程度的变向行走。此外，外展/内收自由度不仅可以提高舒适度，便于人体活动，还可以适应不同使用者的体型差异。

2. 踝关节由 2 自由度增加至 3 自由度

原设计中 2 自由度设计无法满足踝关节活动的需要，导致脚步活动受限，降低舒适度，引入杆端轴承的设计使得踝关节设计简化且将踝部活动范围增加至三维（任意方向）。

3. 5 个驱动自由度在实际硬件系统中改为 2 个

在实际系统中，多自由度驱动控制难度极大，耦合度过高，结构体过于笨重，难与人体运动相配合且易导致人体活动受限甚至产生伤害。此外，人体下肢活动过程中以髋关节屈伸和膝关节屈伸为主要活动关节，踝关节需满足充分的活动空间要求，且目前市场上尚无能满足体积足够小、可于踝部支撑人体全身重量的盘式电机，在充分调研与仿真实验的基础上，兼顾硬件设计与实现成本，最终将驱动自由度定为髋关节屈伸与膝关节屈伸，可满足本书研究的应用要求。最终两侧仍然共 12 个自由度，自由度配置如表 3.3.1 所示。

表 3.3.1　自由度配置

部位	自由度配置
髋关节	2 个自由度：屈/伸（驱动），外展/内收（非驱动）
膝关节	1 个自由度：屈/伸（驱动）
踝关节	3 个自由度：屈/伸（非驱动），外展/内收（非驱动），外旋/内旋（非驱动）

3.3.3　部件选型

1. 驱动部件选型

经过大量市场调查与商家洽谈，本方案中选定电机是 MAXON 公司的 EC60-flat 盘式直流伺服电机 EC60flat，功率 100W，工作电压 48V，以及配套的编码器 Mile 1024 CPT 和 Harmonic 谐波减速器 SHD-17-2SH，图 3.3.2 给出了相应

(a) 电机　　　　　　　(b) 编码器　　　　　　　(c) 谐波减速器

图 3.3.2　驱动部件组成

的电机、编码器和谐波减速器的实物图，盘式电机具有体积小、质量轻等优点，伺服电机具有精度高、响应快、过载能力大、低速力矩大等优点，与后端编码器（选配）构成直流伺服系统，100W 的功率可满足辅助下肢运动的能量要求。考虑到谐波减速器具有承载能力高、扁平形状、体积小、机械摩擦小、精度高、传动效率高等优点，将原定方案中的齿轮减速器改为谐波减速器，考虑到峰值力矩要求，原方案中 12V 工作电压改为 48V 以提高峰值力矩。此外，在关键的驱动部位采用了轴式驱动。

2. 拉压力传感器与足底压力传感器

在外骨骼穿戴与使用过程中，人体与外骨骼的相互作用力能够最为直观地体现人机交互状态，因而本方案中设计了大小腿与外骨骼之间拉压力传感部分，用于采集人机交互信息，经过大量的市场调研与选型，确定的拉压力传感器选型为上海力恒传感技术有限公司的 LH-S05［相应实物图如图 3.3.3（a）所示］。此外，足底压力传感器的引入用于采集人机系统行走过程中的步态和相位信息，由于脚步实际着地情况并非平行落地，而是脚跟与脚面先后着地，为更准确地体现步态信息，防止误判，所选用的足底压力传感器为上海力恒传感技术有限公司的 LH-Y01-20-4M［图 3.3.3（b）］。

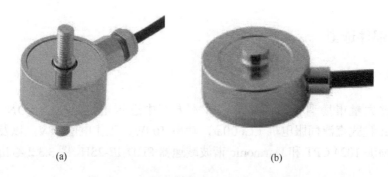

(a)　　　　　　　　　　　　(b)

图 3.3.3　拉压力传感器与足底压力传感器

3. 材质选择

本书拟采用铝合金（太空铝 7A04）作为各部件主要制作材料，其密度为 2.75g/cm³，铝合金具有轻质和高刚度的特点，加工技术成熟且成本较低，关节驱动轴输出部分由于驱动过程中应力集中且较大，采用 45 号钢（热处理硬化），满足在较大力矩条件下的硬度要求，对于所用的驱动轴法兰与谐波法兰出于同样的考量，也采用了 45 号钢材质与加热硬化处理，该类部件体积较小，使用钢材制作对重量影响较小。

综上，硬件部分配置可概括如表 3.3.2 所示。

表 3.3.2　硬件部分配置

硬件	型号
驱动电机	Maxon EC60flat，功率 100W
电机驱动器	Maxon EPOS2 50/5
谐波减速器	Harmonic SHD-17-2SH，减速比 1∶100
角度编码器	Maxon Encoder Mile 1024 CPT，2 通道
结构体材料	铝合金（6061）
结构体自重	17.8kg
高度	0.75～1m

3.4　基于 dSPACE 平台的下肢外骨骼硬件系统搭建

基于 dSPACE 硬件在环系统仿真测控平台，在 3.3 节机械结构设计、驱动选型、传感选型等工作基础上，完成硬件加工、电源配置、接线设计等工作，搭建康复增力型下肢外骨骼智能系统测控平台（Lower limb exoskeleton for rehabilitation and power augmentation，LLE-RePA）如图 3.4.1 所示。

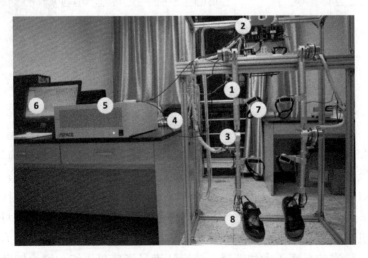

图 3.4.1　基于 dSPACE 硬件在环康复增力型下肢外骨骼智能系统 LLE-RePA

①外骨骼本体；②Maxon EPOS2 50/5 电机驱动器；③驱动电机与编码器；④频率/电压转换模块；⑤dSPACE 控制箱；⑥上位机 PC；⑦绑带&交互力（拉压力）传感器；⑧足底压力传感器

图 3.4.1 给出了测控平台主要包括配置四个驱动电机（膝关节与髋关节）的外骨骼本体样机，其中四个电机上配备了相应的编码器对电机旋转角度与角速度进行测量，四个电机驱动板提供稳压电源和编码信号采集模块，频/压转化模块将驱动板采集的编码信号转化为便于 dSPACE 板卡所能接收的电压信号，dSPACE 控制箱作为主要的控制板，上位机 PC 提供编程与监控环境。

图 3.4.2 进一步给出了康复增力型下肢外骨骼智能系统的硬件与信号流图。穿戴者可根据自身的使用需求，通过上位机对康复增力或增力辅助模式进行自由选择：在康复训练模式下，帮助老年/残障人士实现站立、行走等功能；在增力辅助模式下能实现正常人体在一定载荷条件下，步速在 1.11m/s 下连续行走。控制指令通过上位机产生，利用 ControlDesk 监控交互界面，使用者可设置不同的康复训练轨迹，根据训练的需求设置不同步速、步长等训练参数；通过人体-外骨骼的交互力反馈分析，结合足底压力传感器，外骨骼可对人体进行实时的负重辅助，并根据交互力情况确定辅助的程度。

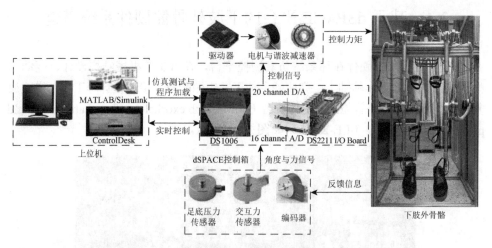

图 3.4.2　康复增力型下肢外骨骼智能系统硬件与信号流图

图 3.4.3 描述了本书设计与加工的康复增力型下肢外骨骼本体结构与尺寸。

该下肢外骨骼本体共 12 个自由度（左右腿各 6 个），自重 17.8kg，可调高度在 0.753～1.003m，可适用于身高在 1.5～2m 的人群。此外在髋部也进行了可调性设计，以适用于不同体型的人群，本体部分主要包括大/小腿长度可调杆件、负重篮筐、电机驱动器、电机＋谐波减速器＋编码器、大小腿部分的交互力传感器和设置于前后脚掌的足底压力传感器，该设计满足了康复训练与增力辅助的穿戴功能以及所需的传感要求，使得本体在这两种工作模式下可根据穿戴者的需求实现自由切换。

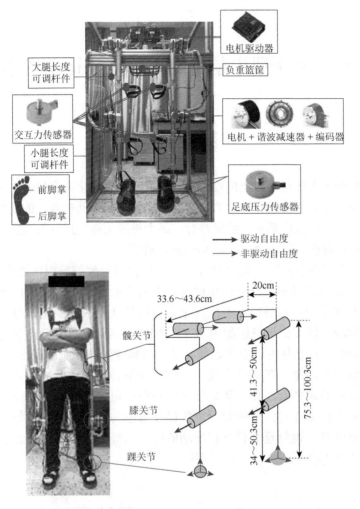

电机驱动器

大腿长度
可调杆件

负重篮筐

交互力传感器

电机＋谐波减速器＋编码器

小腿长度
可调杆件

前脚掌

后脚掌

足底压力传感器

→ 驱动自由度
→ 非驱动自由度

20cm

33.6～43.6cm

髋关节

41.3～50cm

75.3～100.3cm

膝关节

34～50.3cm

踝关节

图 3.4.3　康复增力型下肢外骨骼本体结构与尺寸

3.5　本　章　小　结

　　本章利用 Solidworks 三维软件设计了一种 12 自由度功能下肢外骨骼虚拟样机；针对该虚拟样机，进行了运动学与动力学分析，为后续轨迹跟踪控制以及辅助方法设计提供基础。接着，本章在硬件方案制订后，对该虚拟样机的设计进行改良，对结构部分进行细化并简化了自由度配置，设计并实现了一种康复增力型下肢外骨骼机器人样机，基于 dSPACE 硬件在环（HIL）测控平台，构建了一种康复增力型下肢外骨骼辅助系统，为后续的研究提供了相应的实验验证平台。

第4章　基于肌电信号的人体下肢运动意图识别

4.1　概　　述

肌电信号是人体运动时肌肉收缩导致肌细胞电位变化而产生的生物电信号。肌电信号源于中枢神经元脊髓中的 α 运动神经元，α 运动神经元的细胞体的轴突向前延伸，经过终板区后与肌纤维耦合。每个神经元都通过轴突与多条肌纤维相连，这些肌纤维构成运动单元（motor unit，MU）。

在中枢神经的控制下，运动神经元由于极化现象使细胞膜内外产生电位差，进而产生由轴突传导到肌纤维的电脉冲，并且控制运动的肌肉上的所有肌纤维上均产生脉冲序列，沿着肌纤维向两个方向传播（相应的肌电信号产生机理与神经元电脉冲传播方式示意图如图 4.1.1 所示）。当运动神经元产生的电脉冲沿着肌纤维两个方向传播时，会引起肌纤维内部肌球蛋白和肌凝蛋白的相互重叠，进而导致肌纤维收缩，肌肉产生张力，沿肌纤维传导的电脉冲使人体软组织出现电流场，电流场的存在使检测电极之间呈现出电位差。影响电位波形的极性的主要因素有检测点与终板的相对位置以及纤维与测点间的距离等。在检测点间测得的电位差，也就是负责某种运动的所有肌纤维产生的电位总和，称为运动单元的动作电位。

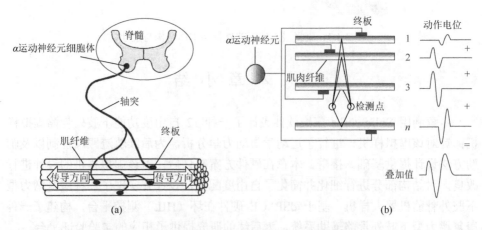

图 4.1.1　肌电信号产生机理与神经元电脉冲传播方式

4.2　人体表面肌电信号采集系统搭建与信号获取

肌电信号采集与处理系统的总体结构如图 4.2.1 所示,包括运动信息采集和处理系统以及控制系统两大主要部分。该研究的主要目的是利用表面电极获取人体表面肌电信号并识别下肢运动模式,建立肌电信号与膝关节角度之间的关系,实现人体运动意图的预测,进而利用下肢肌电信号控制外骨骼的运动。

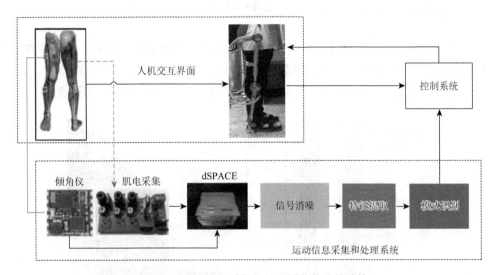

图 4.2.1　肌电信号采集与处理系统的总体结构

肌电控制膝关节康复外骨骼装置主要为膝关节损伤或进行康复训练等患者服务,然而在面对肢体损伤程度不同或者康复阶段不同时期的患者,肢体关节表面肌电信号会存在一定的个体差异,在后续的特征分析提取工作中存在极大的困难。本章为实现肌电控制下肢外骨骼膝关节辅助装置的研究与分析,其目的为确定膝关节行走时屈伸的关节角度与表面肌电信号之间的关系。因此,本书在进行仿真过程前选取下肢运动功能正常对象作为受试者,进行表面肌电信号的采集。

下肢运动是由多块肌肉在神经系统的统一控制下共同协调完成的,不同的肌肉组在运动中发挥的作用不同,若将下肢所有肌肉都加以考虑,虽然从理论上来看,通道的增加能够使数据量增加,从而实现更加精确的控制,但是数据量的增加无疑加重了系统的复杂性和成本,因此,选择数目和功能合适的肌肉群是进行下肢外骨骼研究的前提。对于电极位置的选择,需要分析下肢肌肉的功能,并且利用肌电传感器和示波器进行实验尝试,找出最具代表性的特征。

对膝关节运动起主导作用的肌肉进行仔细分析,分析结果如表 4.2.1 所示。

表 4.2.1　下肢肌肉功能

肌肉名称	主要运动功能
股直肌	伸小腿，屈大腿
股外侧肌	伸小腿
股内侧肌	髋内收，辅助髋内旋
长收肌	内收、外旋、微屈髋关节
半腱肌	伸大腿，屈小腿，大腿内旋
比目鱼肌	小腿屈曲及膝关节的定位
腓肠肌	屈踝关节和膝关节；固定踝关节和膝关节

本书选择了三块肌肉进行研究，包括股直肌、半腱肌和腓肠肌，其中股直肌是使膝关节强有力的伸肌，半腱肌负责屈小腿，腓肠肌负责屈踝关节和膝关节，同时还可以固定踝关节和膝关节，以防身体向前倾倒。具体测试场景图 4.2.2 所示。

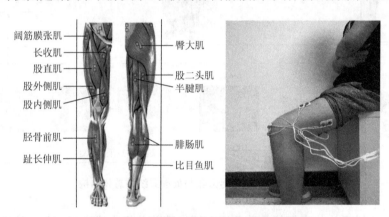

图 4.2.2　下肢肌肉群分布图与测试场景图

现有的商业肌电信号采集设备大都价格高、体积大，不适合作为人机交互接口信号的采集设备。因此，本章采用了便携式三通道肌电信号采集模块，如图 4.2.3 所示，此模块具有内置滤波、信号放大的功能，采样频率为 1000Hz。

图 4.2.3　肌电采集仪与采集原理

　　肌电信号采集的质量在很大程度上取决于实验前皮肤表面预处理和电极位置设置。在实验前，首先需要去除毛发和角质，用酒精擦拭皮肤以减小电极之间的阻抗，然后将两个测量电极沿肌肉纤维的纵向放置于肌腹突起最明显处，使两个电极间距为 2cm。该间距的选取依据在于：大腿肌肉众多，若两个测量电极距离过远，则人体运动时，其他的非测量肌肉处的动作电位会叠加到测量的肌电信号上，导致信号的参数模型复杂化；若两个测量电极距离过近，则两电极的电势几乎一致，降低了信号的共模抑制比，增加了不同动作的识别难度。根据前人研究获得的先验知识以及实际的采集实验中通过示波器观察到的信号进行初步分析，得出电极的间距为 2cm 时信号的效果比较好的结论。参考电极应该放置在肌腱位置或者肌电信号幅值极度微弱的位置。在实验中发现，采集过程中存在电子元件固有的噪声，测量电极与皮肤表面间因运动产生的位移伪迹噪声，测量电极与放大器间的三个通道的连接线碰撞噪声等。因此，使用铝膜将连接线包裹以实现电磁屏蔽，并且用绷带加固电极和皮肤间的接触。

　　本书采集了短距离运动的三种动作的三通道肌电信号，三种动作模式分别为膝关节屈、膝关节伸、起立。伸动作肌电信号采集的具体过程为：受试者坐在椅子上，保持小腿与地面垂直，膝关节角度呈 90°，当听到开始伸膝关节的指令时，膝关节在矢状面内向前伸展 90°，直到小腿与地面平行。起立动作肌电信号采集的具体过程为：受试者坐在椅子上，保持小腿与地面垂直，膝关节角度呈 90°，当听到起立指令时，受试者匀速起立，直到膝关节角度呈 180°。屈动作肌电信号采集的具体过程为：受试者站立，小腿与地面垂直，膝关节角度呈 180°，当听到膝关节屈的指令时，受试者在矢状面内膝关节向后屈 90°，直到膝关节角度呈 90°。每组动作的周期大约为 3s。为消除肌肉疲劳对信号采集的影响，每做 5 组动作休息 2min。对 4 名健康者分别采集膝关节伸 90°、膝关节屈 90° 及其起立动作下的三通道肌电信号各 50 组。

　　此外，康复外骨骼控制系统的工作状态是通过传感器进行姿态检测、发出控制指令、运动反馈来实现运动姿态的调整，而作为这三个基本环节中最重要的膝关节运动姿态检测环节，其姿态信息的准确采集是进行姿态调整的基本前提。康复外骨骼系统利用膝关节弯曲角度判断当前下肢的运动状态以及运动趋势，将预测结果用于对膝关节辅助运动控制。

　　目前，膝关节角度测量有多种方案可供选择，面对下肢运动幅度过大、抖动严重等特点，在角度测量传感器的选取上对其测量精度、动态响应特性、鲁棒性有着较高的要求，通常采取 MEMS 传感器构成膝关节角度测量装置。结合国内外研究现状，微型加速度计、角速度陀螺仪、光纤角度传感器等，可以较准确地测得膝关节角度，多传感器融合技术可以实现更好的测量效果。通过一定的受试者测试样本分析，得知加速度计与角速度陀螺仪捷联组合等测量方式在膝关节角度测量中可准确地实现膝关节角度测量。

本书采用的 9 轴倾角仪 JY901［相应实物图如图 4.2.4（a）所示］内部集成了姿态解算器以及动态卡尔曼滤波算法，可以在动态环境下准确输出模块的当前姿态；同时在外观上具有体积小、便于携带的特点。倾角仪可以测量三个方向上的角速度和加速度，然而对于外骨骼穿戴者，下肢在 Y 和 Z 两个方向上的运动幅度小，且在这两个方向上外骨骼的运动均是被动的。因此，为了简化实验，本采集实验将忽略下肢在 Y 和 Z 轴上的运动，只考虑膝关节在矢状面的运动，分别将两个倾角仪置于大腿和小腿，计算膝关节的角度，膝关节角度的采样频率为 100Hz。

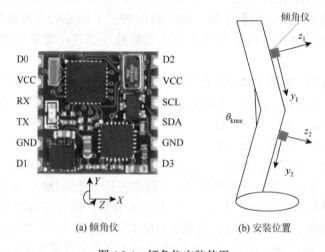

(a) 倾角仪   (b) 安装位置

图 4.2.4　倾角仪安装使用

4.3　肌电信号消噪方法研究及下肢动作起始点的判断

4.3.1　基于 EMD 和小波相结合的去噪方法研究

1. 基于 EMD 的去噪方法研究

1998 年，诺顿·黄首次提出经验模态分解（empirical mode decomposition，EMD），它的原理是将复杂的随机信号自适应地分解为有限个本征模态函数（IMF），所分解出来的每个本征模态函数包含了原信号的不同时间局部特征。经验模态分解基于信号时间尺度的局部特征，因而具有自适应的特点，相对于小波分解来说，在处理非线性、非平稳的随机生物电信号上具有无须考虑小波基函数以及参数和阈值选择的明显优势。该方法自提出以来，已经逐渐应用于各个领域的信号分析与处理。经验模态分解的主要过程如下。

设肌电信号的时间序列为 $X(t)$，信号的上下包络线分别为 $u(t)$ 和 $v(t)$，设上下包络线的平均值为 $m(t)$，则

$$m(t) = \frac{1}{2}(u(t) + v(t)) \tag{4.3.1}$$

定义

$$h_1(t) = X(t) - m(t) \tag{4.3.2}$$

当 $h_1(t)$ 满足以下两个条件时为本征模态函数：

（1）在整个时间序列中，极大值点和极小值点的数目之和与过零点数目最多相差 1 个或者恰好相等；

（2）在任意时刻，局部极大值点构成的上包络和局部极小值点构成的下包络的平均值近似为 0 或恰好等于 0。

事实上，包络线样条逼近的过冲和俯冲现象会引起新极值的产生，从而对原极值的位置和大小产生影响。此时，$h_1(t)$ 并不完全满足以上两个条件。

用 $h_1(t)$ 代替 $X(t)$，设 $h_1(t)$ 的上下包络线分别为 $u_1(t)$ 和 $v_1(t)$，上下包络线的平均值为 $m_1(t)$，重复以上过程，则

$$m_1(t) = \frac{1}{2}(u_1(t) + v_1(t))$$

$$h_2(t) = h_1(t) - m_1(t)$$

$$\vdots$$

$$m_{k-1}(t) = \frac{1}{2}(u_{k-1}(t) + v_{k-1}(t))$$

$$h_k(t) = h_{k-1}(t) - m_{k-1}(t) \tag{4.3.3}$$

重复以上过程，直到 $h_k(t)$ 满足上述两个条件，此时得到第一个本征模态函数 $h_k(t)$，记为 $C_1(t)$，信号的剩余部分记为 $r_1(t)$，则

$$C_1(t) = h_k(t) \tag{4.3.4}$$

$$r_1(t) = X(t) - C_1(t) \tag{4.3.5}$$

对剩余部分继续进行经验模态分解，直到所得的剩余信号的值小于预先设定的阈值或者剩余信号是一个单调信号时分解结束，从而得到所有的本征模态函数分量以及信号的余量。

$$r_2(t) = r_1(t) - C_2(t), \quad r_n(t) = r_{n-1}(t) - C_n(t) \tag{4.3.6}$$

从而，原始时间序列可以表示为

$$X(t) = C_1(t) + C_2(t) + \cdots + C_n(t) + r_n(t) \tag{4.3.7}$$

经验模态分解的原理是利用三次样条插值方法的筛选过程进行迭代分解，将一个频率不规则的信号转化为若干单一频率的信号加余波的形式。迭代的次数的限制按照以下两个法则。

（1）仿柯西收敛准则

$$\mathrm{SD} = \frac{\sum\limits_{t=0}^{T} \left| h_{1(k-1)}(t) - h_k(t) \right|^2}{\sum\limits_{t=0}^{T} h_{1(k-1)}^2(t)} \tag{4.3.8}$$

当参数 SD 为 0.2～0.3 时，停止迭代分解的过程。

（2）简单准则：当波形的极值点与过零点数相等时，停止迭代过程。

经验模态分解用于信号消噪的方法是从高频到低频逐步筛选出噪声。研究发现白噪声在经验模态分解后各个本征模态函数的性质：本征模态函数分量满足正态分布，且傅里叶谱相同；第 $i+1$（i 为正整数）个本征模态函数分量的周期长度大约是第 i 个分量的周期长度的两倍。经验模态分解法将信号分解成频率从高到低排列的本征模态函数分量，具有多尺度的自适应滤波的优点。因此，可以根据纯净信号的频率分布，将分解后的本征模态函数分量进行整合，实现消噪的目的。当舍弃低频本征模态函数分量，保留其余本征模态函数分量且由这些本征模态函数分量重构原信号时，此处理等同于高通滤波器；当舍弃高频本征模态函数分量，只保留其余低频本征模态函数分量时，此处理等同于低通滤波器；当同时舍弃某些频段的低频本征模态函数分量和某些频段的高频本征模态函数分量，由剩下的某些频段的本征模态函数分量重构原信号时，此处理等同于带通滤波器；当舍弃中间某些中频本征模态函数分量，由其余本征模态函数分量重构原信号时，此处理等同于带阻滤波器。因此，若信号进行经验模态分解，得到 n 个本征模态函数分量的信号，则相应的低通、高通、带通、带阻滤波器的表示如下：

$$x_{lk}(t) = \sum_{j=k}^{n} \mathrm{IMF}_j(t) + c(t), \quad k < n$$

$$x_{hh}(t) = \sum_{j=1}^{h} \mathrm{IMF}_j(t), \quad h < n$$

$$x_{bhk}(t) = \sum_{j=h}^{k} \mathrm{IMF}_j(t), \quad 1 < h < k < n \tag{4.3.9}$$

$$x_{bshk}(t) = \sum_{j=1}^{h} \mathrm{IMF}_j(t) + \sum_{j=k}^{n} \mathrm{IMF}_j(t), \quad 1 < h < k < n$$

对于本征模态函数分量的筛选，本章采用瞬时频率有效度的判断方法，定义第 i 层的本征模态函数 IMF_i 的频率有效度 E_i 为

$$E_i = n_i / n \tag{4.3.10}$$

其中，n_i 为 IMF_i 中瞬时频率在 20～150Hz 的数据点数，n 为信号序列的总长度，E_i 为有效信息的比例。由于经验模态分解的各层本征模态函数分量的频率逐层减小，每层的频率有效度不同，通过设定频率有效度的阈值大小 k，选取阈值大于 k 的层数的本征模态函数分量。

如图 4.3.1 所示，对起立动作通道 1 的一组原始肌电信号进行经验模态分解，得到了 9 个本征模态函数分量和 1 个残余信号。设定有效度的阈值 k 为 80%，通过计算 9 个本征模态函数分量的有效度，确定了肌电信号的有效分量主要集中在 IMF_2，IMF_3，IMF_4，IMF_5 中，所以将 IMF_2～IMF_5 和残余信号 res 进行累加，得到重构后的信号。

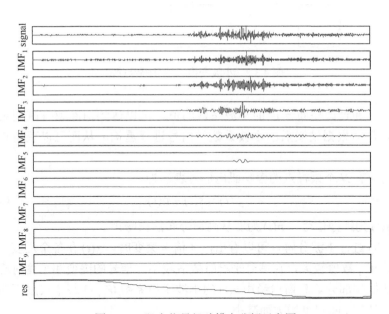

图 4.3.1　肌电信号经验模态分解示意图

2. 基于小波分解的肌电信号去噪方法研究

1974 年，法国工程师 Grossmann 和 Morlet 在研究地震波时首先提出小波变换这一概念，将一维的时间-幅度信号通过小波变换转化为时间-尺度的二维信号，因此可以更好地凸显信号的局部特性。小波变换在高频信号处使用短窗口，在低频信号处使用宽窗口，属于对傅里叶变换的发展。小波分解的步骤如下：首先对信号进行一级分解，得到低频和高频部分；对于分解出来的高频分量不再继续分

解，而对于低频部分进行连续分解，称为二级分解；重复对每一层的低频部分进行分解，直到分解的层数达到要求，整个过程就是将信号分解成一个低频分量和多个高频分量的叠加的过程。图 4.3.2 为小波变换三层分解示意图。其中，S 为原始信号，A_i 为低频分量，D_i 为高频分量。从而原始信号可以表达为

$$S = A_3 + D_3 + D_2 + D_1 \qquad (4.3.11)$$

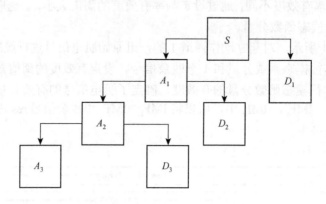

图 4.3.2　小波变换三层分解示意图

所以，通过改变每一层的小波系数的值，可以达到消除或者减弱某些信号的目的，最后根据消噪后的小波系数将信号进行重构，从而可以获得相对纯净的信号。

假设含有 N 个采样点的含噪肌电信号表示为

$$f(t) = s(t) + n(t) \qquad (4.3.12)$$

其中，$s(t)$ 为纯净信号，$n(t)$ 为服从高斯分布的白噪声。

将 $f(t)$ 进行小波分解，可以看出，在信号突变时，$s(t)$ 在各个尺度下的小波变换系数 $W_{j,k}$ 数值较大，在信号平稳时数值较小。信号的突变和平稳对应着信号的高频和低频部分。高斯白噪声 $n(t)$ 的小波变换系数 $W_{j,k}$ 在每个尺度下的分布是均匀的，且 $W_{j,k}$ 随尺度增大而减小。

信号的小波分解的步骤是对小波母函数 $\psi(t)$ 进行伸缩和平移，从而得到新的函数 $\psi_{\alpha,\tau}(t)$：

$$\psi_{\alpha,\tau}(t) = \frac{1}{\sqrt{a}}\psi\left(\frac{t-\tau}{a}\right), \ a,\tau \in \mathbf{R}, a > 0 \qquad (4.3.13)$$

其中，a 是伸缩因子，即尺度因子，它决定着小波 $\psi_{\alpha,\tau}(t)$ 的带宽和频域中心，τ 是平移因子，它表示小波 $\psi_{\alpha,\tau}(t)$ 沿 x 轴的平移大小。$\psi(\omega)$ 为 $\psi(t)$ 的傅里叶变换，且 $\psi(\omega)$ 满足：

$$C_{\psi} = \int_{\mathbf{R}} \frac{|\psi(\omega)|}{|\omega|} d\omega < \infty \tag{4.3.14}$$

在上述的小波函数下，将任意 $L^2(\mathbf{R})$ 空间（$L^2(\mathbf{R})$ 是平方可积的实数空间，即能量有限的信号空间）$f(t)$ 展开成连续小波变换的表达式为

$$W_f(\alpha, \tau) = \langle f(t), \psi_{\alpha,\tau}(t) \rangle = \frac{1}{\sqrt{a}} \int_{\mathbf{R}} f(t) \overline{\psi_{\alpha,t}\left(\frac{t-\tau}{a}\right)} dt \tag{4.3.15}$$

其中，$\overline{\psi_{\alpha,\tau}(t)}$ 是 $\psi_{\alpha,\tau}(t)$ 的共轭，从而小波变换的逆变换如下：

$$f(t) = \frac{1}{C_{\psi}} \iint_{\mathbf{R}\mathbf{R}} \frac{1}{a^2} W_f(\alpha, \tau) \psi\left(\frac{t-\tau}{a}\right) da d\tau \tag{4.3.16}$$

连续小波变换的缺点在于：在连续变化的 a 和 τ 下，小波函数 $\psi_{\alpha,\tau}(t)$ 具有强相关性，从而导致很大的信息冗余。为了尽量减少小波变换系数的冗余度，提出了离散小波变换的方法，将小波函数 $\psi_{\alpha,\tau}(t)$ 的伸缩因子 a 和平移因子 τ 取离散的值，即 $a = a_0^k$，$\tau = na_0^k\tau$，$k \in \mathbf{Z}$，a_0 为固定值，且 $a_0 > 1$。此时，$\psi_{\alpha,\tau}(t)$ 表示为

$$\psi_{k,n}(t) = a_0^{-\frac{k}{2}} \psi\left(\frac{t - na_0^k\tau}{a_0^k}\right) = a_0^{-\frac{1}{2}} \psi\left(a_0^{-\frac{k}{2}} - n\tau\right) \tag{4.3.17}$$

在实际应用中，往往将 a_0 取 2，这属于二进制动态采样网络，当 a 取 2^n，τ 取 1 时，计算出离散二进制正交小波基函数 $\psi(t)$ 为

$$\psi_{k,n}(t) = 2^{-\frac{k}{2}} \psi\left(-\frac{k}{2}t - n\right), \ k, n \in \mathbf{Z} \tag{4.3.18}$$

尺度函数 $\phi(t)$ 为

$$\phi_{k,n}(t) = 2^{-\frac{k}{2}} \phi\left(-\frac{k}{2}t - n\right), \ k, n \in \mathbf{Z} \tag{4.3.19}$$

$\phi(t)$ 为尺度函数，$\psi(t)$ 为小波函数，由 Mallat 算法可知，小波分解公式为

$$c_{j,k} = \sum_n h_0(n - 2k)c_{j-1,n}, \quad d_{j,k} = \sum_n h_1(n - 2k)d_{j-1,n} \tag{4.3.20}$$

其中

$$h_0(k) = \langle \phi_{10}, \phi_{0,k} \rangle, \ h_1(k) = \langle \psi_{10}, \psi_{0,k} \rangle \tag{4.3.21}$$

当 j 一定时，若知道 $c_{j,k}$、$d_{j,k}$、$c_{j-1,k}$，则由 Mallat 算法得到小波重构信号：

$$c_{j-1,n} = \sum_k g_0(n - 2k)c_{j,k} + \sum_k g_1(n - 2k)d_{j,k} \tag{4.3.22}$$

其中，$g_0(k)$ 和 $g_1(k)$ 分别是 $h_0(k)$ 和 $h_1(k)$ 的对偶基。

　　信号在多尺度下进行小波变换，噪声的小波系数主要集中在小尺度上，纯净信号的小波系数主要集中在大尺度上。小波消噪就是采用合适的方法对纯净信号的小波变换系数进行估计，然后利用估计出的小波系数进行信号的重构，从而达到消噪的目的。

　　为寻找肌电信号去噪过程中最佳小波分解算法的各个参数，本章通过大量实验得出如下结论：正交紧支 sym4 小波去噪效果较为明显。确定小波函数后分别从 1 层至多层进行小波分解仿真实验，经过多次仿真实验设定分解层数为 9 层，a 取 0.4，去噪结果如图 4.3.3 所示。

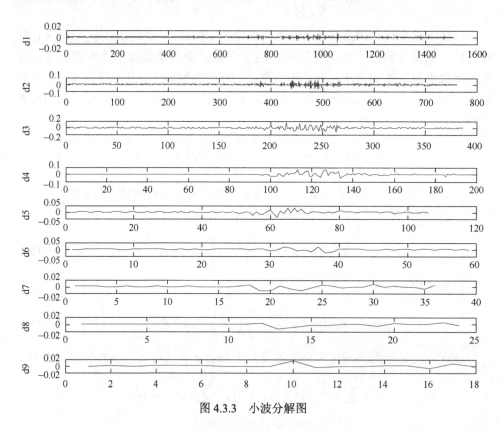

图 4.3.3　小波分解图

3. 基于经验模态分解和小波相结合的去噪方法研究

　　对于非线性、非平稳、微弱的肌电信号的去噪，由于基函数选择以及阈值选择困难，小波消噪的方法效果不甚理想。基于经验模态分解的方法其实是一种构造滤波器的方法，此方法只是简单地通过对 IMF 分量的取舍来实现信号滤波，这种方法可能会将有用的信号一起滤除，属于一种粗糙的滤波方法。

为了最大限度地保留有效信号，综合两种方法的优缺点，在前人研究的基础上采用了基于经验模态分解的改进小波阈值法进行信号滤波处理，方法如下：首先对含噪的肌电信号进行经验模态分解，得到若干个本征模态函数，然后对高频 IMF 分量利用改进的小波函数的多尺度阈值进行消噪处理，最后将经过小波分解消噪处理得到的新的高频 IMF 分量、低频 IMF 量和残余信号的叠加，叠加后的信号即为消噪后的信号。具体流程如图 4.3.4 所示。

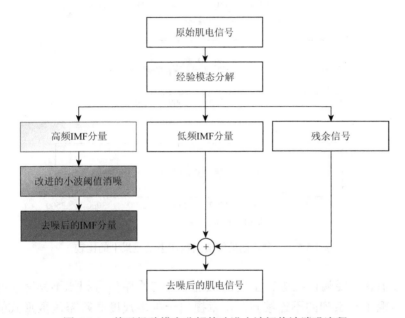

图 4.3.4　基于经验模态分解的改进小波阈值法消噪流程

通常，在小波变换阈值选择时，使用 Donoho 提出的软阈值或者硬阈值的方法。然而，硬阈值法存在 pseudo-Gibbs 现象，软阈值法存在恒定偏差。这两种方法存在的问题使重构信号与原始信号的近似程度不佳。

硬阈值：

$$\hat{\omega}_{ij} = \begin{cases} \omega_{ij}, & |\omega_{ij}| \geqslant \lambda \\ 0, & |\omega_{ij}| < \lambda \end{cases} \qquad (4.3.23)$$

软阈值：

$$\hat{\omega}_{ij} = \begin{cases} \mathrm{sgn}(\omega_{ij})(|\omega_{ij}| - \lambda), & |\omega_{ij}| \geqslant \lambda \\ 0, & |\omega_{ij}| < \lambda \end{cases} \qquad (4.3.24)$$

硬阈值法是将小于给定阈值的小波系数设为零，其他值不变；软阈值法是将小于给定阈值的小波系数设为零，然后将其他数据点向零收缩。小波变换软阈值方法得到的重构信号与纯净的肌电信号具有相似的光滑度，然而，从 l^2 范数误差最小的观点来看，硬阈值法比软阈值法效果好，但实际的结果如图 4.3.5 所示。

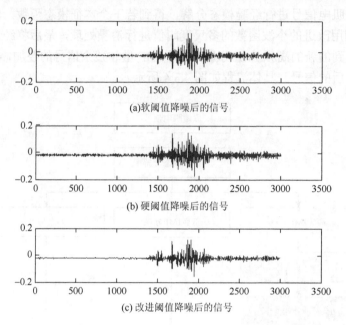

(a)软阈值降噪后的信号

(b) 硬阈值降噪后的信号

(c) 改进阈值降噪后的信号

图 4.3.5　三种不同的阈值函数在去噪效果上的比较

可以看出，硬阈值法进行重构的肌电信号与原始信号相比不具有较好的光滑度，出现了一系列的不连续点。本章提出一种多尺度高阶幂函数形式的阈值函数法：

$$\hat{\omega}_{ij} = \begin{cases} \omega_{ij}\left(1 - \left(\dfrac{\lambda}{\left|\omega_{ij}\right|}\right)^n\right), & \left|\omega_{ij}\right| \geqslant \lambda \\ 0, & \left|\omega_{ij}\right| < \lambda \end{cases} \quad (4.3.25)$$

其中，ω_{ij} 是小波系数，$\hat{\omega}_{ij}$ 是处理后的小波系数，λ 是选取的阈值。

对于 λ 的选择，本章采用多尺度阈值的方法，将尺度 j 作为阈值确定的参数，针对小波分解后不同尺度上的小波系数采用不同阈值进行消噪处理：

$$\lambda = \sigma_i \sqrt{2\log N_i} / \ln(z + 2j) \quad (4.3.26)$$

其中，N_i 是 j 尺度上的小波系数，σ_i 是 j 尺度上的标准差。在 $\pm\lambda$ 处小波系数向 0 值收缩，从而解决了硬阈值方法的震荡问题。通过选择合适的 n 值，可达到连续性和恒定偏差之间的平衡。采用全局阈值和多尺度阈值方法的去噪效果对比如图 4.3.6 所示。

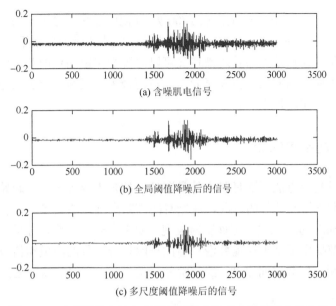

图 4.3.6　全局阈值方法和多尺度阈值方法在去噪效果上的比较

多尺度阈值方法去除了基线漂移,保留了高频信号,比全局阈值消噪的效果好。图 4.3.7 是经验模态分解法（EMD）、小波分解法（WTM）以及基于经验模态分解的改进小波阈值法（EMD + WTM）的消噪结果比较。

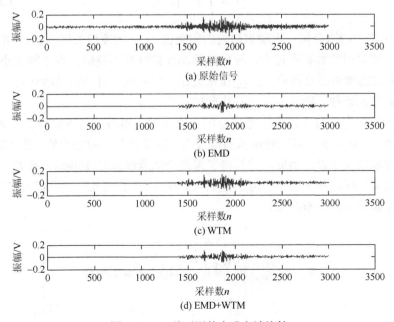

图 4.3.7　三种不同的去噪方法比较

从图 4.3.7 可以看出，在采样点 1700 处，EMD 方法去除了一部分有用的高频细节；在采样点 1100 处，WTM 方法在去除基线漂移时的效果不好；而 EMD + WTM 方法既可以有效去除基线漂移又可以尽可能保留高频细节，消噪后的信号很好地保留了原始信号的峰值和奇异点，从而最大限度地保留了信号的特征，消噪效果明显优于前两种方法。

4.3.2 动作起始点判断

肌电信号起始点的判断是肌电外骨骼控制的重点内容之一，起始时间即为外骨骼控制器发出控制信号的时间，起始时间判断准确才能确保外骨骼的安全性。

Phinyomark 通过三次稳定性实验发现，肌电信号的一阶差分组成的新信号更加稳定。本节提出了基于非重叠滑动窗的一阶差分信号的能量阈值方法进行运动起始点的判断。离散时间序列 x 的一阶差分定义为：x 的连续值之间的差值，可描述如下：

$$d^{(1)}(n) = x(n+1) - x(n), \quad n = 1, 2, \cdots, N-1 \tag{4.3.27}$$

其中，N 为待分析的时间序列中总数据量。需要强调的是，此方法将时间序列长度减小了 1，新的序列长度为 $N-1$。

因此，当窗口长度为 Δn 时，一阶微分信号滑动窗口内的能量值定义为

$$Q_i = \int_{n_i}^{n_{i+\Delta n}} d^{(1)2}(n)\mathrm{d}n \tag{4.3.28}$$

其中，Q_i 为一阶微分信号滑动窗口内的能量值，Δn 为窗口长度，Δn 不能太大，太大会导致窗内的数据量过大，导致起始动作的判断不精确；也不能太小，窗口过小，突发的噪声很难排除。若 Q_i 在 n_i 处比设定的阈值 A 大，且滑动窗口滑动 n_1 次时还满足此条件，则认为 n_i 是动作起始点。

具体流程为：首先，将信号进行归一化处理。然后，利用窗口长度为 50ms 的非重叠窗，计算窗口移动时每帧的信号的一阶微分信号的能量值。若在时刻 n_i，此帧的能量值大于设定阈值，并且接下来四个能量值（即 200ms）都大于阈值，则可以确定时间 n_i 作为肌电信号的起始点。图 4.3.8 和图 4.3.9 为滑动窗口的方法确定动作起始点的判断结果。

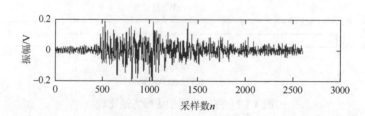

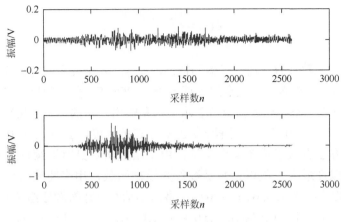

图 4.3.8　起立动作的含噪信号股直肌（RF）

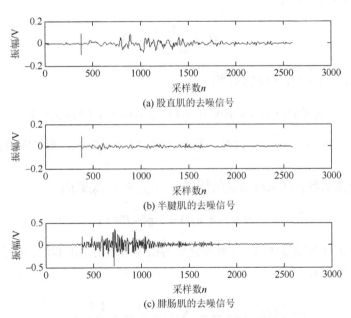

图 4.3.9　起立动作的去噪信号及起始点判断

4.4　多时域联合小波包部分子空间模糊熵的特征提取方法

4.4.1　模糊熵的定义以及与近似熵、样本熵的比较

　　模糊熵同一个指数函数模糊化相似性作为度量公式，使模糊熵可以随参数的变化平滑过渡，同时也和样本熵一样具有相对一致性和短数据处理的优点。

　　对于近似熵和样本熵，向量的相似性由 Heaviside 函数作为度量：

$$\theta(z) = \begin{cases} 1, & z \geqslant 0 \\ 0, & z < 0 \end{cases} \tag{4.4.1}$$

Heaviside 函数具有二值分类器的特性，事实上各个类之间的边缘一般比较模糊，很难给出某个输入样本完全属于哪一类。1965 年，美国教授 Zadeh 提出模糊集合理论，可以在不确定的情况下表示输入和输出之间的关系。模糊集合理论通过定义模糊函数 $\mu_c(x)$ 来表示元素 x 属于集合 C 的程度，$\mu_c(x) \in (0,1)$。

模糊熵方法引入了模糊集合理论，由于指数函数具有连续性，且可以保证向量的自相似性最大，故以指数函数作为模糊函数，用来衡量向量之间的相似性。假定原始信号为 $x(1), x(2), \cdots, x(n)$，将原始信号 $x(i)$ 按顺序组成 m 维的矢量，记为 $X(i)$，$X(i) = [x(i), x(i+1), \cdots, x(i+m-1)] - x_0(i)$，$i = 1 \sim N-M+1$，$x_0(i)$ 为 $x(i) \sim x(i+m-1)$ 的均值：

$$x_0(i) = \frac{1}{m} \sum_{j=0}^{m-1} x(i+j) \tag{4.4.2}$$

定义 $X(i)$ 与 $X(j)$ 之间的距离：

$$d[X(i), X(j)] = \max[x(i+k) - x_0(i) - x(j+k) + x_0(j)] \tag{4.4.3}$$

其中，$k = 0 \sim m-1$，$i \neq j$。此时，其他 $X(i), X(j)$ 对应的元素之间的差值均小于 $d[X(i), X(j)]$。

根据模糊函数 $\mu(d, n, r)$ 定义矢量 $X(i), X(j)$ 的相似度 D：

$$D = \mu(d, n, r) = \exp(-d^n / r) \tag{4.4.4}$$

其中，$\mu(d, n, r)$ 为指数函数，r 和 n 分别为指数函数的宽度和边界梯度。

定义函数 $\phi^m(n, r)$

$$\phi^m(n, r) = \frac{1}{N-m} \sum_{i=1}^{N-m} \left(\frac{1}{N-m-1} \sum_{j=1, j \neq i}^{N-m} D \right) \tag{4.4.5}$$

将维数 m 加 1，重复以上步骤得到 $\phi^{m+1}(n, r)$。此序列的模糊熵为

$$\text{FuzzyEn}(m, n, r) = \lim_{N \to \infty} (\ln \phi^m(n, r) - \ln \phi^{m+1}(n, r)] \tag{4.4.6}$$

在 N 为有限值时，时间序列的近似熵为

$$\text{FuzzyEn}(m, n, r, N) = \ln \phi^m(n, r) - \ln \phi^{m+1}(n, r) \tag{4.4.7}$$

样本熵与模糊熵的相似之处在于：①两者都不计自身匹配的统计量。由于熵

是衡量新信息产生的测度，所以无须比较其自身数据。②只考虑维数为 m 和 $m+1$ 时长度为 N 的序列的前 $N-m$ 个重构序列，从而保证对 $1\leqslant i\leqslant N-m$，在任意位置都有意义。这两个相似点正是样本熵对近似熵算法的两个改进。模糊熵除了继承了样本熵的这两个优点，还具有以下特点。

（1）相似性度量公式与前两者不同。与前两者使用 Heaviside 二值函数作为度量公式不同，模糊熵采用指数函数 $\exp(-d^n/r)$ 作为度量公式。Heaviside 二值函数在 z 值处的突变让样本熵不具备连续性，样本熵的方法对阈值 r 非常敏感，它的微弱变化会造成样本熵的突变，当无模板匹配时，甚至会出现 ln0 这样无意义的值。为了避免发生无意义的情况，样本熵方法要求至少存在一个匹配模板；反观模糊熵，以一个指数函数 $\exp(-d^n/r)$ 作为模糊化相似性衡量指标，在任何条件下模糊熵的定义均有意义，此外，由于指数函数是一个连续的函数，所以无论参数如何变化，模糊熵的熵值始终保持连续和平滑，另外，利用指数函数作为度量公式可保证向量的自相似性值最大。

（2）m 维向量重构公式不同。根据近似熵和样本熵的定义，向量 $X(i)$ 由 m 个连续的采样值构成：

$$X(i)=[x(i),x(i+1),\cdots,x(i+m-1)],\ i=1\sim N-M+1 \qquad (4.4.8)$$

向量 $X(i)$ 与 $X(j)$ 之间的距离，定义为两个时间序列所对应元素中差值相差最大的一个，在此条件下，只有当 $\max[x(i+k)-x(j+k)]<r$ 时，才能判定 $X(i)$ 与 $X(j)$ 相似，即两个向量之间的相似性由绝对幅值之差决定。当序列存在基线漂移或者轻微抖动时，幅值变化就会导致错误的结果。模糊熵的定义则通过设定一个均值 $x_0(i)$ 消除了基线漂移以及其他的随机噪声的影响，且两个向量之间的相似性由指数函数 $\exp(-d^n/r)$ 确定的模糊函数决定。

三种不同动作的近似熵、样本熵和模糊熵随 r 的变化如图 4.4.1 所示。

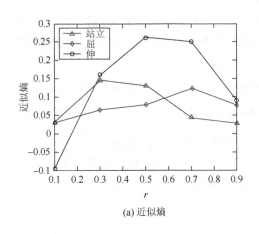

(a) 近似熵

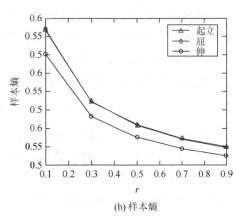

(b) 样本熵

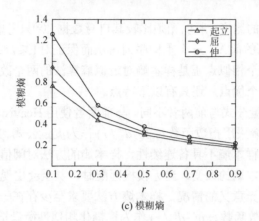

(c) 模糊熵

图 4.4.1　近似熵、样本熵和模糊熵随 r 的变化

　　由图可知，在三种不同的熵方法中，利用近似熵的方法求出的三个不同动作模式的熵值有重合的情况，因此近似熵的分离效果最差，模糊熵的分离效果最好；此外，当 r 值在 0.1~0.3 时，熵值差别较大，特征分离度较好。

4.4.2　小波包变换子空间模糊熵特征提取流程

　　对于小波包分解子空间的熵特征，传统的方法具有小波包分解后子空间数量多的问题，邻近子空间频率重叠会导致不同程度的信息冗余。在这种情况下，本节利用了改进的基于小波包分解和模糊熵的特征提取方法。表面肌电信号的能量主要分布在低频部分，主要在 10~150Hz，小波变换的分解层次由下式确定：

$$N = \log_2 \frac{f \cdot f_{max}}{f_{min}} \tag{4.4.9}$$

其中，$f = 500, f_{min} = 7.8125, f_{max} = 156.25$。

　　根据式（4.4.9），小波分解的层数 N 为 6。当小波分解层数为 i 时，有 2^i 个子空间。为了方便计算，将分解后的子空间编号为 W_i^j，$j = 1, 2, \cdots, N-1$。每一层都从左向右进行编号，第 i 层的第 j 个节点编号为 $[i, j]$。

　　因此，本章所采样的肌电信号可以分解为 19 个低频子空间 $W_6^1 \sim W_6^{19}$。

$$sEMG = W_6^1 + W_6^2 + \cdots + W_6^{19} \tag{4.4.10}$$

　　本章采用的改进方法的关键问题在于子空间的选择。步骤如下。

　　（1）所有编号为 $[n_i, 0]$ 的节点，$0 \leqslant n_i \leqslant 6$ 都进行小波分解。分别定义 f_1 和 f_2 为待分解频段的频率下限和上限。如果在 k 层 $(0 \leqslant k \leqslant 6)$，满足 $f_2 > f_{max}$，则将 $[n_i, 0]$，$0 \leqslant n_i \leqslant k-1$ 选取为子空间。

（2）高频部分从 N_2 层开始选取，其中 N_2 为

$$N_2 = \log_2 \frac{f}{f_{max}}　　　　　　（4.4.11）$$

其中，$N_2 = 2$。f_1 和 f_2 的初始值定义为

$$f_1 = 2f_2 = 2^{\log_2 f_{max}}　　　　　　（4.4.12）$$

（3）在第 i 层，寻找包含最大频率 f_{max} 的子空间，然后对这一子空间进行小波变换。如果此时

$$\frac{f_1 + f_2}{2} > f_{max}　　　　　　（4.4.13）$$

那么 $i = i+1$，并且重复以上的分解过程，直到新的下限频率 $f_1' = f_{max}$。

改进的小波分解子空间的选择如图 4.4.2 所示。

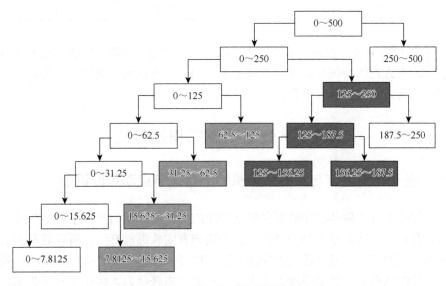

图 4.4.2　改进的小波分解子空间

其中浅灰色为低频部分，深灰色为选取的某些高频部分。从图 4.4.2 的分解结果来看，频率为 7.8125～156.25Hz 的肌电信号被分解为 8 个子空间。因此，改进的方法将原本的 19 个子空间降低到 8 个子空间，大大降低了运算量。

$$sEMG = W_6^1 + W_5^1 + W_4^1 + W_3^1 + W_4^4 + W_4^5 + W_3^2 + W_2^1　　　　（4.4.14）$$

为了评估小波分解部分子空间模糊熵特征的有效性，采用分离度数值（resolution，rsl）来评估此方法的分离程度。起立、屈和伸三个动作模式的第 k 个子空间的模糊熵定义为 A_{1j}, A_{2j}, A_{3j}。从而，rsl_j 定义为

$$rsl_j = \sqrt{\frac{\sum\limits_{k=1}^{N} (A_{1j,k} - A_{2j,k})^2 + (A_{1j,k} - A_{3j,k})^2}{2N}}, \quad N=8,19; \; j=1,2,3 \quad (4.4.15)$$

其中，N 代表选择的子空间的数量，j 代表信号的通道数，本书的信号是由三通道的肌电采集设备获取的，所以 $j=1,2,3$。在相同的通道下，三种不同的动作熵值相差越大越好，即 rsl_j 的值越大，说明特征分离度越大。

通过计算，改进的子空间选择方法的分离度与传统利用低频全部子空间方法的分离度比较结果如表 4.4.1 所示。

表 4.4.1　两种不同方法的分离度比较

分离度	第一通道（$j=1$）	第二通道（$j=2$）	第三通道（$j=3$）
传统方法（$N=19$）	0.2319	0.1458	0.6580
改进方法（$N=8$）	0.3536	0.4326	1.6575

从表 4.4.1 可见，在相同的通道下，传统的小波包子空间选择的方法特征分离度小于改进方法的特征分离度。改进的子空间选择方法的分离度比传统利用低频全部子空间方法的分离度更高。

4.5　下肢运动意图识别方法

4.5.1　基于神经网络与支持向量机的下肢关节运动意图识别

人体膝关节在屈伸时伴随着主要功能肌肉的收缩，从而产生了肌电信号，肌电信号存在于人体运动的整个过程，且于肌肉真实收缩前产生，所以具有提前预测人体意图的作用。通过模式识别的方法可以对人体运动模式进行识别，使康复医疗外骨骼从机械外骨骼带动人体运动的被动状态转换为人体运动意图驱动机械外骨骼运动的主动状态。此外，在肌电信号作为外骨骼控制信号时，除了需要知道运动模式，还需要知道肢体运动的角度、速度、位置等连续的运动信息，因此，本章除了研究利用 BP 神经网络和支持向量机对下肢运动模式的识别[71]，还建立了肌电信号与膝关节角度之间的关系，以及基于知识库与特征匹配的运动意图识别器[72]。

1. BP 神经网络的原理

人工神经网络（ANN）是一种受生物学启发产生的模拟人脑思考行为的学习系统。它通过节点之间的相互连接形成复杂的网络，每个节点都有多个输入和一个输出，节点之间以一个加权系数连接在一起。节点的连接方式决定了数据的计算方式，可以通过大量的输入，使神经网络自动调节连接方式以得到预期的输出。神经网络的核心问题是加权系数的选择，学习是神经网络的重要组成部分，通过学习可以增强模型的适应能力。

图 4.5.1 是一个神经网络结构图。第一层为输入层，接下来是隐藏层，最后一层是输出层。神经元之间由低层出发，通过有向边进行连接，终止于高层神经元，每条边都有一个权重系数。权重决定了神经网络的整体活跃性，权重值在−1～1，可正可负，若权重为负，会起抑制作用；若权重为正，则会起激发作用。最右端是一个激励函数，它先将所有经过权重调整后的输入作为新的输入，形成激励值。再根据激励值产生神经网络的输出：如果激励值大于某个阈值，则产生值为 1 的信号输出；如果激励值小于这个阈值，则输出 0。每个神经元都可以计算神经元的能量值，当该值超过一定阈值时，神经元的状态就会发生改变。

在实际应用中，一般用神经元的状态发生改变的概率的方式表示神经元是否处于激活状态，用 $h(f)$ 来表示。其中，f 表示神经元的能量值，能量值越大，越有可能处于激活状态。h 表示激活函数，激活函数先将所有经过权重调整的输入作为新的输入，形成激励值。再根据激励值产生神经网络的输出：如果激励值大于某个阈值，则输出 1；如果激励值小于这个阈值，则输出 0。

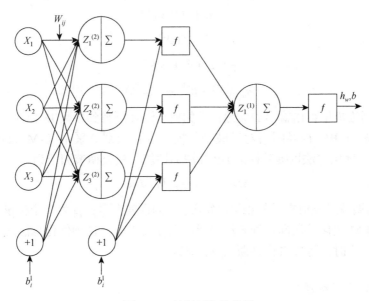

图 4.5.1　神经网络结构图

神经细胞可以有 n 个输入 $X_1, X_2, \cdots, X_n$；也可以有 n 个权重系数 $W_1, W_2, \cdots, W_n$；激励值就是所有输入与相应的权重系数的乘积之和，即

$$a = W_1 X_1 + W_2 X_2 + \cdots + W_n X_n \tag{4.5.1}$$

用 (W, b) 表示神经网络中的参数，其中，W_i 表示权重系数，b 表示偏置。

$z_{(i)}^l$ 表示第 l 层第 i 个神经元具有的能量值：

$$z_i^{(l)} = \sum_{j=1}^{n} \omega_{ij}^{(l)} X_j + b_i^{l-1} \tag{4.5.2}$$

其中，ω_{ij} 表示第一层的第 i 个神经元对第二层第 j 个神经元的权重系数。b_i^{l-1} 表示第 l 层第 i 个神经元的偏置。

a_i^l 表示第 l 层的第 i 个神经元的激活状态：

$$a_i^l = f(z_i^{(l)}) \tag{4.5.3}$$

对于整个网络：

$$a_1^{(2)} = f(\omega_{11}^{(1)} X_1 + \omega_{12}^{(1)} X_2 + \omega_{13}^{(1)} X_3 + b_1^{(1)})$$
$$a_2^{(2)} = f(\omega_{21}^{(1)} X_1 + \omega_{22}^{(1)} X_2 + \omega_{23}^{(1)} X_3 + b_2^{(1)})$$
$$a_3^{(2)} = f(\omega_{31}^{1} X_1 + \omega_{32}^{(1)} X_2 + \omega_{33}^{(1)} X_3 + b_3^{(1)})$$
$$h_{\omega,b}(X) = a_1^{(3)} = f(\omega_{11}^{(2)} a_1^{(2)} + \omega_{12}^{(2)} a_2^{(2)} + \omega_{13}^{(2)} a_3^{(2)} + b_1^{(2)}) \tag{4.5.4}$$

将上述过程的向量化表示为

$$z^{(2)} = W^{(1)} X + b^{(1)}$$
$$a^{(2)} = f(z^{(2)})$$
$$z^{(3)} = W^{(2)} X + b^{(2)}$$
$$h_{\omega,b}(X) = a_1^{(3)} = f(z^{(3)}) \tag{4.5.5}$$

神经网络模型得出输出的关键在于如何通过训练得到参数 W 和 b。

本节采用 BP 神经网络对下肢动作模式进行识别。采用 L-M（Levenberg-Marquardt）优化算法以提升标准 BP 算法的性能。权值调节因子为

$$\Delta\omega = (J^\mathrm{T} J + \mu J)^{-1} J^\mathrm{T} e \tag{4.5.6}$$

其中，J 为误差对权值求导的雅可比矩阵；e 为误差向量；μ 为一个标量，它的选择关系到 LM 优化算法向何种方法逼近，当 μ 较大时，这种优化算法逼近梯度算法，当 μ 较小时，可以看作高斯-牛顿算法。

2. 支持向量机原理

支持向量机（support vector machine，SVM）是在数学统计分析方法的基础上发展出的一种机器学习方法，用于模式分类和非线性回归，其工作模式遵循最小化规避风险原则，以样本训练中最小分类误差为前提，提高系统分类器的泛化能

力。其原理在于：将向量映射到高维空间，在映射后的高维空间确定输入与输出之间的非线性关系，确定相关核函数 $K(Z_i,Z)$，利用非线性变换关系将输入空间映射到高维空间，随后选取空间内的最优线性分类面。采取支持向量机方法实现高维空间下的向量映射模式分类，有效避免在低维空间向量划分较为困难的问题，尽管这样做会使计算复杂度增加，但有效的核函数选择方案恰好可以巧妙地解决这个问题。只要选取适当的核函数，就能得到高维空间的分类函数。因此，采用支持向量机方法进行分类和回归，既可以保证计算的快速性，又可以取得满意的分类效果。于是，在 20 世纪 90 年代后期支持向量机方法一直占据着机器学习中最核心的位置。

　　支持向量机方法的结构如图 4.5.2 所示，其中 $Z(1), Z(2), \cdots, Z(n)$ 是输入向量，即特征矢量，$K(Z_1,Z)$，$K(Z_2,Z)$，$\cdots$，$K(Z_n,Z)$ 为内基函数。支持向量机的输出决策函数为

$$f(Z) = \mathrm{sgn}(\mu Z + b) = \mathrm{sgn}\left\{ \sum_{i=1}^{N} a_i Y_i K(Z_i,Z) + b \right\},\ 0 \leqslant a_i \leqslant C \qquad (4.5.7)$$

其中，a_i 为训练样本对应的拉格朗日系数，C 为惩罚参数，μ 为权重参数，b 为偏置量，$K(Z_i,Z)$ 为内基函数。

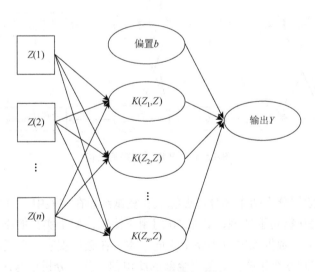

图 4.5.2　支持向量机结构

　　支持向量机中的关键是核技巧，"核"其实是从低维到高维的映射函数。支持向量机模型支持的核类型有四种：①liner 核，即无核；②rbf 核，即使用高斯函数作为核函数；③poly 核，即使用多项式函数作为核函数；④sigmoid 核，即使用 sigmoid 函数作为核函数。其中，liner 核和 rbf 核最为常用。当数据量很大，

但每个数据量的维数不大时，rbf 核适用。反之，当每个数据量的维数都很大而数据量不大时，liner 核更加适用。本章的数据量的维数不大，而数据量庞大，因而采用 rbf 核。

3. BP 神经网络和支持向量机对下肢运动模式的分类结果

BP 神经网络对下肢的运动模式识别，利用改进的小波分解子空间的八个模糊熵以及四个时域特征组成输入特征向量。一共有起立、屈、伸三种运动模式，每种运动模式都有三个通道的肌电信号。因此，输入向量为 3×12。在输出层，由三个神经元代表三种运动模式：腿部伸展、腿部弯曲和站立。用三位二进制数（[1 0 0]，[0 1 0]，[0 0 1]）作为输出向量。BP 神经网络的结构如图 4.5.3 所示。

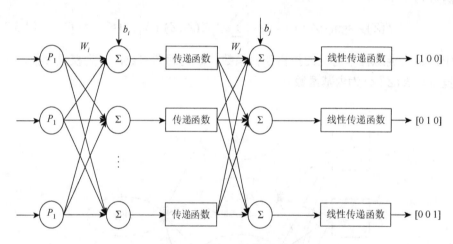

图 4.5.3　BP 神经网络的结构

将采集的数据分为两个部分：训练组和测试组。在实验中，每种动作采集 50 组数据，其中 30 组用于训练，其余 20 组用于测试，由于实验的不可重复性，相同的运动类型下，数据长度也不完全相同，本书在数据观察和分析的基础上，选取数据长度为 2000 个采样点。当将全部的肌电信号作为分析信号时，属于离线识别，此时识别结果如下。

图 4.5.4 为某次测试过程中 BP 神经网络分类器的误差收敛曲线，经过 26 次迭代，网络误差就下降到设定的目标精度（10^{-6}）以下。表 4.5.1 和表 4.5.2 分别是基于全部采样信号的 BP 神经网络和支持向量机方法识别结果的统计表，即离线状态下的运动意图识别的统计表。

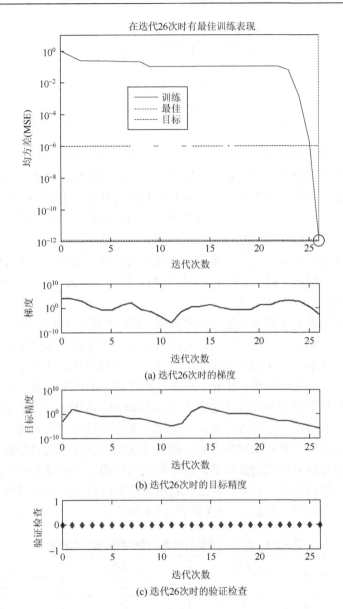

(a) 迭代26次时的梯度

(b) 迭代26次时的目标精度

(c) 迭代26次时的验证检查

图 4.5.4　BP 神经网络分类器的误差收敛曲线

表 4.5.1　离线 BP 神经网络法识别结果

运动模式	正确数	错误数	准确率
站立	19	1	95%
弯曲	19	1	95%
伸展	20	0	100%

表 4.5.2　离线支持向量机方法识别结果

运动模式	正确数	错误数	准确率
站立	20	0	100%
弯曲	19	1	95%
伸展	20	0	100%

由上述的实验结果可以看出，基于全部采样信号的 BP 神经网络和支持向量机方法的运动模式分类的平均结果分别为 96.7%和 98.3%，两种方法的离线运动模式识别结果都达到了 95%以上，且支持向量机方法优于 BP 神经网络方法。

然而，肌电信号用于下肢康复外骨骼控制时，系统的响应速度至关重要，从患者的肢体开始动作到控制指令的产生时间间隔必须小于 300ms，否则这个延时可能会对患者造成伤害。为此，采用滑动窗口的方法对肌电信号进行研究，使肌电信号在采样的同时 CPU 对信号同步进行特征提取，从而可以充分利用 CPU 的计算能力，提高系统的实时性。

本节采用非重叠窗的方法进行信号处理，窗口长度为 50ms，每个窗口都独立得到一个识别结果，为了保证下肢运动模式的识别结果在人体能够接受的最大延迟时间 300ms 内得到，采用窗口滑动 6 次进行一次投票的方式进行识别，选取得票最多的那一类作为动作模式识别的结果。很明显，利用滑动窗口的方法每个窗口所包含的数据量仅有 50 个，导致信号随机性增加，从而影响每个窗口的分类准确性，然而，此方法通过对多个窗口的识别结果进行投票，又增加了系统的鲁棒性。这里没有选择需要较长时间序列才能对高低频特性进行准确分析的小波变换的方法。消噪部分采用低通滤波器，特征提取部分提取了信号的四个时域特征以及每一帧的模糊熵特征，即五个特征。利用滑动窗口的 BP 神经网络法和支持向量机方法的识别结果分别如表 4.5.3 和表 4.5.4 所示。

表 4.5.3　基于滑动窗口的 BP 神经网络法识别结果

运动模式	正确数	错误数	准确率
站立	18	2	90%
弯曲	17	3	85%
伸展	19	1	95%

表 4.5.4　基于滑动窗口的支持向量机方法识别结果

运动模式	正确数	错误数	准确率
站立	19	1	95%
弯曲	18	2	90%
伸展	19	1	95%

从表 4.5.3 和表 4.5.4 可以看出，基于滑动窗口的 BP 神经网络法和支持向量机方法的运动模式分类的平均结果分别为 90% 和 93.3%，且支持向量机方法优于 BP 神经网络方法。三种动作的模式分类中弯曲动作的识别率最低。

4. 基于肌电信号的膝关节角度预测

在肌电信号作为下肢外骨骼控制信号时，除了需要知道下肢的运动模式，还需要知道肢体运动的其他信息，如关节角度、力矩、速度、位置等。表面肌电信号的采样频率为 1000Hz，是膝关节角信号采样频率 100Hz 的 10 倍，因此，首先需要对表面肌电信号进行重采样，使其与膝关节角信号的频率一致。定义 IPOW（instantaneous power）为表面肌电信号的瞬时功率。它接近于力和肌肉之间关系的线性包络波形。定义

$$\theta = [\theta_1, \theta_2, \cdots, \theta_j, \cdots, \theta_t] \tag{4.5.8}$$

$$s_{i,j_1} = \begin{bmatrix} s_{1,1} & s_{1,2} & \cdots & s_{1,10t} \\ s_{2,1} & s_{2,2} & \cdots & s_{2,10t} \\ \vdots & \vdots & & \vdots \\ s_{k,1} & s_{k,2} & \cdots & s_{k,10t} \end{bmatrix} \tag{4.5.9}$$

其中，θ 是角度信号，$j = 1, 2, \cdots, t$，t 由角度信号的数据长度决定；s_{i,j_1} 是第 k 通道上的肌电信号，$i = 1, 2, \cdots, k$，$j_1 = 1, 2, \cdots, 10t$，则时域特征 IPOW 定义为

$$\text{IPOW}_{i,j}(j) = \left[\frac{1}{10} \sum_{j=10(j-1)+1}^{10j} s_{i,j}^2 \right]^{1/2}, i = 1, 2, \cdots, k \tag{4.5.10}$$

从而膝关节角度可以使用下面的非线性模型进行预测：

$$\tilde{\theta} = f \left(\begin{bmatrix} \text{IPOW}_{1,1} & \text{IPOW}_{1,2} & \cdots & \text{IPOW}_{1,i} & \cdots & \text{IPOW}_{1,t} \\ \text{IPOW}_{2,1} & \text{IPOW}_{2,2} & \cdots & \text{IPOW}_{2,i} & \cdots & \text{IPOW}_{2,t} \\ \vdots & \vdots & & \vdots & & \vdots \\ \text{IPOW}_{k,1} & \text{IPOW}_{k,2} & \cdots & \text{IPOW}_{k,i} & \cdots & \text{IPOW}_{k,t} \end{bmatrix} \right) \tag{4.5.11}$$

其中，$\tilde{\theta}$ 为 $0.1t$ 时刻的膝关节角度，f 为未知非线性函数，神经网络输出为

$$\tilde{\theta} = \omega_{\text{out}} \left[\frac{2}{1 + e^{-2(\omega_{\text{in}} \text{RMS}_{i,j}(j) + b_{\text{in}})}} - 1 \right] + b_{\text{out}} \tag{4.5.12}$$

由此可见，模型的输入为 $\text{IPOW}_{i,j}(j)$，输出为预测的膝关节角度值。定义：

$$\text{error} = \sqrt{\frac{\sum_{i=1}^{t} (\tilde{\theta}_i - \theta_i)^2}{t}} \tag{4.5.13}$$

其中，t 为序列长度，$\tilde{\theta}_i$ 为预测的膝关节角度，θ_i 为实际采集的膝关节角度。

5. 离线膝关节角度的估计结果

利用 BP 神经网络法对膝关节角度离线估计的结果如图 4.5.5 所示。

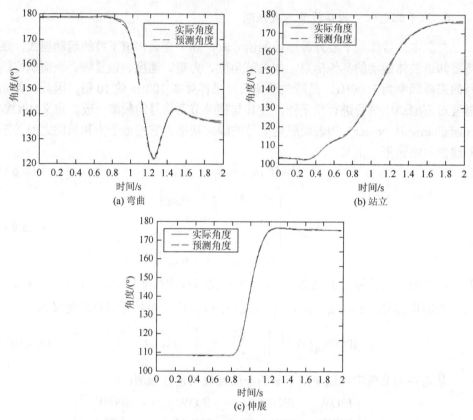

图 4.5.5　BP 神经网络法下膝关节角度的估计结果

估计误差如表 4.5.5 所示。

表 4.5.5　BP 神经网络法下膝关节角度的估计误差

运动模式	弯曲	站立	伸展
误差	11.65%	3.25%	4.62%

由表 4.5.5 可以看出，站立和伸展动作的估计效果较好，误差在 5% 以下，与动作模式分类效果相同的是，弯曲动作的误差较大。

类似地，利用离线的支持向量机方法所得的膝关节角度估计结果如图 4.5.6 所示。

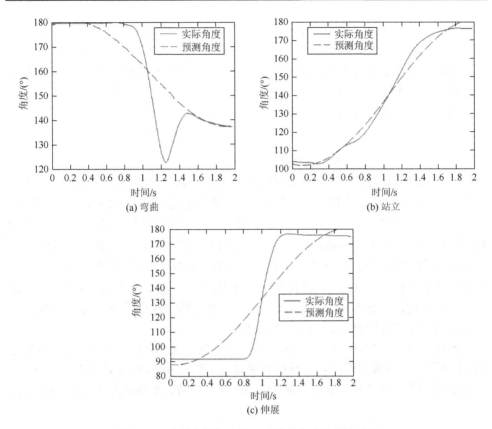

图 4.5.6　支持向量机方法下膝关节角度的估计结果

估计误差如表 4.5.6 所示。

表 4.5.6　支持向量机方法下膝关节角度的估计误差

运动模式	弯曲	站立	伸展
误差	68.75%	37.25%	74.86%

根据图 4.5.6 和表 4.5.6 可以看出，支持向量机方法对膝关节角度的估计结果误差较大，只达到了估计膝关节运动趋势的效果，对比表 4.5.5 和表 4.5.6 可以看出，BP 神经网络法的估计结果明显优于支持向量机方法。

支持向量机方法的估计结果误差过大，因此需要寻求改进的方法，支持向量机性能的好坏，取决于核函数和参数的选择。传统的参数选择方法容易受数据规模的影响，难以精确找到最优参数，且优化比较耗时。针对上述问题，本书结合肌电信号的特点，采用粒子群算法对支持向量机的惩罚参数以及核函数参数进行优化，以期获得更优的分类性能和预测效果。

　　粒子群优化算法（PSO）是基于迭代寻优的方法，通过粒子自身和周围粒子的协作与共享搜索最优解，在搜索过程中动态地调整粒子的速度和位置，得到全局最优解。粒子群优化算法的优点在于：参数调节方便，收敛速度快，应用范围广，可以在高维空间使用。

　　粒子的速度和位置通过如下迭代方式进行更新：

$$V_{id}^{k+1} = \omega V_{id}^{k} + c_1 r_1 (P_{id}^{k} - X_{id}^{k}) + c_2 r_2 (P_{gd}^{k} - X_{gd}^{k})$$
$$X_{id}^{k+1} = X_{id}^{k} + V_{id}^{k+1}$$

（4.5.14）

其中，ω 为惯性权重，用来确定解的搜索范围，d 为空间维数，$g = 1, 2, \cdots, n$ 为粒子数；k 为当前迭代的次数；V_{id}^{k+1} 为第 i 个粒子的速度；X_{id}^{k} 为第 i 个粒子的位置；P_{id}^{k} 为第 i 个粒子的个体最优解；P_{gd}^{k} 为全局最优解；X_{gd}^{k} 为全局最优解情况下对应的粒子位置及第 g 个粒子位置。c_1 和 c_2 为学习因子，表示每个粒子趋近个体极值和全局极值位置的统计加速项的权值；r_1 和 r_2 为取值在 $[0,1]$ 区间的随机数。第 d 维的速度变化范围为 $[-x_{\max d}, x_{\max d}]$，位置变化范围为 $[-v_{\max d}, v_{\max d}]$，若迭代过程中 X_{id} 超过边界值，则设边界值为 $-x_{\max d}$ 或 $x_{\max d}$。采用经验法选择群体的规模，寻优终止条件利用最大迭代次数（maxgen）来限制。

　　PSO 对 SVM 优化（PSO-SVM）的过程如图 4.5.7 所示，主要目的是得到使 SVM 误差最小的惩罚因子 C 和核函数半径 g。如图 4.5.7 所示，在 D 维空间中，n 个粒子根据式（4.5.14）不断更新自己的速度和位置，得到最优参数 C_{best} 和 g_{best}。

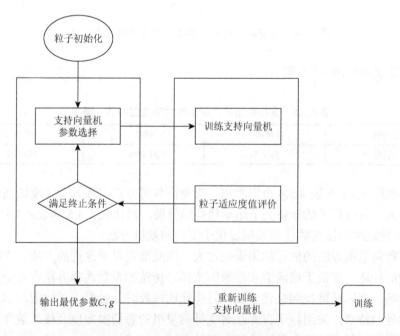

图 4.5.7　粒子群优化支持向量机流程

初始参数设置如下：惯性权重 $\omega = 0.8$，$c_1 = 1.5$，$c_2 = 1.7$，粒子群规模为 20，最大迭代次数为 200。图 4.5.8 为粒子群优化迭代的过程。随着迭代次数的增加，实际平均适应度逐渐趋近于最佳适应度。最优参数 $C_{best} = 60$，$g_{best} = 10$。

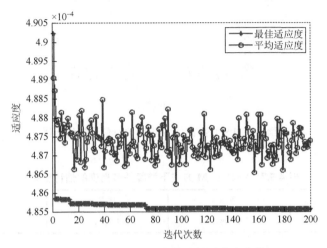

图 4.5.8　粒子群优化算法的适应度曲线

　　PSO-SVM 的离线膝关节角度估计结果如图 4.5.9 所示。估计误差如表 4.5.7 所示。

　　从表 4.5.7 可以看出，粒子群优化后的 SVM 方法的估计结果明显比原始 SVM 方法效果好，且除了伸展运动的角度估计结果略逊于 BP 神经网络方法外，其他两种运动的角度估计误差均优于 BP 神经网络方法，PSO-SVM 方法的平均误差为 5.71%，整体效果略优于 BP 神经网络方法的估计误差 6.51%。

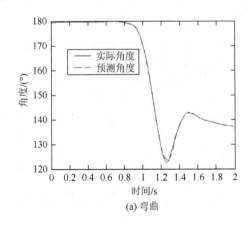

(a) 弯曲

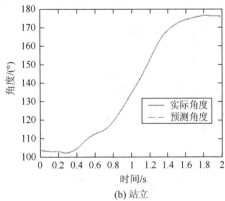

(b) 站立

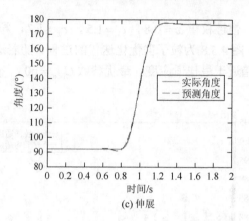

(c) 伸展

图 4.5.9　PSO-SVM 方法下膝关节角度的估计值

表 4.5.7　**PSO-SVM 方法下肢膝关节角度的估计误差**

运动模式	弯曲	站立	伸展
误差	9.57%	1.28%	6.29%

6. 基于滑动窗口的下肢膝关节预测结果

为提高系统的实时性，在下肢膝关节角度预测上，同样采用了滑动窗口的方法对肌电信号与膝关节角度之间的关系进行研究，建立了神经网络模型和 PSO-SVM 模型。对于肌电信号与膝关节角度之间的关系，首先采用非重叠窗的方法进行信号消噪和特征提取，然后分别利用 BP 神经网络方法和粒子群优化的支持向量机方法进行预测，滑动窗口长度为 50ms。基于滑动窗口的 BP 神经网络方法的膝关节角度预测结果如图 4.5.10 所示。

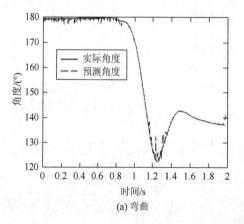

(a) 弯曲

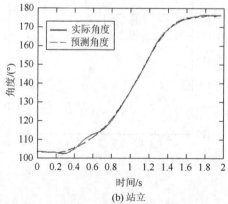

(b) 站立

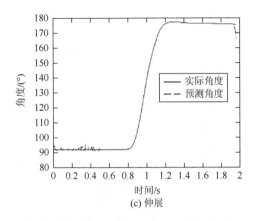

图 4.5.10　基于滑动窗口的 BP 神经网络方法膝关节角度预测结果

预测误差如表 4.5.8 所示。

表 4.5.8　基于滑动窗口的 BP 神经网络方法的膝关节角度预测误差

运动模式	弯曲	站立	伸展
误差	26.59%	16.74%	14.95%

　　从表 4.5.8 可知，基于滑动窗口的 BP 神经网络方法的膝关节角度预测平均误差为 19.43%，远远大于离线 BP 神经网络方法的膝关节角度估计的平均误差 6.51%，且弯曲动作的膝关节角度误差在三种动作的膝关节角度预测中最大，这个结果与动作模式分类效果是相似的。

　　基于滑动窗口的 PSO-SVM 方法对膝关节角度的预测结果如图 4.5.11 所示。

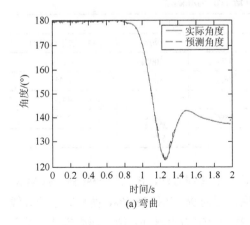

(a) 弯曲

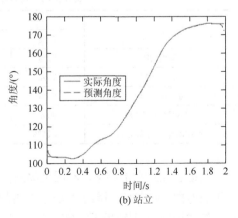

(b) 站立

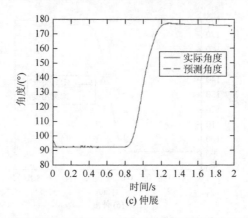

(c) 伸展

图 4.5.11　基于滑动窗口的 PSO-SVM 方法对膝关节角度的预测结果

基于滑动窗口的 PSO-SVM 方法的膝关节角度预测误差如表 4.5.9 所示。

表 4.5.9　基于滑动窗口的 PSO-SVM 方法的膝关节角度预测误差

运动模式	弯曲	站立	伸展
误差	18.73%	7.38%	6.84%

从表 4.5.9 可以看出，基于滑动窗口的 PSO-SVM 方法的膝关节角度预测平均误差为 10.98%，大于离线 PSO-SVM 方法的平均偏离度 5.71%，且三种运动模式下的膝关节角度预测的误差均优于基于滑动窗口的 BP 神经网络方法。

7. 实验结果分析

表 4.5.10 是四种方法的识别准确率统计表。

表 4.5.10　四种方法的识别准确率

方法	动作			
	弯曲	站立	伸展	每种方法平均识别率
离线 BP	95%	95%	100%	96.7%
离线 SVM	95%	100%	100%	98.3%
滑动窗口 BP	85%	90%	95%	90%
滑动窗口 SVM	90%	95%	95%	93.3%
每种动作平均识别率	91.25%	95%	97.5%	

根据表 4.5.10 的结果，利用全部采样信号的离线方法，BP 神经网络和 SVM 对于下肢弯曲、站立和伸展的分类的平均结果分别为 96.7% 和 98.3%，两种方法的离线运动模式识别结果均达到了 95% 以上，且 SVM 方法略优于 BP 神经网络方法；基于

滑动窗口的 BP 神经网络和 SVM 方法的运动模式分类的平均结果分别为 90%和 93.3%，同样地，基于滑动窗口的方法也是 SVM 方法优于 BP 神经网络方法。

从总体来看，四种方法都是弯曲动作的识别率最差，本书对弯曲动作的特征值进行统计后发现，由于腿部在做弯曲动作时，会发生抖动，且抖动的规律无法掌握，造成了 50 组弯曲动作的 3×12 维的特征值的相似度较差，最终导致识别率不高。后续的工作将寻求在抖动严重的情况下，信号消噪和特征提取的方法，以期得出能够适应各种动作下的精确的分类器。表 4.5.11 为四种方法估计或预测的膝关节角度偏离度统计。

表 4.5.11　四种方法估计或预测的膝关节角度偏离度统计

方法	动作			
	弯曲	站立	伸展	每种方法平均偏离度
离线 BP	11.65%	3.25%	4.62%	6.51%
离线 SVM	68.75%	37.25%	74.86%	60.29%
离线 PSO-SVM	9.57%	1.28%	6.29%	5.71%
滑动窗口 BP	26.59%	16.74%	14.95%	19.43%
滑动窗口 PSO-SVM	18.73%	7.38%	6.84%	10.98%

根据表 4.5.11 可以看出，站立和伸展动作的估计效果较好，除了离线 SVM 方法和滑动窗口 BP 神经网络方法外，其余的三种方法的平均偏离度都在 11%以下；与表 4.5.10 的分析结果相同的是，弯曲动作在三种动作膝关节角度的估计或预测中的偏离度最大；原始的离线 SVM 方法对膝关节角度的估计结果偏离度较大，只达到了估计膝关节运动趋势的效果，此时离线 BP 神经网络方法的估计结果要明显优于离线 SVM 方法；当对离线 SVM 方法进行粒子群优化后，平均偏离度为 5.71%，估计结果明显比离线 SVM 方法效果好，且除了伸展角度略逊于离线 BP 神经网络方法外，其他两种运动的角度估计偏离度均优于离线 BP 神经网络方法，整体效果略优于离线 BP 神经网络方法的估计偏离度 6.51%。

基于滑动窗口的 BP 神经网络方法的膝关节角度预测平均误差为 19.43%，远远大于离线 BP 神经网络方法的膝关节角度估计的平均误差 6.51%,且弯曲动作的膝关节角度偏差在三种动作的膝关节角度预测中的偏离度最大，这个结果与动作模式分类效果是相似的。基于滑动窗口的 PSO-SVM 方法的膝关节角度预测平均误差为 10.98%，大于离线 PSO-SVM 方法的平均偏离度 5.71%，且三种运动模式下的膝关节角度预测的偏离度均优于基于滑动窗口的 BP 神经网络方法。从这两个结果可以看出，滑动窗口方法的偏离度均大于利用全部采样信号的离线方法的偏离度，预测的效果要比估计的效果差，主要原因在于：滑动窗口方法选取的是 50 个肌电信号数据，在小窗口中的数据不确定性大。

4.5.2 基于知识库与特征匹配的运动意图识别器设计

针对 sEMG 信号时域特征不稳定问题，重点研究了 IAV（integral absolute value，绝对值积分）、VAR（variance，方差）、MAV（mean absolute value，平均绝对值）、ZC（zero crossing，过零点数）、WL（waveform length，波形长度）、RMS（root mean square，均方根）六个时域特征，研究发现即使每个 sEMG 时域特征能保证相对稳定，由其构建的特征向量依然存在不稳定性情况，这将影响角度预测器的性能。接着，针对这一情况，先采用 K 均值与高斯混合模型（Gaussian mixture model，GMM）相结合的方法对特征空间进行聚类，对各聚类集群中的特征分别训练其局部角度预测器。然后，在线预测过程中先进行特征匹配，得到匹配集群的局部角度预测器进行膝关节角度预测。最后，进行仿真实验，验证了提出的基于知识库与特征匹配的膝关节角度预测器有效性。

1. sEMG 时变特征选取

根据生物力学和生理学文献可知，sEMG 信号的某些信号特征是随时间变化的。换句话说，相同运动的 sEMG 信号会随时间变化。本章要关注这些变化，并建立一种能够将这些信号变化纳入运动解码方案的方法。这样，sEMG 信号变化将不会影响解码精度。本章通过定义一系列 sEMG 类来完成，其中每个类将对应于具有特定特征的 sEMG 信号。在分析训练期间记录的数据后，计算得到一组随时间变化的信号特征。必须注意的是，信号特征的提取是在原始的 sEMG 信号中进行的，然后才进行前面提到的预处理（即全波整流、低通滤波和归一化）。

首先定义以下变量：e_i 是 i 采样点的信号值，M 是每个切分（滑动分析窗口）中采样点的数目，原始的 sEMG 信号采样频率为 1kHz，重叠式滑动分析窗的窗口为 100ms（也就是每个信号序列切分的长度），滑动窗移动步长为 50ms，因此 $M = 100$，由于采用的是重叠式的滑动分析窗，由 sEMG 信号序列计算得到的特征值序列频率也接近 1kHz。在计算完成 sEMG 信号特征后，将其做归一化处理，并定义偏离度指标 D：

$$D = \frac{s_{\text{nor}}^i - s_{\text{mean}}^i}{s_{\text{mean}}^i} \times 100\% \tag{4.5.15}$$

其中，s_{nor}^i 为 sEMG 信号归一化后的值，s_{mean}^i 为 sEMG 信号均值。

计算得到 IAV、VAR、MAV、ZC、WL、RMS 六种时变信号特征随时间的分布及其偏离度如下：

$$\text{IAV} = \frac{1}{M} \sum_{i=1}^{M} |e_i| \tag{4.5.16}$$

式中，IAV 为信号序列的积分绝对值，图 4.5.12 给出了 IAV 随时间的分布及其偏离度。

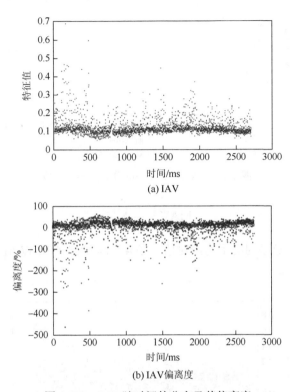

图 4.5.12 IAV 随时间的分布及其偏离度

$$VAR = \frac{1}{M-1}\sum_{i=1}^{M} e_i^2 \qquad (4.5.17)$$

式中，VAR 为信号序列的方差，图 4.5.13 给出了 VAR 随时间的分布及其偏离度。

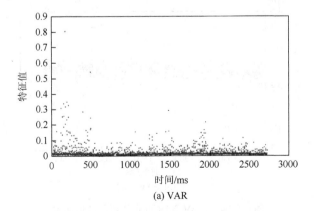

(a) VAR

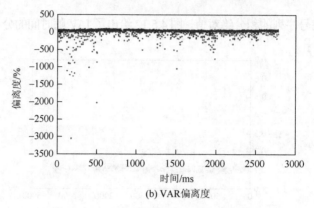

(b) VAR偏离度

图 4.5.13　VAR 随时间的分布及其偏离度

$$MAV = \frac{1}{N}\sum_{i=1}^{N}|e_i| \qquad (4.5.18)$$

式中，MAV 为信号序列的平均绝对值，图 4.5.14 给出了 MAV 随时间的分布及其偏离度。

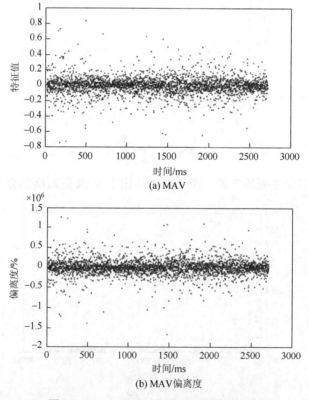

(a) MAV

(b) MAV偏离度

图 4.5.14　MAV 随时间的分布及其偏离度

$$ZC = \sum_{i=1}^{N} \text{sgn}(-e_i e_{i+1}) \qquad (4.5.19)$$

式中，ZC 为信号序列的过零点数，图 4.5.15 给出了 ZC 随时间的分布及其偏离度。

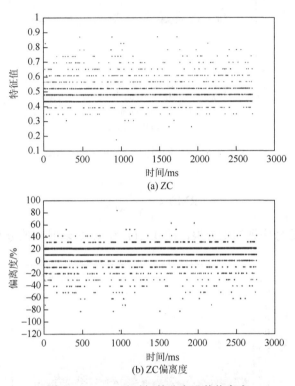

(a) ZC

(b) ZC偏离度

图 4.5.15　ZC 随时间的分布及其偏离度

$$WL = \sum_{i=1}^{N} \left| e_i - e_{i-1} \right| \qquad (4.5.20)$$

式中，WL 为信号序列的波形长度，图 4.5.16 为 WL 随时间的分布及其偏离度。

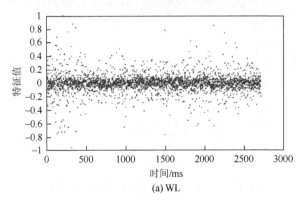

(a) WL

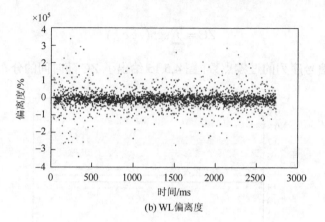

(b) WL偏离度

图 4.5.16　WL 随时间的分布及其偏离度

$$RMS = \sqrt{\frac{1}{N}\sum_{i=1}^{N}\left|e_i\right|^2}\qquad(4.5.21)$$

式中，RMS 为信号序列的均方根，图 4.5.17 为 RMS 随时间的分布及其偏离度。

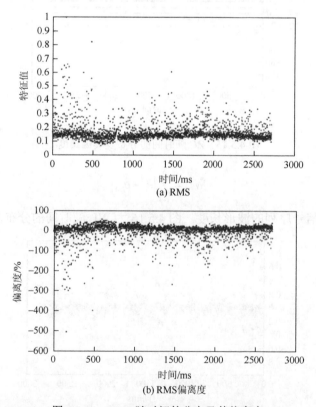

(a) RMS

(b) RMS偏离度

图 4.5.17　RMS 随时间的分布及其偏离度

　　从六种时域特征的归一化特征值及其偏离度综合来看，时域特征有着总体稳定、局部偏离程度大的特点，这也符合胡晓等[73]的研究结论。以这样的特征构建回归模型的特征空间是不可靠的。

　　表 4.5.12 中 μ_F 为特征均值，σ_F 为特征方差，从表中可以看出归一化后的 MAV 和 WL 特征均值非常小，接近于零，用其构建特征空间误差较大；结合图 4.5.17 的 RMS 的分布图与表 4.5.12 中特征方差可知，RMS 相比于 IAV、VAR、ZC 更不稳定。

表 4.5.12　时域特征偏离度分析

	IAV	VAR	MAV	ZC	WL	RMS
μ_F	0.1764	0.0318	6.0227×10^{-5}	0.4702	-2.9653×10^{-4}	0.1656
σ_F	0.0045	0.0017	0.0140	0.0044	0.0196	0.0056

　　通过之前的分析，可以定义特征向量 F，包括在每个时间段为每条肌肉计算的三个上述信号特征。由此，在每个时间点 m 处，每条肌肉 i 的特征向量 F 由式（4.5.22）给出：

$$F_m^{(i)} = \begin{bmatrix} \text{IVA}_m^{(i)} & \text{ZC}_m^{(i)} & \text{VAR}_m^{(i)} \end{bmatrix} \tag{4.5.22}$$

其中，时刻 m 和 $m-1$ 相距 1ms，对应于计算信号特征的时间间隔。

　　在建立三维特征向量后，观察稳定特征值构建的特征向量的稳定性，sEMG 信号三维特征向量随时间的分布结果如图 4.5.18 所示。

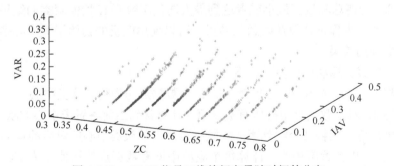

图 4.5.18　sEMG 信号三维特征向量随时间的分布

　　图 4.5.18 为 sEMG 信号三维特征向量 $F_m^{(i)}=[\text{IVA}_m^{(i)} \quad \text{ZC}_m^{(i)} \quad \text{VAR}_m^{(i)}]$ 随时间的分布情况，从图中特征向量聚类中心随时间的走势可以发现，即使特征值是相对稳定的，但由其构建的特征向量依然存在时变特性，故以此来作为回归模型的特征空间是不可靠的。由此，本节利用 K 均值聚类与高斯混合模型构建离线知识库来提高下肢运动意图识别精度。

2. 基于 K 均值聚类与高斯混合模型的离线知识库构建

1）K 均值聚类

K 均值聚类是一种在处理未标记数据（即没有定义类别或者分组的数据）时使用的无监督学习算法。该算法的目标是确定全部数据可分成的类别，类的数量由变量 K 表示。聚类的过程就是根据事先定义好的特征相似性度量指标迭代地将每个数据点分配到 K 个类中。K 均值聚类算法的结果是：①K 个聚类中心，可用于标记新数据；②每个数据点的标签（即其所属类别）。

K 均值聚类算法使用迭代细化来产生最终结果。算法输入是聚类数 K 和数据集。数据集是每个数据点的要素的集合。该算法从 K 形心的初始估计开始，可以随机生成或从数据集中随机选择。

（1）数据点分配到聚类中心：根据平方欧氏距离，将每个数据点分配给距离它最近的聚类中心。即将每个数据点 x 分配给对应聚类中心 c_i 是基于

$$\arg\min_{c_i \in C} \text{dist}(c_i, x)^2 \tag{4.5.23}$$

其中，$\text{dist}(\bullet)$ 是欧氏距离，令每个聚类中心的数据点集合为 S_i。

（2）更新聚类中心：通过计算分配给该聚类中心的所有数据点的平均值来完成聚类中心的更新。

$$c_i = \frac{1}{|S_i|} \sum_{x_i \in S_i} x_i \tag{4.5.24}$$

该算法在两个步骤之间进行迭代，直到满足停止条件（即数据点不再会更新聚类中心、距离总和达到最小或者达到最大迭代次数）。K 均值聚类的结果可能是局部最优的，为保证该算法收敛到结果，可以使用随机的初始聚类中心多次运行来得到更好的结果。

K 均值聚类算法运行步骤如下。

步骤 1：随机选择整个数据集中的 K 个数据点作为初始聚类中心。

步骤 2：对于数据集中的所有数据点，计算其到当前各聚类中心的欧氏距离，按照距离最近原则将其分配到距离各数据点最近的聚类中心所对应的集群中。

步骤 3：更新聚类中心，计算每个集群中所有数据点的均值作为该集群的新聚类中心，并计算目标函数（距离总和）的值。

步骤 4：判断聚类中心是否更新、目标函数的值是否改变以及是否达到最大迭代次数，若均不变，则得到最终聚类结果，若三个条件其一改变，则返回步骤 2。

2）高斯混合模型

高斯混合模型表示观测数据在总体中的概率分布，是一个由多个子高斯分布

组成的混合高斯分布。混合高斯模型无须观测数据提供子分布相关信息，即可计算观测数据在总体分布中的概率，属于无监督学习方法。高斯混合模型与 K 均值都属于聚类算法，只是高斯混合模型是对概率密度函数进行建模，得到的是每个观测数据被分配到各个聚类中心上的概率；K 均值的结果是每个数据点被确定地分配到某一个聚类中心上。相比于直接分配到聚类中心，GMM 得到的每个观测数据被分配到各个聚类中心上的概率包含更多信息量，概率也可理解为 GMM 聚类算法得出的分配结果的可信度，这就为最后的决策提供了更多依据，概率定义为 $p(x) = \sum_{i=1}^{K} \phi_i N(x|\mu_i, \sigma_i)$，其中 $p(x)$ 为高斯混合模型的概率密度函数，ϕ_i 为每个子高斯分布的权重系数，$N(x|\mu_i, \sigma_i)$ 为每个子高斯分布的概率密度函数，(μ_i, σ_i) 为对应的子高斯分布的均值与方差参数。

　　判断数据集是否可以用 GMM 来建模的一个重要依据就是，数据是否是多峰的，即数据分布中存在多个峰值。此外，GMM 保留了高斯模型的许多理论和计算优势，使其对大型数据集进行建模非常实用。

　　高斯混合模型由 K 个子高斯分布构成，子分布线性加权组合得到高斯混合模型，故 GMM 的概率密度函数也为子高斯分布的概率密度函数的线性加权，高斯混合模型由两种类型的值参数化，即子分布权重以及子分布均值和方差/协方差。对于一个由 K 个子分布组成的高斯混合模型，k 子分布含有一个均值 μ_k 和一个方差 σ_k（多个子分布时则相应包含一个均值向量 μ_k 以及协方差矩阵 Σ_k）。每一个子分布 C_k 的权重系数定义为 ϕ_k，其中 ϕ_k 满足 $\sum_{k=1}^{K} \phi_k = 1$，这样总概率分布就归一化为 1。如果子分布权重未知，则可先将其设为子分布的先验分布 $p(x \in C_k) = \phi_k$。

　　一维模型：

$$p(x) = \sum_{i=1}^{K} \phi_i N(x|\mu_i, \sigma_i) \tag{4.5.25}$$

$$N(x|\mu_i, \sigma_i) = \frac{1}{\sigma_i \sqrt{2\pi}} \exp\left(-\frac{(x-\mu_i)^2}{2\sigma_i^2}\right) \tag{4.5.26}$$

$$\sum_{k=1}^{K} \phi_k = 1 \tag{4.5.27}$$

　　多维模型：

$$p(x) = \sum_{i=1}^{K} \phi_i N(x|\mu_i, \Sigma_i) \tag{4.5.28}$$

$$N(x|\mu_i, \sigma_i) = \frac{1}{\sigma_i \sqrt{(2\pi)^K |\Sigma_i|}} \exp\left(-\frac{1}{2}(x-\mu_l)^T \Sigma_i^{-1} (x-\mu_l)^T\right) \tag{4.5.29}$$

$$\sum_{k=1}^{K} \phi_k = 1 \qquad\qquad (4.5.30)$$

其中，$p(x)$ 为高斯混合模型的概率密度函数，ϕ_i 为每个子高斯分布的权重系数，$N(x|\mu_i,\sigma_i)$ 为每个子高斯分布的概率密度函数，μ_i,σ_i 为对应的子高斯分布的均值与方差参数。

在使用 GMM 对数据进行建模时一个典型问题就是估计各个子高斯分布的参数。在概率论中，通常使用极大似然估计方法来进行参数估计。先假设 N 个观测数据服从高斯分布，其概率密度函数记为 $p(x_i)$，极大似然估计就是找到一组参数 ϕ_i,μ_i,σ_i，使得由这组参数确定的高斯分布生成这些给定观测数据的概率最大，即

$$\max_{\mu_i,\sigma_i} \prod_{i=1}^{N} p(x_i) \qquad\qquad (4.5.31)$$

其中，$\prod_{i=1}^{N} p(x_i)$ 称为似然函数。考虑到每个观测数据的概率都很小，防止造成计算机浮点数下溢，可以给似然函数取对数，即可得到对数似然函数：

$$\sum_{i=1}^{N} \log(p(x_i)) \qquad\qquad (4.5.32)$$

接着只需要求解对数似然函数的最大值即找到符合要求的一组参数 ϕ_i,μ_i,σ_i，就完成了参数估计的过程。一般解法就是对对数似然函数求导并令导数等于零来求解方程，但由于在对数似然函数无法直接用求导解方程的办法直接求得最大值。为了解决这个问题，可以采用极大似然估计的数值解法——期望最大化（expectation maximization，EM）方法。

GMM 的 EM 算法包括以下两个步骤。

（1）估计观测数据由每个子分布生成的概率。对于观测数据 x_i，计算 x_i 由第 k 个子分布 c_k 生成的概率：

$$\gamma(i,k) = \frac{\hat{\phi}_k N(x_i|\hat{\mu}_k,\hat{\sigma}_k)}{\sum_{j=1}^{K} \hat{\phi}_j N(x_i|\hat{\mu}_j,\hat{\sigma}_j)} \qquad\qquad (4.5.33)$$

其中，$\hat{\phi}_k,\hat{\mu}_k,\hat{\sigma}_k$ 为 ϕ_k,μ_k,σ_k 的估计值，在 $\gamma(i,k)$ 的迭代计算过程中，μ_k,σ_k 取上一轮迭代的历史值（或者初始值）。

（2）估计每个子分布 c_k 的参数 ϕ_k,μ_k,σ_k。假设（1）中得到的 $\gamma(i,k)$ 就是观测数据 x_i 由子分布 c_k 生成的准确概率，综合考虑所有观测数据，现在实际上可以看作子分布 c_k 生成了 $\gamma(1,k)x_1,\gamma(2,k)x_2,\cdots,\gamma(N,k)x_N$ 这些数据点。因为每个子分布都是标准的高斯分布，可以很容易分别得到极大似然所对应的参数值：

$$\phi_k = \sum_{i=1}^{N} \frac{\gamma(i,k)}{N}, \ \mu_k = \frac{1}{N_k}\sum_{i=1}^{N}\gamma(i,k)x_i, \ \sigma_k = \frac{1}{N_k}\sum_{i=1}^{N}\gamma(i,k)(x_i - \mu_k)(x_i - \mu_k)^{\mathrm{T}}$$

（4.5.34）

重复整个迭代过程，直到算法收敛，从而给出极大似然估计。

根据式（4.5.34），如果要从 GMM 的分布中随机地取一个点，实际上可以分为两步：首先随机地在这 K 个子分布之中选一个，每个子分布被选中的概率则为其权重系数 ϕ_k，此时就转化为在普通的高斯分布中选取一个点的已知的问题。给定单变量模型的参数，使用贝叶斯定理计算数据点 x 属于子分布 c_k 的概率：

$$p(c_k|x) = \frac{p(c_k)p(x|c_k)}{\sum\limits_{j=1}^{K}p(c_j)p(x|c_j)} = \frac{\phi_i N(x|\mu_i,\sigma_i)}{\sum\limits_{j=1}^{K}\phi_j N(x|\mu_j,\sigma_j)}$$

（4.5.35）

GMM 和 K 均值聚类有同样的问题，如果初始值选择得不好，那么可能会得到局部最优解，得不到全局最优解。可以先使用 K 均值方法得到的结果作为初始值传给 GMM 模型，再使用 GMM 进行细致迭代。

3）局部模型知识库的构建

由于聚类算法对初值较为敏感，选用计算量小、速度快的 K 均值聚类对特征数据集进行初步聚类，将聚类结果作为 GMM 聚类初值，再使用 GMM 进行聚类分析，K 均值与 GMM 联合聚类算法如图 4.5.19 所示。

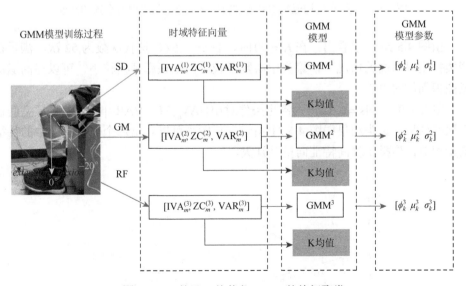

图 4.5.19　基于 K 均值与 GMM 的特征聚类

聚类中心个数的选取，定义聚类中心总距离 Dis 为

$$\text{Dis} = \sum_{k=1}^{K} \sum_{i=1}^{N_k} \sqrt[2]{(\text{IAV}_i - \text{IAV}_c)^2 + (\text{ZC}_i - \text{ZC}_c)^2 + (\text{VAR}_i - \text{VAR}_c)^2}$$

$$(4.5.36)$$

其中，$k = 1, 2, \cdots, K$ 为聚类中心的序号，N_k 为第 k 类中的特征向量数目，$[\text{IAV}_i, \text{ZC}_i, \text{VAR}_i]$ 为 i 号特征向量，$[\text{IAV}_c, \text{ZC}_c, \text{VAR}_c]$ 为 i 号特征向量的聚类中心，选用欧氏距离来描述特征向量间的距离。

本书选取了 $c \in [10, 500]$ 的聚类中心个数，不同聚类中心数量对应的聚类中心总距离 Dis 如图 4.5.20 所示。

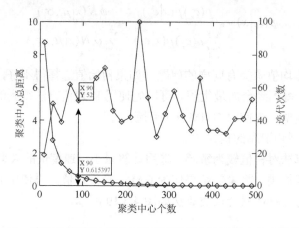

图 4.5.20　基于 K 均值与 GMM 的特征聚类方法聚类中心个数的选取

由图 4.5.20 可以看出，在 $K = 90$ 时，$\text{Dis} = 0.62$，迭代次数为 52 次，满足在聚类精度足够高的情况下，聚类中心数量较少，知识库规模较小，可以提高运动意图识别的实时性。

将 $K = 90$，$\text{Dis} = 0.62$ 作为停止条件对由 $[\text{IAV}_c, \text{ZC}_c, \text{VAR}_c]$ 构成的特征空间进行聚类分析，聚类结果如图 4.5.21 所示，从图中可以看出每个聚类集群中的特征向量相似，聚类集群间特征向量差别大。

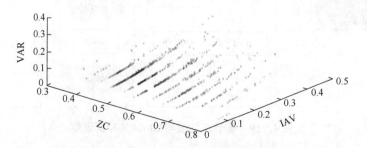

图 4.5.21　$K = 90$ 时特征空间聚类结果

3. 基于知识库与特征匹配的膝关节角度预测器

如前所述，本章的目的是根据计算的 sEMG 信号的时变特征进行分类，以便能够在基于 sEMG 的运动解码的不同局部模型之间进行切换。换句话说，应该定义每条肌肉的类别 $C^{(i)}$ 集合，表示随时间变化的特征的特定值范围，这在类别之间是不同的。这些类别的集合定义为

$$C^{(i)} = \{c_1^{(i)}, c_2^{(i)}, \cdots, c_{g_i}^{(i)}\}, \quad i = 1, 2, 3 \qquad (4.5.37)$$

其中，g_i 为肌肉 i 的类数量，全部肌肉的全部类定义为

$$C_G = \{C^{(1)}, C^{(2)}, C^{(3)}\} = \{c_1^{(1)}, c_2^{(1)}, \cdots, c_{g_1}^{(1)}, c_1^{(2)}, c_2^{(2)}, \cdots, c_{g_2}^{(2)}, c_1^{(3)}, c_2^{(3)}, \cdots, c_{g_3}^{(3)}\}$$

$$(4.5.38)$$

为了确定 sEMG 信号片段的类别，根据测得的特征向量 $F_m^{(i)}$，需要计算肌肉属于 $f_{(j)}^{(i)}(j = 1, 2, \cdots, n)$ 的条件概率，给定特征向量 $F_m^{(i)}$，可以使用贝叶斯理论计算得到：

$$p(c_{(j)}^{(i)} | F_m^{(i)}) = \frac{p(F_m^{(i)} | c_{(j)}^{(i)}) P(c_{(j)}^{(i)})}{p(F_m^{(i)})}, \quad j = 1, 2, \cdots, n \qquad (4.5.39)$$

其中，$p(F_m^{(i)} | c_{(j)}^{(i)})$ 是特征向量 $F_m^{(i)}$ 属于类 $c_{(j)}^{(i)}$ 的概率密度函数（PDF），$p(c_{(j)}^{(i)})$ 是特征向量 $F_m^{(i)}$ 属于类 $c_{(j)}^{(i)}$ 的先验概率。

$$p(F_m^{(i)}) = \sum_{j=1}^{n} p(F_m^{(i)} | c_{(j)}^{(i)}) P(c_{(j)}^{(i)}) \qquad (4.5.40)$$

假设属于肌肉 i 的每个类的概率是相等的，即

$$P(c_{(1)}^{(i)}) = P(c_{(2)}^{(i)}) = \cdots = (c_{(g_i)}^{(i)}) = \frac{1}{g_i} \qquad (4.5.41)$$

对于计算得到的特征向量 $F_m^{(i)}$，使用确定每个时刻 sEMG 信号片段属于肌肉 i 的哪个类的 $c_{(j)}^{(i)}$ 概率，然后概率值最大的类就是特征向量 $F_m^{(i)}$ 所属的肌肉 i 的类。但是属于类 $c_{(j)}^{(i)}$ 的概率密度函数 $p(c_{(j)}^{(i)} | F_m^{(i)})$，也就是似然项，需要计算。由于特征向量间没有特定关系，可以采用有限混合模型来对其映射关系进行建模，本章有多个组分需要建模，其彼此间并不独立，可选用多元混合模型来建模，在实际使

用中一般将组分的分布假设为高斯的，故本章选用多元高斯混合模型来对特征向量 $F_m^{(i)}$ 的分布进行建模。

将特征向量 $F_m^{(i)}$ 作为肌肉 i 在时刻 m 的观测向量，其概率密度函数可以利用 GMM 定义为

$$p(F_m^{(i)}) = \sum_{h=1}^{g} \pi_h \phi_h(F_m^{(i)}, \mu_h, \sigma_h) \qquad (4.5.42)$$

其中，h 为混合高斯模型中组分数，$\phi_h(F_m^{(i)}, \mu_h, \sigma_h)$ 表示多元高斯概率密度函数，μ_h 表示均值向量，σ_h 表示协方差向量，$\pi_h = [\pi_1 \quad \pi_2 \quad \cdots \quad \pi_h]$ 表示 GMM 中各高斯分布的混合系数（和为 1）。

本节中，GMM 可用于将信号特征聚类为上述类别。一旦使用数据的概率聚类将数据聚类为簇，就可以完成混合模型的拟合，可以根据计算后验概率获得特征向量属于每个聚类中心的概率。

当受试者进行膝关节屈伸运动时，采集得到原始 sEMG。使用重叠式滑动分析窗口，窗口长度 $L = 100\text{ms}$，窗口移动增量 $\Delta t = 50\text{ms}$，图 4.5.22 给出了重叠式滑动窗口的结构原理。

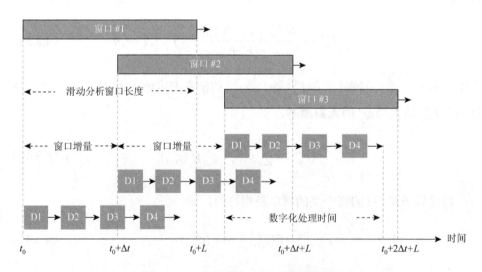

图 4.5.22　重叠式滑动窗口的结构原理

在分析窗口移动中，在 m 时刻可以得到时间长度为 100ms 的 sEMG 信号序列切片，首先利用第 3 章的联合消噪方法对原始 sEMG 信号进行降噪处理，接着对滤波后的 sEMG 信号序列切片提取特征，得到其特征向量 $F_m^{(i)}$。

利用拟合好的 GMM 模型，通过将特征向量 $F_m^{(i)}$ 分配给具有最高后验概率的

高斯分布组分，可以将数据直接分配到聚类集群中。为此，将 $r(F_m^{(i)})$ 定义为分配规则，用于分配混合模型各组成部分的特征向量 $F_m^{(i)}$，其中 $r(F_m^{(i)})$ 被分配给第 $l(l=1,2,\cdots,g_i)$ 个组分，$F_m^{(i)}$ 分配的最优或贝叶斯规则 $r_B(F_m^{(i)})$ 由

$$r_B(F_m^{(i)}) = l, \quad \psi_l(F_m^{(i)}) > \psi_h(F_m^{(i)}), \quad h=1,2,\cdots,g_i \qquad （4.5.43）$$

其中，$\psi_l(F_m^{(i)})$ 为特征 $F_m^{(i)}$ 属于组分 l 的先验概率，定义为

$$\psi_l(F_m^{(i)}) = \frac{\pi_l \psi_l(F_m^{(i)})}{\sum\limits_{h=1}^{g} \pi_h \psi_h(F_m^{(i)})} \qquad （4.5.44）$$

从而将该集群的局部估计模型作为时刻 m 的膝关节运动角度估计器，完成膝关节运动角度的估计。如前所述，特征所属类别的决策控制着一组局部模型之间的切换，这是一种鲁棒的解码方法，其准确性不受 sEMG 时变特性变化的影响。图 4.5.23 给出了基于知识库与特征匹配的膝关节角度预测方法的结构框图。

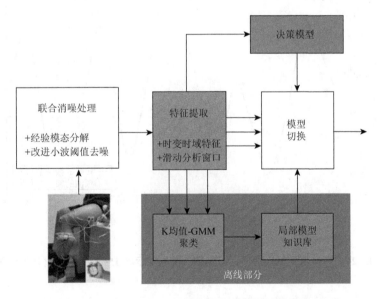

图 4.5.23　基于知识库与特征匹配的膝关节角度预测总框图

给定误差指标 RMSE 如下：

$$\text{RMSE} = \sqrt{\frac{1}{N} \sum_{i=1}^{N} (A_i - A_i')^2} \qquad （4.5.45）$$

受试人员膝关节屈伸运动 15s 的关节角度估计结果如图 4.5.24 所示。

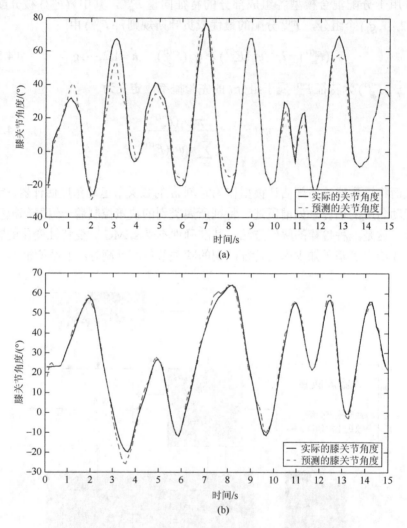

图 4.5.24　同一名受试人员不同时刻膝关节屈伸运动 15s 的关节角度估计结果

从图中可以看出，该受试人员的膝关节角度预测误差 RMS 均小于 5°，验证了提出的基于知识库与特征匹配的膝关节角度预测器的有效性。

4.6　本章小结

本章针对康复增力型下肢外骨骼人体运动意图识别问题，利用人体表面肌电信号设计了相应的运动意图识别方法。首先，本章根据应用目标，构建了人体下肢表面肌电信号采集系统，进而针对所获取的肌电信号，设计了基于经验模态分解和小波变换相结合的去噪方法，有效地抑制了采集信号中的噪声；然后，设计了多时域联合小波包部分子空间模糊熵的特征提取方法，对去噪后的肌电信号实现特征提取；最后，分别设计了基于神经网络与支持向量机的下肢关节运动意图识别方法、基于频率估计的运动识别方法和基于知识库与特征匹配的运动意图识别器，通过实验验证了以上运动识别方法的准确性和有效性。

第5章 不同康复运动模式下的辅助步态规划研究

本章针对康复训练任务，首先分析下肢外骨骼系统在实时辅助过程中的混杂动态特性，在此基础上，进一步根据不同康复运动模式的要求，分别进行步态规划研究，其中包括用于被动康复训练的 ZMP 稳定步态规划、针对特殊动作（起立、坐下、转向等）的步态规划和灵活性、适应性更高的基于学习理论的自适应步态规划。

5.1 下肢外骨骼系统混杂特性分析

根据下肢外骨骼系统混杂特性的分析，整体系统的动力学模型是由支撑腿和摆动腿动力学模型整合得出的。整个步行周期中，单腿支撑期系统模型由一个支撑腿模型和一个摆动腿模型组合得出，双腿支撑期由两个支撑腿模型得出。考虑到单腿支撑和双腿支撑时支撑腿模型是有差异的，将双腿支撑期支撑腿模型中上肢等效质量取为单腿支撑期支撑腿模型中的一半，即双腿支撑时两腿共同承担上肢。

在一个步行周期中，左腿使用的动力学模型为"支撑腿模型（双）—摆动腿模型—支撑腿模型（双）—支撑腿模型（单）"。相对应地，右腿使用的动力学模型为"支撑腿模型（双）—支撑腿模型（单）—支撑腿模型（双）—摆动腿模型"。结合不同相位之间转换的离散事件（可采用基于时间的切换系统对其进行建模），便可以得出整体系统的混杂特性动力学模型，如图 5.1.1 所示。

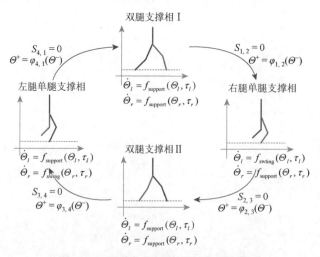

图 5.1.1 下肢步行混杂动力学特性模型

摆动相阶段下肢外骨骼可视为矢状面内具有 3 自由度的连杆结构，其基坐标为固定于背部的坐标系，因而动力学方程中的参数矩阵 $M(q),C(q,\dot{q})$ 均为 3×3 的矩阵，$G(q),\tau$ 均为 3×1 的矩阵。在支撑相阶段（含双腿支撑），下肢外骨骼可视为矢状面内具有 4 自由度的连杆结构体，基坐标为支撑脚的踝关节坐标系，此时动力学方程中的参数矩阵 $M(q),C(q,\dot{q})$ 均为 4×4 的矩阵，$G(q),\tau$ 均为 4×1 的矩阵。

5.2　基于 ZMP 理论的稳定步态规划

本节主要讨论基本的向前行走的稳定步态规划（包含前向运动与侧向运动，前向运动实现系统前进，侧向运动保证行走稳定）。根据前面对人体步行的分析，一个完整的步行周期可以划分为四个不同的相位：双腿支撑期—单腿支撑期（右腿支撑）—双腿支撑期—单腿支撑期（左腿支撑）。其中，双腿支撑期由前脚摆动着地开始，到后脚离开地面结束；单腿支撑期由后脚离开地面摆动开始，到摆动脚摆动到前方着地结束。由于一个步行周期中左右腿的运动轨迹相似，只存在一个步长的延时，即后两个步行相位与前两个相位相似，故步态规划中只研究前两个相位即可得出整个步行周期的稳定步态。

5.2.1　ZMP 定义

零力矩点（zero-moment point，ZMP）稳定性概念与判据最早由南斯拉夫学者 Vukobratovic 在 1969 年提出[74]，其核心是保证机器人在单腿支撑时期足与地面的完全接触以避免翻转。后来，ZMP 便作为判断双足步行系统稳定性的重要依据在双足机器人的步行控制中得到广泛应用。如图 5.2.1 所示，ZMP 表示的是地面上的

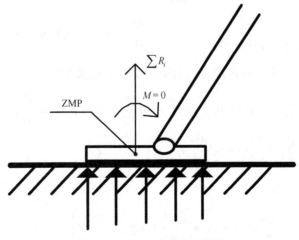

图 5.2.1　ZMP 点的定义说明

一点，M 为地面反力的合力矩，$\sum R_i$ 为地面反力的合力，地面反力绕该点的合力矩 $T(T_x, T_y, T_z)$ 沿 x, y 轴方向的分量 $T_x = T_y = 0$。与 ZMP 密切相关的另一个概念便是支撑域（support polygon），即能够包含足部与地面之间所有接触点的最小多边形。步行过程中双腿支撑相的支撑域是两支撑脚形成的含有非接触区域的最小凸多边形；单腿支撑相的支撑域只是单脚与地面的接触区域。Vukobratovic 提出的步行稳定性条件便是 ZMP 在整个行走过程中位于支撑域内部。

5.2.2　ZMP 的计算

为了实现系统的稳定行走，必须保证 ZMP 在步行过程中始终位于支撑域内。而 ZMP 的获得方法可以分为两类：计算法和测量法。测量法通过测量踝关节与足部间的交互力和力矩，或足底与地面之间的压力分布，估计出 ZMP 信息，该方法获得 ZMP 的前提是系统能够稳定行走。在稳定步态规划时，获得 ZMP 需要通过计算法。

图 5.2.2 所示为下肢外骨骼系统中质点 $m_i(i=1,2,\cdots,n)$ 相对于地面上支撑点 P 的角动量计算示意图，则外骨骼系统作为质点系关于地面支撑点 P 的全部角动量可以表示为

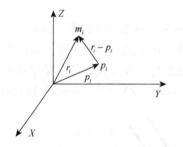

$$L = \sum_{i=1}^{n}(r_i - p_i) \times m_i \frac{\mathrm{d}(r_i - p_i)}{\mathrm{d}t} \quad (5.2.1)$$

式中，r_i 为质点 m_i 的位置，p_i 为点 P 的位置。

根据质点动量定理以及达朗贝尔原理可以得出

$$\frac{\mathrm{d}L}{\mathrm{d}t} + \sum_{i=1}^{n}(r_i - p_i) \times m_i g + T = 0 \quad (5.2.2)$$

图 5.2.2　质点 m_i 关于 P 点的动量矩

其中，T 为系统所受外力 F 产生的力矩。由以上定义可得

$$\begin{aligned}
\frac{\mathrm{d}L}{\mathrm{d}t} &= \sum_{i=1}^{n}(r_i - p_i) \times m_i \frac{\mathrm{d}^2}{\mathrm{d}t^2}(r_i - p_i) + \sum_{i=1}^{n}\frac{\mathrm{d}}{\mathrm{d}t}(r_i - p_i) \times m_i \frac{\mathrm{d}}{\mathrm{d}t}(r_i - p_i) \\
&= \sum_{i=1}^{n}(r_i - p_i) \times m_i \frac{\mathrm{d}^2}{\mathrm{d}t^2}(r_i - p_i)
\end{aligned} \quad (5.2.3)$$

进一步整理可得

$$\sum_{i=1}^{n} m_i(r_i - p_i) \times \left[\left(\frac{\mathrm{d}^2}{\mathrm{d}t^2}r_i + g\right) - \frac{\mathrm{d}^2}{\mathrm{d}t^2}P\right] + T = 0 \quad (5.2.4)$$

为了获得支撑点的转矩，将 P 点限制在 X-Y 平面内，即取点 $P=(X_p,Y_p,0)^{\mathrm{T}}$，并使支撑点固定不动，则有 $\dfrac{\mathrm{d}^2}{\mathrm{d}t^2}p_i=0$。据此，可以将式（5.2.4）变换为

$$T=-\sum_{i=1}^{n}m_i(r_i-p_i)\times\left(\frac{\mathrm{d}^2}{\mathrm{d}t^2}r_i+g\right)\tag{5.2.5}$$

位置矢量、重力加速度可以表示为 $r_i=(x_i,y_i,z_i)^{\mathrm{T}}$、$g_i=(0,0,g)^{\mathrm{T}}$ 以及 $p_i=(X_p,Y_p,0)^{\mathrm{T}}$，故作用于质点系的合力矩的各分量为

$$\begin{cases}T_x=\sum_{i=1}^{n}m_i(\ddot{z}_i+g)Y_p-\sum_{i=1}^{n}m_i(\ddot{z}_i+g)y_i+\sum_{i=1}^{n}m_i\ddot{y}_iz_i\\[2mm]T_y=-\sum_{i=1}^{n}m_i(\ddot{z}_i+g)X_p-\sum_{i=1}^{n}m_i\ddot{x}_iz_i+\sum_{i=1}^{n}m_i(\ddot{z}_i+g)x_i\\[2mm]T_z=\sum_{i=1}^{n}m_i\ddot{y}_iX_p-\sum_{i=1}^{n}m_i\ddot{x}_iY_p-\left(\sum_{i=1}^{n}m_i\ddot{y}_ix_i-\sum_{i=1}^{n}m_i\ddot{x}_iy_i\right)\end{cases}\tag{5.2.6}$$

根据 ZMP 点的定义，若点 P 为 ZMP 点，则有 $T=0$，即 $T_x=T_y=T_z=0$。结合式（5.2.6）可以得出 ZMP 点的坐标 $(X_{\mathrm{ZMP}},Y_{\mathrm{ZMP}},0)$ 的表达式为

$$\begin{cases}X_{\mathrm{ZMP}}=\dfrac{\sum_{i=1}^{n}m_i(\ddot{z}_i+g)x_i-\sum_{i=1}^{n}m_i\ddot{x}_iz_i}{\sum_{i=1}^{n}m_i(\ddot{z}_i+g)}\\[6mm]Y_{\mathrm{ZMP}}=\dfrac{\sum_{i=1}^{n}m_i(\ddot{z}_i+g)y_i-\sum_{i=1}^{n}m_i\ddot{y}_iz_i}{\sum_{i=1}^{n}m_i(\ddot{z}_i+g)}\\[4mm]Z_{\mathrm{ZMP}}=0\end{cases}\tag{5.2.7}$$

可以看出，系统 ZMP 点坐标的 X 分量只与系统各部分沿 X 轴和 Z 轴的运动有关，而 Y 坐标分量只与各部分沿 Y 轴和 Z 轴的运动有关。也就是说，在研究系统行走稳定性时可以对 X 轴和 Y 轴方向的运动解耦考虑，任一时刻 ZMP 点的 X 轴、Y 轴分量均处于支撑域之内即能保证系统的稳定行走。

5.2.3　参数化轨迹规划

整个行走过程包含了开始行走、稳定行走、停止行走三个部分，这里主要讨

论的是稳定周期行走步态（起止步态规划方法相似，约束条件不同）。一个完整步行周期中包含两个摆动相，即系统向前移动了两个步长。为了便于讨论，T_c 表示半个步行周期，则第 $k+1$ 步开始于 kT_c 并在 $(k+1)T_c$ 时刻结束。D_s 表示前进一步沿 X 轴方向的距离（一个步长），T_d 表示双腿支撑相持续时间。对于双腿支撑期，许多研究中假设双腿支撑期是瞬态的。在这段时间内，上肢的重量需要从后支撑腿移动到前支撑腿上以保证步行的稳定性，时间太长将影响外骨骼系统步行速度，时间太短会影响稳定性。故需要选取合适的双腿支撑期时长，根据人体步行数据的分析可取值为 10%～20% 的半个步行周期 T_c。

在直角坐标空间中进行步态规划时，由逆运动学分析可知规划出踝关节与髋关节轨迹（支撑腿与摆动腿的末端轨迹），便可得系统各关节的运动轨迹。在此基础上，通过正运动学又可获得系统各部分质心位置与速度，求得系统 ZMP 轨迹以验证规划所得步态的稳定性。图 5.2.3 依次描述了双腿支撑期开始、双腿支撑期结束（左腿摆动期开始）、摆动脚到达最高处、摆动脚着地（左腿摆动器结束）四个关键时刻的系统在直角坐标空间中的位置与姿态。

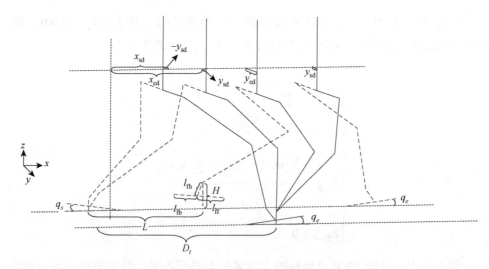

图 5.2.3　步态规划关键位置及参数说明

1. 踝关节轨迹

在直角坐标空间中，左腿的踝关节位置可以表示为 (x_a, y_a, z_a)。在前向步行中，踝关节的位置沿 Y 轴并不会发生变化，故左腿踝关节的 Y 轴坐标分量为 $-l_1/2$（右腿踝关节 Y 轴坐标分量为 $l_1/2$），即 $(x_a, -l_1/2, z_a)$。

在双腿支撑开始时，脚底与地面的夹角 q_e 不为零可以减小摆动脚落地造成的冲击力，使得重心有可能从脚跟向脚尖平滑过渡，则 ZMP 稳定性将更容易实现。同理，在双腿支撑结束时，夹角 q_s 不为零也有利于 ZMP 点向前移动。从人类实际步行以及自然审美角度考虑，这样的设计是合理的。但虚拟样机中脚部为理想刚体，当脚底与地面夹角不为零时接触区域仅为脚底边缘线，因此系统在双腿支撑期步行稳定性大大降低（人体脚部存在柔性，故夹角不为零时接触区域较大）。规划步态用于虚拟样机验证时，将 q_s 与 q_e 取值为零，即脚底与地面平行。根据图 5.2.3，可以得到约束条件：

$$\theta_a(kT_c + T_d) = q_s, \quad \theta_a(kT_c + T_c) = q_e \tag{5.2.8}$$

在行走过程中，摆动脚需要抬起一定的高度以实现粗糙地面上行走或跨越障碍物。但抬起高度过高将使得能量消耗增加，故从节能角度出发需尽可能降低摆动脚抬起的高度。如图 5.2.3 所示，摆动脚轨迹的最高点为 $(L, -l_1/2, H)$，则有

$$x_a(kT_c + T_o) = kD_s + L, \quad z_a(kT_c + T_o) = H \tag{5.2.9}$$

其中，$kT_c + T_o$ 为摆动脚到达最高处的时刻。

结合以上公式，对图 5.2.3 进行几何学分析可以得到以下约束方程：

$$x_a(t) = \begin{cases} kD_s, & t = kT_c \\ kD_s + l_{ff}(1-\cos q_s) + l_{fh}\sin q_s, & t = kT_c + T_d \\ kD_s + L, & t = kT_c + T_o \\ (k+1)D_s - l_{fb}(1-\cos q_e) - l_{fh}\sin q_e, & t = kT_c + T_c \\ (k+1)D_s, & t = kT_c + T_c + T_d \end{cases}$$

$$\tag{5.2.10}$$

$$z_a(t) = \begin{cases} l_{fh}, & t = kT_c \\ l_{fh}\cos q_b + l_{ff}\sin q_b, & t = kT_c + T_d \\ H, & t = kT_c + T_o \\ l_{fh}\cos q_f + l_{fb}\sin q_f, & t = kT_c + T_c \\ l_{fh}, & t = kT_c + T_c + T_d \end{cases} \tag{5.2.11}$$

式中，l_{th}、l_{ff}、l_{fb} 分别为脚杆的高度（踝关节到脚底距离）、脚部质心与脚尖的距离、脚部质心与脚跟的距离。

在左腿单腿支撑时期，左脚底均与地面完全接触，即在单腿支撑期开始与结束时踝关节的速度为零，故在 kT_c 与 $(k+1)T_c + T_d$ 时刻有下列约束条件：

$$\begin{cases} \dot{x}_a(kT_c) = 0 \\ \dot{x}_a((k+1)T_c + T_d) = 0 \end{cases}, \quad \begin{cases} \dot{z}_a(kT_c) = 0 \\ \dot{z}_a((k+1)T_c + T_d) = 0 \end{cases} \tag{5.2.12}$$

为了获得光滑的步态轨迹，$\ddot{x}_a(t)$ 与 $\ddot{z}_a(t)$ 需要在任意时刻均是连续的，即加速度没有突变（此时规划轨迹对应的 ZMP 轨迹也是连续的）。通过插值方法可以获得踝关节轨迹在约束条件下二阶导数连续的轨迹。为了避免插值次数过高造成计算复杂问题，研究采用了三次样条插值的方法求解参数化的轨迹。对于踝关节而言，其关键参数为 T_o、L 和 H，这三者对插值所得的轨迹影响较大，可根据预期步行速度等指标确定。

2. 髋关节轨迹

步行过程中，人体上肢能够保持竖直，即在水平地面上步行时可以取髋关节处夹角 $\theta_h(t) = 90°$。在稳定行走过程中，髋关节沿 Z 轴方向的变化极小，对 ZMP 的位置影响也极小。可以指定 $z_h(t)$ 为常数或在极小范围内变动（本书取常数值），这样的设计在节能的同时能够降低脚部与地面的冲击。$z_h(t)$ 所取的常数值应小于系统直立时的 z_{h0}（取值应符合支撑腿工作空间，否则逆运动学无解），则起始步态设计时由 z_{h0} 变为 $z_h(t)$，停止步态与此相反。接下来只需对 $x_h(t)$ 与 $y_h(t) = (y_{hl}(t) + y_{hr}(t))/2$ 进行规划（两髋关节连线与基础坐标系 Y 轴平行，则 $y_{hl}(t) = y_h(t) - l_1/2$，$y_{hl}(t) = y_h(t) + l_1/2$）。

由步行周期中前后两个相位相似可知，$x_h(t)$ 轨迹形状在后半周期与前半周期完全相同，只是增加一个步长 D_s。结合图 5.2.3，对一个 T_c 内的双腿支撑期与单腿支撑期进行分析可得以下关系：

$$x_h(t) = \begin{cases} \dfrac{k}{2}D_s + x_{sd}, & t = kT_c \\[2mm] \dfrac{k}{2}D_s + x_{ed}, & t = kT_c + T_d \\[2mm] \dfrac{(k+1)}{2}D_s + x_{sd}, & t = kT_c + T_c \end{cases} \quad (5.2.13)$$

前向步行沿 X 轴方向运动主要实现系统前移，Y 轴方向运动主要保证步行的稳定性。在下肢外骨骼系统中，主要的质量集中于髋关节处的上肢部位，故上肢的运动能够对 ZMP 轨迹产生较大影响。左右腿的踝关节沿 Y 轴方向的位置是固定的，则髋关节沿 Y 轴方向的运动决定了 ZMP 沿 Y 轴方向的轨迹及其稳定性。如图 5.2.3 所示，在双腿支撑期开始时，$y_h(t) = -y_{sd}$ 即上肢偏向左脚（直立时 $y_h(t) = 0$）；在双腿支撑期内，上肢向右脚方向移动且在双腿支撑结束时到达 $y_h(t) = y_{sd}$；在右腿单腿支撑期内，上肢继续向右脚方向运动且在左脚摆动到最高点时达到最大偏移 $y_h(t) = y_{ed}$，之后便开始向左脚方向运动并在单腿支撑结束时回到 $y_h(t) = y_{sd}$。据此，有下列关系：

$$y_h(t) = \begin{cases} -y_{sd}, & t = kT_c \\ y_{sd}, & t = kT_c + T_d \\ y_{ed}, & t = kT_c + T_o \\ y_{sd}, & t = kT_c + T_c \end{cases} \tag{5.2.14}$$

髋关节在后半步行周期内的运动规律相似，相差 T_c 时刻的 $y_h(t)$ 取相反值即可。将髋关节坐标关系以周期轨迹形式表示时可得

$$y_h(t) = \begin{cases} -y_{sd}, & t = kT_c \\ y_{sd}, & t = kT_c + T_d \\ y_{ed}, & t = kT_c + T_o \\ y_{sd}, & t = kT_c + T_c \\ -y_{sd}, & t = (k+1)T_c + T_d \\ -y_{ed}, & t = (k+1)T_c + T_o \\ -y_{sd}, & t = (k+2)T_c \end{cases} \tag{5.2.15}$$

由于髋关节的运动一直是连续的，即其速度与加速度应满足约束条件：

$$\begin{cases} \dot{x}_h(kT_c) = \dot{x}_h((k+1)T_c) \\ \ddot{x}_h(kT_c) = \ddot{x}_h((k+1)T_c) \end{cases} \quad \begin{cases} \dot{y}_h(kT_c) = \dot{y}_h((k+2)T_c) \\ \ddot{y}_h(kT_c) = \ddot{y}_h((k+2)T_c) \end{cases} \tag{5.2.16}$$

根据髋关节沿 Y 轴的运动分析，其速度在摆动脚到达最高处时还应满足以下约束：

$$\begin{cases} \dot{y}_h(kT_c + T_o) = 0 \\ \dot{y}_h((k+1)T_c + T_o) = 0 \end{cases} \tag{5.2.17}$$

对髋关节轨迹而言，其关键参数为 $x_{sd}, x_{ed}, y_{sd}, y_{ed}$。这四个参数决定了髋关节的轨迹，相比于踝关节轨迹参数，对 ZMP 轨迹具有较大影响。通过三次样条插值，可以获得参数化的髋关节轨迹规划。

5.2.4　三次样条插值

一般而言，增加插值节点数，减小节点间距离能够获得较好的插值结果。若整个插值区间只采用一个插值多项式，则得到高次插值多项式。虽然增加节点数、提高次数有助于提高插值逼近程度，但高次插值在节点数目较多时会出现龙格（Runge）现象且计算量较大。避免高阶插值龙格现象的基本方法是使用分段函数进行分段插值，即针对每个子段构造插值多项式并将各子段多项式整合作为整体插值函数，具有较好的逼近效果。

但一般的分段插值只能保证整体的连续性，在分段连接处左右导数不等造成插值曲线不光滑。分段插值中的分段三次埃尔米特（Hermite）插值虽然能够得到具有一阶导数连续的插值函数，但无法满足本书步态规划所需的二阶导数连续要求。另一种经典分段插值方法，也是实际工程计算中应用最广泛的插值方法——三次样条插值法，可以得到二阶导数连续的插值函数[75]。

假设给定区间 $[a,b]$ 上存在如下划分：$a = x_0 < x_1 < \cdots < x_{n-1} < x_n = b$，即存在 $n+1$ 个不同的节点，相应点的函数值为 $f(x_i)$。插值函数 $s(x)$ 在每段区间上是不超过三次的多项式，记 $s''(x_i) = M_i (i = 0,1,2,\cdots,n)$，则在区间 $[x_{i-1}, x_i]$ 上 $s(x)$ 可表示为

$$s(x) = M_{i-1} \frac{(x_i - x)^3}{6h_i} + M_i \frac{(x - x_{i-1})^3}{6h_i} + \left(f(x_{i-1}) - \frac{M_{i-1}h_i^2}{6}\right)\frac{x_i - x}{h_i}$$
$$+ \left(f(x_i) - \frac{M_i h_i^2}{6}\right)\frac{x - x_{i-1}}{h_i} \tag{5.2.18}$$

该式保证了 $s(x)$ 在 x_{i-1} 和 x_i 处的连续性，并且 $s'(x)$、$s''(x)$ 在 $[x_{i-1}, x_i]$ 区间上存在且连续，其中 $h_i = x_i - x_{i-1}$。这里给出的 $s(x)$ 是 n 个不超过三次的多项式，共含有 $4n$ 个待定参数。插值条件给出了 $n+1$ 个约束，连接条件给出了 $3(n-1)$ 个约束，故总约束与待定参数相比还少两个，为此可以根据实际需要人为添加两个边界条件。常用的边界条件有以下四类。

一阶导数（钳制边界）：$s'(x_0) = y_0'$，$s'(x_n) = y_n'$。

二阶导数（自然边界）：$s''(x_0) = y_0''$，$s''(x_n) = y_n''$。

周期样条（周期边界）：$s'(x_0) = s'(x_n)$，$s''(x_0) = s''(x_n)$，前提是 $s(x_0) = s(x_n)$。

非扭结样条：初始两段多项式三次项系数相同，末尾两段三次项系数相同。

令 $\lambda_i = \dfrac{h_i}{h_i + h_{i+1}}$、$\mu_i = \dfrac{h_{i+1}}{h_i + h_{i+1}}$，并考虑钳制边界条件 $s'(x_0) = y_0'$，$s'(x_n) = y_n'$，则 M_i 为下面由矩阵表示的线性方程组（三弯矩方程）的解：

$$\begin{bmatrix} 2 & 1 & & & & \\ \lambda_1 & 2 & \mu_1 & & & \\ & \lambda_2 & 2 & \mu_2 & & \\ & & \ddots & \ddots & \ddots & \\ & & & \lambda_{n-1} & 2 & \mu_{n-1} \\ & & & & 1 & 2 \end{bmatrix} \begin{bmatrix} M_0 \\ M_1 \\ M_2 \\ \vdots \\ M_{n-1} \\ M_n \end{bmatrix} = 6 \begin{bmatrix} \dfrac{f[x_0, x_1] - y_0'}{h_1} \\ f[x_0, x_1, x_2] \\ f[x_1, x_2, x_3] \\ \vdots \\ f[x_{n-2}, x_{n-1}, x_n] \\ \dfrac{y_n' - f[x_{n-1}, x_n]}{h_n} \end{bmatrix} \tag{5.2.19}$$

对于周期边界情形，三弯矩方程可以表示为

$$\begin{bmatrix} 2 & \mu_1 & & & \lambda_1 \\ \lambda_2 & 2 & \mu_2 & & \\ \ddots & \ddots & \ddots & & \\ & & \lambda_{n-1} & 2 & \mu_{n-1} \\ \mu_n & & & \lambda_n & 2 \end{bmatrix}\begin{bmatrix} M_1 \\ M_2 \\ \vdots \\ M_{n-1} \\ M_n \end{bmatrix} = 6\begin{bmatrix} f[x_0,x_1,x_2] \\ f[x_1,x_2,x_3] \\ \vdots \\ f[x_{n-2},x_{n-1},x_n] \\ \dfrac{f[x_0,x_1]-f[x_{n-1},x_n]}{h_1+h_n} \end{bmatrix} \qquad (5.2.20)$$

5.2.5　遗传算法参数优化

对于规划得到的下肢外骨骼系统的步态轨迹，应满足两个要求：步行稳定性和光滑连续性。其中，规划步态的光滑连续是为了保证系统的关节动作的连续，不存在加速度的突变等，这一点可以通过三次样条插值实现。稳定性作为步态规划的重点，需要通过选取合适的步态参数得以保证。根据 ZMP 稳定性判据的介绍，合适的步态参数应能够保证行走过程中 ZMP 轨迹始终位于支撑域内（ZMP 的计算可以采用计算公式）。

针对规划得到的参数化步态轨迹，需要根据一定的目标选取其参数并进行优化。常用的步态参数的优化目标有能量最小、关节力矩最小、步行速度等，此处参数优化的目标为 ZMP 稳定裕度最大。由于步态参数较多，参数优化的第一步应确定需要优化的参数。由上面对踝关节和髋关节的轨迹规划可以看出，由于系统质量主要集中在上肢处，髋关节的轨迹对 ZMP 轨迹影响较大。故可根据系统需要实现的步行速度等运动特征确定踝关节的轨迹参数 T_0, L, H。从而确定需要优化的步态参数为髋关节的四个轨迹参数 $x_{sd}, x_{ed}, y_{sd}, y_{ed}$。

对步态参数优化的研究主要有两种情况：一种是在设定部分参数的基础上人为地凭经验确定参数值，并对得到的不同步态进行反复调整试验。本书步态参数 y_{sd}, y_{ed} 对 ZMP 的 X 轴坐标分量影响较小，故可以先通过经验与试验确定符合 X 轴方向 ZMP 稳定性的步态参数 x_{sd}, x_{ed}。在此基础上，再确定符合 Y 轴方向 ZMP 稳定性的参数 y_{sd}, y_{ed}，此时只需要对 x_{sd}, x_{ed} 进行微调即可获得 ZMP 轨迹处于 XY 平面上支撑域内部的完整步态轨迹。这一过程可以用图 5.2.4 所示的流程图表示；另一种是智能地搜索满足约束条件的步态参数解，可以采用遗传算法、粒子群优化算法等。当参数优化的目标有多个时，可以采用强度帕累托（Pareto）进化算法（SPEA）[76]。本书采用遗传算法对髋关节四个轨迹参数进行优化。

遗传算法（genetic algorithm，GA）是一种通过模拟自然进化过程搜索最优解的方法。使用该算法进行步态参数优化时，主要工作是结合 ZMP 稳定裕度构造个体适应度计算公式以及遗传算法选择、交叉、变异等操作步骤的设计。

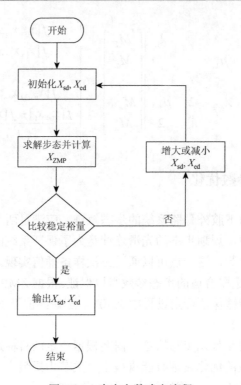

图 5.2.4　步态参数确定流程

1. 目标函数构造

在进行步态参数优化时，首先需要构造参数优化的目标函数，如能量最小、力矩最小等。本章设计为 ZMP 的稳定裕度，即 ZMP 点与支撑域边缘的最短距离。如图 5.2.5 所示，在单腿支撑时期，ZMP 稳定裕度可以表示为

$$f(d_x, d_y) = ad_x^2 + bd_y^2 \tag{5.2.21}$$

其中，d_x, d_y 分别为 ZMP 与支撑脚中心沿 x 轴和 y 轴的距离，a 和 b 为相应的权值。由于单腿支撑时期，沿 x 轴方向的稳定区域大于 y 轴方向，故将权值取为脚的长宽比，即 $a / b = W_{\text{foot}} / L_{\text{foot}}$，且满足 $a + b = 1$。将单腿支撑时期内多个采样点处 ZMP 稳定裕度相加作为该时期的目标函数

$$J_s = a\sum_{i=1}^{n} d_x^2 + b\sum_{i=1}^{n} d_y^2 \tag{5.2.22}$$

双腿支撑时期，取 ZMP 稳定裕度为 ZMP 与支撑多边形中心点的距离 d_s，取 m 个采样时刻 ZMP 稳定裕度值，可得相应的目标函数为

$$J_d = \sum_{i=1}^{m} d_s^2 \tag{5.2.23}$$

总的目标函数为

$$J = J_s + J_d \tag{5.2.24}$$

目标函数取最小值，对应 ZMP 稳定性最好。为设计遗传算法的适应度函数，需要目标函数转化为求解最大值的适应度函数：

$$f = C_{\max} - J \tag{5.2.25}$$

其中，$C_{\max}$ 为大于 J 的最大值的一个常值。

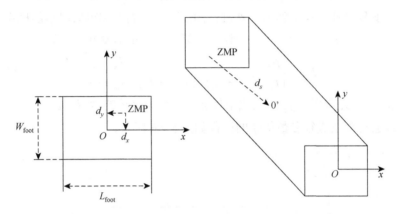

图 5.2.5　单、双腿支撑期 ZMP 稳定裕度示意图

2. 遗传算法步态参数优化

在构造遗传算法适应度计算公式时，便可以按照如下说明逐步完成步态参数优化算法的设计工作。

（1）确定待优化变量及约束条件。根据分析，已经选取髋关节的四个步态参数作为待优化变量。根据参数化步态规划的过程可得如下约束：

$$0 < x_{sd} < x_{ed} < D_s / 2, \; 0 < y_{sd} < 0.5 y_{ed} < l_1 / 2 \tag{5.2.26}$$

其中，$y_{sd} < 0.5 y_{ed}$ 是为了保证插值结果中 y_{ed} 为 Y 轴方向偏移最大值，l_1 为两髋关节之间的距离。每次在产生一个个体时需要保证约束条件满足。

（2）适应度函数的构造。根据 ZMP 稳定裕度构造适应度函数。

（3）确定遗传算法的编码方式以及参数优化的精度，确定表示每个个体所需要的编码位数。

（4）选择操作。种群进化过程中需要根据适应度对个体进行选择淘汰操作，常用的选择算子有适应度比例法、随机遍历抽样法等。本书采用轮盘赌选择算子，则适应度为 f_i 的个体 i 被选择的概率为

$$p_i = \frac{f_i}{\sum\limits_{i=1}^{M} f_i} \tag{5.2.27}$$

（5）交叉操作。子代基因由几个父代基因中的片段组成。采用变化的交叉算子，在个体适应度较大时降低交叉的概率 p_c'

$$p_c' = \begin{cases} p_c, & f_c < \overline{f} \\ p_c(f_{max} - f_c)/(f_{max} - \overline{f}), & f_c \geqslant \overline{f} \end{cases} \tag{5.2.28}$$

其中，p_c 为交叉概率，f_{max} 为父代适应度最大值，f_c 为交叉个体中适应度较大值。

（6）变异操作。在生物体自然进化的过程中，新基因可以很小的概率由父代基因进行变异产生，并传到子代个体中。算法中采用的变异算子如下：

$$p_m' = \begin{cases} p_m, & f_m < \overline{f} \\ p_m(f_{max} - f_m)/(f_{max} - \overline{f}), & f_m \geqslant \overline{f} \end{cases} \tag{5.2.29}$$

其中，p_m 为变异概率，f_m 为父代中任意一个变异个体的适应度。

通过遗传算法进行参数优化的流程如图 5.2.6 所示。

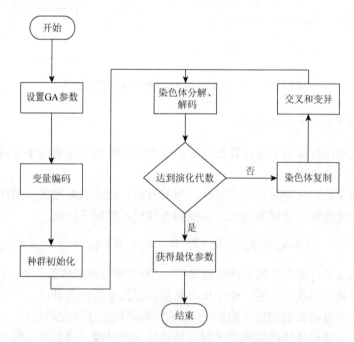

图 5.2.6　遗传算法参数优化流程图

5.2.6　规划结果

结合遗传算法优化后的髋关节步态参数与选取的踝关节步态参数，可以得出完整的满足 ZMP 稳定判据的步态轨迹。将规划步态数据应用于虚拟样机时需要给出起始的步态规划，规划方法与正常周期步行规划类似，只在约束条件上有所区别。这一部分不再赘述，直接给出起步与正常周期行走步态规划的结果。另外，规划中 ZMP 通过公式计算得出，考虑到虚拟样机系统与数学模型的区别需要对步态参数进行微调，以得出能够保证实际步行稳定的步态规划。

在 ADAMS 虚拟样机系统中，脚部理想刚体的情况下脚底与地面夹角 $\theta_a(t)$ 不为零将导致 ZMP 稳定性难以满足（如双腿支撑期内前后脚只有一条边与地面接触）。故此处展示的步态规划结果中假设步行过程中脚底与地面平行，则约束可进一步描述如下：

$$x_a(t) = \begin{cases} kD_s, & t = kT_c \\ kD_s, & t = kT_c + T_d \\ kD_s + L, & t = kT_c + T_o \\ (k+1)D_s, & t = kT_c + T_c \\ (k+1)D_s, & t = kT_c + T_c + T_d \end{cases} \qquad (5.2.30)$$

$$z_a(t) = \begin{cases} l_{fh}, & t = kT_c \\ l_{fh}, & t = kT_c + T_d \\ H & t = kT_c + T_o \\ l_{fh}, & t = kT_c + T_c \\ l_{fh}, & t = kT_c + T_c + T_d \end{cases} \qquad (5.2.31)$$

最终步态规划结果中髋关节参数为 $x_{sd} = 0.2$, $x_{ed} = 0.33$, $y_{sd} = 0.036$, $y_{ed} = 0.08$。稳定步态规划的结果如图 5.2.7 和图 5.2.8 所示，包含了起始步态与两个正常步行周期。图 5.2.7 为左、右腿踝关节分别沿 X 轴与 Z 轴轨迹，图 5.2.8 为髋关节沿 X 轴、Y 轴以及 Z 轴轨迹（Z 轴坐标在正常步行时保持不变）。

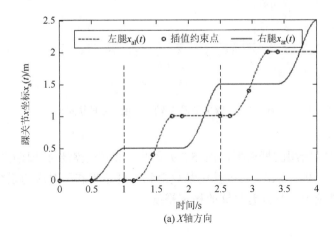

(a) X 轴方向

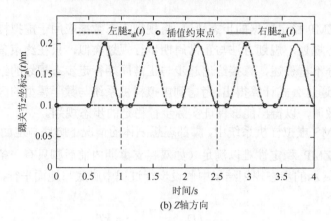

(b) Z轴方向

图 5.2.7　踝关节轨迹

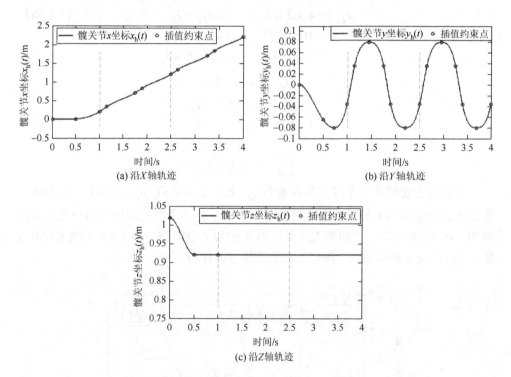

(a) 沿X轴轨迹

(b) 沿Y轴轨迹

(c) 沿Z轴轨迹

图 5.2.8　髋关节沿 X 轴、Y 轴、Z 轴轨迹

　　针对建模时所用的杆模型，图 5.2.9 给出了两个正常步行周期内系统的棍棒图。从图 5.2.10 可以看出，通过优化参数得到的规划步态所对应的系统 ZMP 轨迹始终位于支撑域内，且具有足够的稳定裕度。

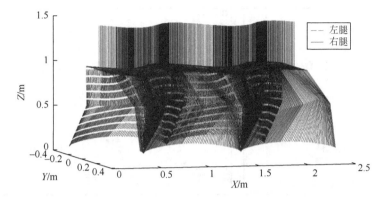

图 5.2.9　步行棍棒图（两个正常步行周期）

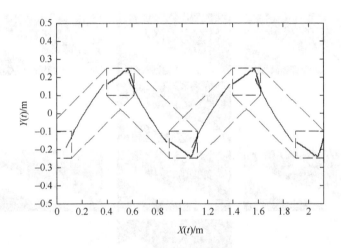

图 5.2.10　规划步态对应的 ZMP 轨迹

更加直观有效地检验规划步态的稳定性的方法是通过 ADAMS 中的动力学仿真。此时需要在各自由度上施加运动驱动，即施加各自由度的关节轨迹。在 MATLAB 中通过逆运动学可以计算出系统的关节轨迹，将轨迹数据导入 ADAMS 作为驱动。图 5.2.11 所示为膝关节运动驱动，通过样条函数将导入数据还原为连续轨迹。

采用类似的规划方法，可以得出不同场景下的稳定步态，如上楼梯步态。为增加通用性，本节首先在 ADAMS 中构建水平行走加步行楼梯的虚拟样机环境，通过步态规划计算出实现整个过程稳定步行所需的关节轨迹数据。对应的仿真动画如图 5.2.12 所示，从整个过程的稳定步行可以总结出步态规划方法是合理有效的。

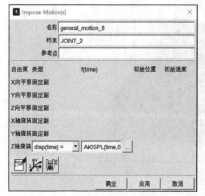

图 5.2.11　动力学仿真中膝关节运动驱动

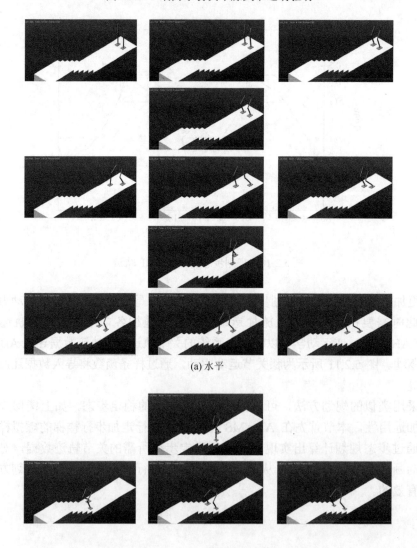

(a) 水平

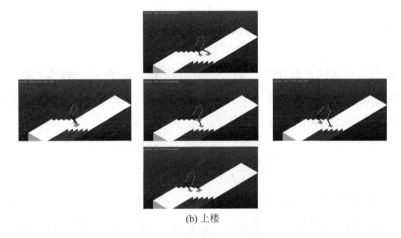

(b) 上楼

图 5.2.12　水平、上楼步行的动力学仿真

5.3　针对特殊动作的步态规划

对于一些特殊动作，如起立、坐下、上下坡或楼梯等，由于其运动特征（幅度、频率、时长等）不同，需要进行单独的步态规划工作。

5.3.1　起立—坐下—起立

对于起立坐下这一动作，其运动幅度相对较大，但其速度较慢，踝关节主要起到支撑作用，其变化范围很小，可忽略不计；髋关节由于身体平衡的需要，加之腰部的辅助，其运动具有很强的被动性，最重要的运动关节是膝关节，该关节在起立坐下这一组动作中的角度变化范围在 0～90°，变化速度较小，且从康复或运动辅助的任务出发，该组动作也不宜过快。

人体的坐下—起立—行走等动作如图 5.3.1（a）所示，起立动作中包括坐姿、躯干屈曲、髋屈、臀部和膝关节伸展、站立姿势，而坐下的动作包括站立姿势、躯干弯曲、臀部弯曲、臀部和膝盖屈曲、臀部伸展和坐姿。在这种运动模式中，由于平衡上身的需要（尤其当患者或老年人上肢力量不足或腰部力量欠缺时），穿戴者可使用一副拐杖或者其他支撑物来完成，尽管对上肢力量有一定要求，但是由于外骨骼的助力能力，较小人体上肢力量便可实现该动作。

根据正常人的起立坐下动作的特征，本节规划了坐下—起立—坐下的运动模式轨迹以及坐下—起立—行走的运动轨迹。采用多项式拟合方法进行拟合，主要分为两个步骤：①对原始特征向量 x 做多项式特征生成，得到新的特征 z；②对新的特征 z 进行线性回归。数学表达为

$$y(x,w) = \sum_{j=0}^{M} w_j x^j \qquad (5.3.1)$$

其中，M 为多项式的最高次数，x^j 为 x 的 j 次幂，w_j 为 x^j 的权重系数。

样本的数目为 N，对于每一个样本 x_n，其对应的输出为 t_n，用平方误差和作为损失函数，那么损失函数可以表示为

$$E(w) = \frac{1}{2} \sum_{n=1}^{N} (y(x_n, w) - t_n)^2 \qquad (5.3.2)$$

通过选择使得 $E(w)$ 尽量最小的 W 来解决曲线拟合问题。由于误差函数是系数 W 的二次函数，因此它关于系数的导数是 W 的线性函数，所以误差函数的最小值有一个唯一解，记作 W^*，可以用解析的方式求出。

其规划的"坐下—停顿 0.5s—起立—停顿 0.5s—坐下"轨迹如图 5.3.1（c）所示，此外，针对和"坐下—起立—行走"这一完整步态［图 5.3.1（a）］，利用同 5.2 节相同的基于 ZMP 理论的规划方法，得到完整过程的行走步态规划结果如图 5.3.1（b）、（c）所示。

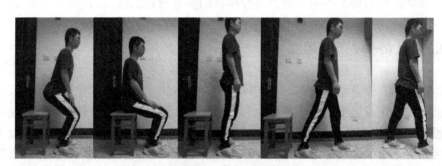

(a) 人体坐下—起立—行走等动作

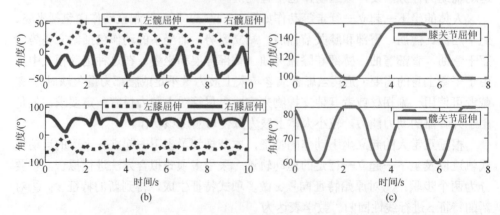

(b)　　　　　　　　　　　　　　(c)

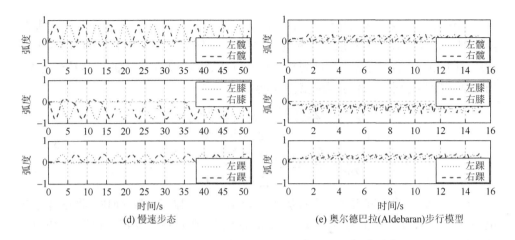

(d) 慢速步态　　　　　　　　　　　(e) 奥尔德巴拉(Aldebaran)步行模型

图 5.3.1　针对特殊动作的步态规划结果

5.3.2　针对残疾下肢的慢速步态

对于因残疾存在步行困难的人群（如先天存在移动困难、神经损伤甚至自闭的儿童），本节设计了一种不同于正常行走模式的步态——缓步步态模式（SW mode），对于适用于该情形的步态进行了一定的规划工作。

该部分工作出于安全考虑，以 NAO 机器人为应用对象进行了研究，NAO 机器人的足稳定性可以通过检验 ZMP 点的路径是否在机器人双脚的支撑区域内来判断，而不必解决用于机器人行走的水平面是否能产生足够摩擦的运动学方程。有两种基本方法能够计算 ZMP。第一种方法需要加速度传感器来测量 $\ddot{x}, \ddot{y}, \ddot{z}$。理论上，每部分的加速度可以通过 x, y, z 的信息进行测量，但实际上，可将每个部分加速度的向量总和考虑为 CoM（质心点）中的加速度：

$$\sum \begin{bmatrix} x_i - X_{ZMP} \\ y_i - Y_{ZMP} \\ z_i \end{bmatrix} \times m_i \begin{bmatrix} \ddot{x}_i \\ \ddot{y}_i \\ \ddot{z}_i + g \end{bmatrix} + \begin{bmatrix} \tau_{ix} \\ \tau_{iy} \\ \tau_{iz} \end{bmatrix} = \begin{bmatrix} 0 \\ 0 \\ M_z \end{bmatrix} \qquad (5.3.3)$$

一些研究者将上述方程简化为

$$\begin{cases} X_{ZMP} = x_{CoM} - \ddot{x}\dfrac{z_{CoM}}{g+\ddot{z}} \\[4mm] Y_{ZMP} = y_{CoM} - \ddot{y}\dfrac{z_{CoM}}{g+\ddot{z}} \end{cases} \qquad (5.3.4)$$

加速度传感器引入易导致 ZMP 估计误差增大，若 $g+\ddot{z}=0$ 或接近 0，则出现奇异。部分研究者假定 $\ddot{z}=0$ 以分解和简化方程，但当膝盖关节出现伸直情况时不再适用。因此附加的加速度 $\ddot{z}$ 不能忽略，且其可能达到重力加速度的一半甚至更大。当其加速度 $\geqslant g$ 时，人体就会跳跃或奔跑。

$$\begin{cases} X_{ZMP} = \dfrac{\sum m_i x_i(\ddot{z}_i+g) - \sum m_i z_i \ddot{x}_i + \sum \tau_{ix}}{\sum m_i(\ddot{z}_i+g)} \\[4mm] Y_{ZMP} = \dfrac{\sum m_i y_i(\ddot{z}_i+g) - \sum m_i z_i \ddot{y}_i + \sum \tau_{iy}}{\sum m_i(\ddot{z}_i+g)} \end{cases} \tag{5.3.5}$$

因此，更多的研究者倾向于在脚上安装压力传感器来估算 ZMP。将左脚位置记为 (x_1,y_1)，右脚位置记为 (x_2,y_2)；正常情况下左右脚测得的支撑力记为 N_1 和 N_2。可利用以下两式建立 ZMP 稳定性关系：

$$\begin{cases} N_1 x_1 + mg X_{ZMP} + N_2 x_2 = 0 \\ N_1 y_1 + mg Y_{ZMP} + N_2 y_2 = 0 \end{cases}, \begin{cases} X_{ZMP} = \dfrac{-N_1 X_1 - N_2 - X_2}{mg} \\[4mm] Y_{ZMP} = \dfrac{-N_1 Y_1 - N_2 - Y_2}{mg} \end{cases} \tag{5.3.6}$$

利用该方法，最终规划出的适用于重度残疾人体的步态如图 5.3.1（d）所示。

本书利用 NAO 机器人作为实验对象，利用软银公司开发的 Aldebaran 步态模式作为对比，图 5.3.2（a）所示是通过压力传感器测得的 NAO 质心位于基坐标情况下的 ZMP 的轨迹图。SW 模型的左右向 ZMP 区域比 Aldebaran 模型的小。这意味着 SW 模型中的 NAO 的行走更为稳定。与此相反，SW 模型的前向 ZMP 区域很大，其中一个原因是身体在步行时会前倾并且步幅也较大，另一个原因是躯体质心位于上肢而 ZMP 是通过位于足底的压力传感器测得的。SW 模型中，ZMP 的 x 向区域均为负值。另外，SW 的平行四边形区域包含有 80%的 ZMP，约为 24cm。Aldebaran 模型的平行四边形区域约为 32%。SW 模型的 ZMP 点更为集中，模型更为稳定。

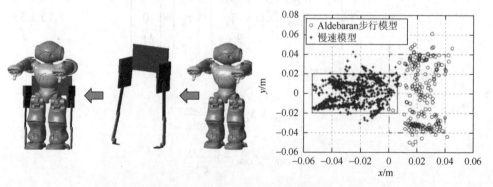

(a) 基于NAO 的Aldebaran 与SW模型的ZMP区域

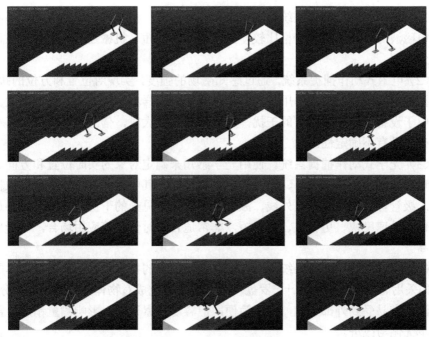

(b) 包含上楼梯步态的轨迹规划结果

图 5.3.2　ZMP 区域与轨迹规划结果

5.3.3　上下坡或楼梯步态

上下坡或楼梯步态尽管在速度上较平地行走状态更为缓慢，但由于需要控制身体势能变化，对平衡能力和辅佐要求更高，同样基于 ZMP 稳定性理论可对上下楼梯步态做出相应的规划。采用相同的方法可以规划出水平地面行走并转换为上楼梯的步态，根据规划轨迹在 ADAMS 中动力学仿真结果如图 5.3.2（b）所示。

5.4　基于振荡器学习的学习型步态规划策略

5.4.1　步态动作的捕捉

20 世纪七八十年代，三维动作捕捉技术开始被学者专家研究，并逐渐拓展应用到教育、训练、运动、游戏等领域。使用者在身体某部位配备标记点（marker），通过标记点间位置和角度的变化来识别动作。目前，动作捕捉系统有机械链接、磁传感器、光传感器和惯性传感器四种类型[77, 78]。

　　(1) 机械式动作捕捉系统。主要采用连杆装置，测量物体整体运动，不易受光、电磁波等外界干扰，价格比较便宜、响应时间短。机械连接约束导致工作空间受到限制。

　　(2) 电磁式动作捕捉系统。通过感知磁场的强度，实现对位置和方位的跟踪，对阻挡物具有较强的穿透作用，同时价格较低，采样频率较高，工作空间大。但易受电子设备、铁磁场材料的干扰，且测量距离加大时，信号时延较大、有小抖动，误差具有不确定性。

　　(3) 光学式动作捕捉系统。使用光学感知来确定对象的实时位置和方向。光学式设备一般包括感光设备、光源和信号处理器，其中感光设备如普通摄像机、光敏二极管等，光源包括红外线、激光等，防止可见光的干扰。光学式设备最显著的优点是速度快、更新快、延迟短，非常适合实时性强等应用场合，但价格相对较高。

　　(4) 惯性式动作捕捉系统。通过运动系统内部的推算，得出被跟踪物体的位置，如采用陀螺仪、加速度计、罗盘传感器等设备完成对物体位置的计算与分析。该方法不容易受到外部干扰，使用简便，但容易积累误差，影响测量精度，需要进一步优化与改进。

1. 步态捕获工具

　　目前国内外高校等研究机构，对人体步态数据的捕获有过相关研究，也将各自测量系统组成、步态采集数据公布在相关技术网站上，供更多研究者学习与使用。其中，光学捕捉运动系统具有工作稳定、数据准确等优点，应用广泛。这里采用卡内基-梅隆图形实验室（Carnegie Mellon Graphics Lab）提供的 Mocap 步态采集数据。

　　为能精确合理捕捉实验者的动作，卡内基-梅隆图形实验室选择使用 12 个 Vicon 红外 MX-40 摄像机，每个摄像机采样频率为 120Hz，可记录分辨率为 400 万像素的图像。将摄像机放置在房间中央大约 3m×8m 的矩形区域中，不捕捉超过此矩形范围外发生的运动。显然该范围对于人体步行运动是完全充分可行的[78]。

　　Mocap 数据库中提供大量数据，包括平移三维位置、关节转动位置等关键步态点信息。考虑本节的研究需求，采用骨骼关节欧拉角转动数据，即 amc 文件。

　　在现有的步态数据库中，给出其中一种采集的原始步态数据曲线，其包括髋关节、膝关节的步行角度数据，步态数据时长为 3.5s 左右，步态周期为 1.0s 左右，如图 5.4.1 所示。

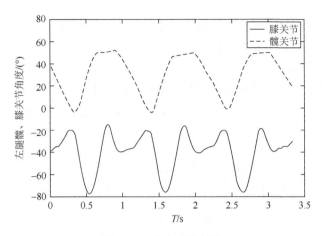

图 5.4.1　步态采集数据

2. 步态数据处理

实验中测得的数据，常常包含采集环境中引入的噪声，需要进行滤波处理，去除数据中存在的毛刺等不可靠信息，尤其从图 5.4.1 可以观察，步态数据确实存在毛刺、波动等不准确信息。数据采样频率为 120Hz，为进一步获取更多数据信息，采用三次样条插值算法，获得采样时间为 0.001s 的步态数据，为接下来步态数据的仿真与应用打下基础。

如图 5.4.2 所示，采集的数据通过滑动平均滤波算法完成信号的平滑，然后通过三次样条插值算法完成对原始数据的有效扩充。

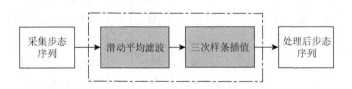

图 5.4.2　步态数据处理流程图

滑动平均滤波算法，作为一种常用的数据滤波算法，工作稳定，滤波性能较好，广泛应用于工业传感、电子元件信号等的平滑去噪。其实现过程为，选取某一宽度的滑动窗口，并对滑动窗口内的所有数据进行求和、平均化处理，得到的结果作为窗口中心的新数据；然后对着窗口往后移动，对后续数据依次进行求和、平均化操作，最终得到滤波之后的新数据，具有较好的平滑度[79]。

三次样条插值方法，在实际工程计算中应用广泛。当数据约束较多时，采用传统的多项式插值方法，会造成轨迹阶数过高、计算复杂、容易震荡，相反三次样条插值方法规划的轨迹具有阶数低、平滑、可导等特点。考虑到数据位置约束点过多，插值方法选用三次样条插值方法[80]。

假设给定区间 $[a,b]$ 上存在如下划分：$a = x_0 < x_1 < \cdots < x_{n-1} < x_n = b$，即存在 $n+1$ 个不同的节点，相应点的函数值为 $f(x_j)$，插值函数 $s(x)$ 在每段区间上是不超过三次的多项式，假设 $s''(x_j) = M_j (j = 0,1,\cdots,n)$，则在区间 $[x_{j-1}, x_j]$ 上 $s(x)$ 可表示为

$$s(x) = M_{j-1}\frac{(x_j - x)^3}{6h_j} + M_j\frac{(x - x_{j-1})^3}{6h_j} + \left(f(x_{j-1}) - \frac{M_{j-1}h_j^2}{6}\right)\frac{x_j - x}{h_j}$$
$$+ \left(f(x_{j-1}) - \frac{M_{j-1}h_j^2}{6}\right)\frac{x - x_{j-1}}{h_j}$$

$$(5.4.1)$$

该式保证了 $s(x)$ 在 x_{j-1} 和 x_j 处的连续性，其中 $h_j = x_j - x_{j-1}$。这里给出的 $s(x)$ 是 n 个不超过三次的多项式，共包括 $4n$ 个待定参数。另添加两个一阶导数边界条件，即 $s'(x_0) = y_0'$，$s'(x_n) = y_n'$。令 $\lambda_j = \frac{h_j}{h_j + h_{j+1}}$，$\mu_j = \frac{h_{j+1}}{h_j + h_{j+1}}$，并考虑以上边界条件 $s'(x_0) = y_0'$，$s'(x_n) = y_n'$，则 M_i 为下列三弯矩方程的解：

$$\begin{bmatrix} 2 & 1 & & & & \\ \lambda_1 & 2 & \mu_1 & & & \\ & \lambda_2 & 2 & \mu_2 & & \\ & & \ddots & \ddots & \ddots & \\ & & & \lambda_{n-1} & 2 & \mu_{n-1} \\ & & & & 1 & 2 \end{bmatrix}\begin{bmatrix} M_0 \\ M_1 \\ M_2 \\ \vdots \\ M_{n-1} \\ M_n \end{bmatrix} = 6\begin{bmatrix} \dfrac{f[x_0,x_1] - y_0'}{h_1} \\ f[x_0,x_1,x_2] \\ f[x_1,x_2,x_3] \\ \vdots \\ f[x_{n-2},x_{n-1},x_n] \\ \dfrac{y_n' - f[x_0,x_1]}{h_n} \end{bmatrix} \quad (5.4.2)$$

通过以上插值方法，即可得到插值处理后、更加丰富的步态数据。

以左腿髋、膝关节的原始数据为例，首先修改步态周期为 3s，数据经滑动平均滤波处理，其中滑动窗口尺寸设为 13，然后经样条插值处理，插值周期为 0.001s，得到的最终右腿髋、膝关节数据曲线如图 5.4.3 所示。可以发现通过滤波平滑、样条插值处理后得到的步态关节数据，平滑度得到了很大的提高，为后续的步态学习仿真与应用奠定了基础。接下来将提出两种步态学习方法，并实现相应原理的改进。

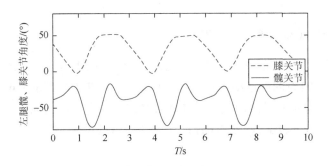

图 5.4.3　处理后的步态数据

5.4.2　iDE AHopf 振荡器步态规划方法

针对偏瘫患者，本节研究了一种基于改进型差分进化（improved differential evolution，iDE）算法的自适应 Hopf(adaptive Hopf, AHopf)振荡器步态学习方法[80-83]，这里将其定义为 iDE AHopf 振荡器学习方法，可实现在线学习患者的健肢步态，并将 iDE AHopf 振荡器的输出映射到另一只障肢中。本节将详细介绍其组成原理，并应用于真实步态数据的学习与规划当中。

1. 步态规划算法框架

采用振荡器模拟生物神经中枢，各个振荡子之间相互耦合，输出具有稳定相位差的周期性节律信号，控制机器人行走。通过自适应调整内部振荡器的振幅、振频，改变数据输出，实现振荡器对于周期性步态信号的学习[81]。

该步态规划算法实现框架如图 5.4.4 所示，采集上一周期中健肢的运动步态轨迹，采用 iDE AHopf 振荡器进行学习，得到步态生成器，用于规划另一只障肢的运动。根据患者的健肢步态，在线学习、自适应调整下肢外骨骼运动，牵引障肢完成康复行走等活动。

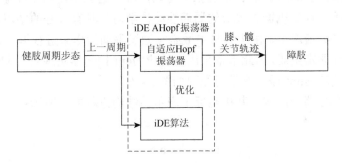

图 5.4.4　iDE AHopf 振荡器步态规划算法框架

2. iDE AHopf 振荡器学习原理

为实现对人体步态的学习，本书提出了一种 iDE AHopf 振荡器学习方法，对健肢髋、膝关节的周期性运动进行学习与模拟。该方法由自适应 Hopf 振荡器和改进型差分进化（iDE）算法构成，通过 iDE 算法，对自适应 Hopf 振荡器的内部参数进行快速搜索，实现在较短时间内完成对步态的学习（图 5.4.5）。

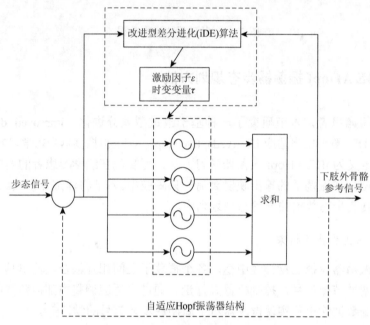

图 5.4.5　iDE AHopf 振荡器步态规划算法框架

1）自适应 Hopf（AHopf）振荡器

Hopf 振荡器[80]作为典型非线性耦合振荡器，其模型参数具有明确的物理意义，参数较少，振荡器幅值、相位独立可调，可自适应学习周期性输入信号的频率，广泛应用于双足机器人关节的周期性动作学习，具有较好的学习性能。

然而大多数情况下，由于各种参数必须通过手动操作来进行调整，所以 Hopf 振荡器的设计非常困难。因此本章采用自适应 Hopf 振荡器实现对周期信号的自主学习。其自适应 Hopf 振荡器学习原理如图 5.4.6 所示。

对于单个振荡子而言，其极坐标下表示的结构方程如下所示：

$$\dot{r} = \gamma(\mu - r^2)r + \varepsilon F \cos\phi$$
$$\dot{\phi} = w - \frac{\varepsilon}{r} F \sin\phi \qquad\qquad (5.4.3)$$
$$\dot{w} = -\tau F \sin\phi$$

其中，振荡器系统参数 $r=1$；ϕ 为极坐标下相位；$\mu>0$ 为振荡器的振幅；ω 为振动固有频率；γ 为系统对周期信号学习的收敛速度，此处根据文献[81]取 $\gamma=1$；F 为外部的摄动输入，驱使振荡器调整工作频率；ε 为耦合常量，在信号学习中起到重要作用，用于描述实际物理系统与振荡器结构方程的耦合程度；τ 为时间变化常量。由周期性外力 F 驱动振荡器工作，当外力 F 为 0 时表示系统达到了稳定，此时振幅为 $\sqrt{\mu}$，频率为 ω。

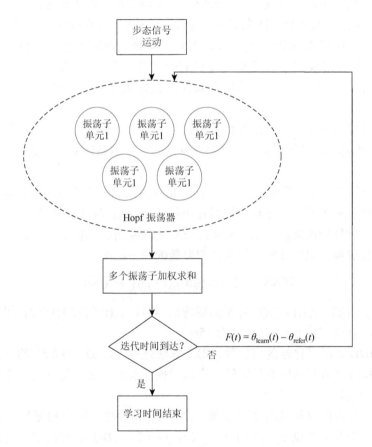

图 5.4.6   自适应 Hopf 振荡器学习原理

本章采用多个 Hopf 振荡子组合加权的方式来获得学习输出 $\theta_{\mathrm{learn}}(t)$，如下：

$$\theta_{\mathrm{learn}}(t)=\sum_{i=0}^{N}\alpha_i r_i \cos\phi_i \tag{5.4.4}$$

其中，α_i 为对应振荡子 i 的输出增益系数，N 为 5。针对误差的学习反馈过程则由下式表明：

$$F(t) = \theta_{\text{learn}}(t) - \theta_{\text{refer}}(t)$$
$$\dot{\alpha}_i = \eta \cos \phi_i F(t)$$

（5.4.5）

其中，η 为学习常数。自适应 Hopf 振荡器通过不断的学习，自适应调整振动频率，收敛到期望的周期信号，但是学习过程中学习速度过慢，步态规划的实时性无法得到保证。

2）改进型差分进化（iDE）算法

为使振荡器学习步态收敛速度增快，提高步态规划的实时性，改进型差分进化（iDE）算法被嵌入到自适应 Hopf 振荡器结构中，通过迭代学习来搜索出最佳的自适应 Hopf 振荡器结构参数，即外界系统与振荡器的耦合常量 ε、时变常量 τ，以快速完成步态学习并收敛到期望信号。其中，振荡器的耦合常量 ε 用来描述复杂变化的患者-外骨骼耦合系统对振荡器学习系统的耦合作用，激励学习信号的快慢[81]。

iDE 算法通过基于生物启发的自然进化过程搜索最优解。使用该算法优化自适应 Hopf 振荡器，具体步骤包括个体适应度评价、自适应变异、交叉、选择等算法操作。

（1）个体适应度评价函数。对自适应 Hopf 振荡器的参数寻优时，希望输出信号和期望信号的误差尽可能小，使得输出信号较快地跟踪期望信号。考虑到步态曲线以期望信号为连续值，因此选用 ITASE 适应度函数，即对某一段时间 $[0,T]$ 内的误差进行变换、积分处理，作为评判参数的唯一标准。

$$\text{ITASE} = \rho \int_0^T t|e(t)|\mathrm{d}t + (1-\rho)\int_0^T te^2(t)\mathrm{d}t$$

（5.4.6）

其中，$e(t) = y(t) - y_0(t)$，$y(t)$ 为振荡器输出信号，$y_0(t)$ 为参考信号，即需学习的步态曲线。ρ 设定为 0.5，T 设定为 15s。

（2）iDE 算法优化振荡器参数。iDE 算法是对传统 DE 算法[84]的一次改进，对其变异操作加入自适应变异算法，完成对振荡器的优化。其中 iDE 算法流程图如图 5.4.7 所示。

①初始化种群以及 iDE 算法参数。对种群中的 NP（种群规模）个 D（决策变量个数）维参数向量 x_{ij}（$i = 1,2,\cdots,\text{NP}$；$j = 1,2,\cdots,D$）在搜索空间进行随机初始化。其中，决策变量为振荡器参数耦合常量 ε、时变常量 τ，$D = 2$。

②计算种群中个体的适应度函数。根据 ITASE 适应度函数，计算个体的适应度。

③自适应变异。在第 t 次迭代种群群体中，随机选择三个不同的个体向量 $x_1(t), x_2(t), x_3(t)$，其中，两个个体向量 $x_2(t), x_3(t)$ 相减生成差分向量 $x_2(t) - x_3(t)$，将差分向量乘以相应权重，即缩放因子 F，并加到剩余一个个体向量 $x_1(t)$ 上，得到变异向量 $v(t)$，该操作称为变异。即该公式为

$$v_i(t) = x_1(t) + (F + \mathrm{ss}(t)) \times (x_2(t) - x_3(t)) \tag{5.4.7}$$

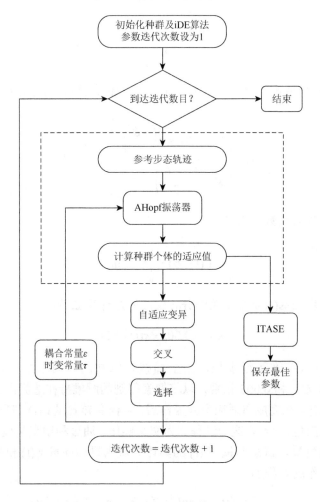

图 5.4.7　iDE 算法流程图

iDE 算法对传统的 DE 算法，在变异操作上进行了改进。即在搜索过程中，加入莱维飞行（Levy flight）算法[85]，即式（5.4.7）的 ss(t)，这里将其定义为自适应变异操作。

莱维飞行是一种服从莱维分布的非高斯随机搜索模式，特点是小步长、大步长搜索相结合，符合自然界较多的随机现象，如随机行走和布朗运动等[85]。其作为一种最优解的局部搜索算法，用来搜索全局最优值，它能增加种群多样性和扩大搜索范围，避免陷入搜索解空间的局部最优值。

在该莱维飞行策略中，基于 Mantegna 算法生成随机步长，以实现稳定的莱维分布。在 Mantegna 算法中，步长通过下式计算所得

$$s = \frac{u}{|v|^{\frac{1}{\beta}}} \qquad (5.4.8)$$

其中，u,v 分别满足 $u \sim N(0, \sigma_u^2)$，$v \sim N(0, \sigma_v^2)$ 的正态分布，β 为[0,2]的常数。

$$\sigma_u = \left[\frac{\Gamma(1+\beta) \cdot \sin\left(\frac{\pi\beta}{2}\right)}{\beta \cdot \Gamma\left(\frac{1+\beta}{2}\right) \cdot 2^{\frac{\beta-1}{2}}} \right]^{\frac{1}{\beta}}, \quad \sigma_v = 1 \qquad (5.4.9)$$

其中，$\Gamma(\bullet)$ 为伽马函数，满足

$$\Gamma(1+\beta) = \int_0^\infty t^\beta e^{-t} dt \qquad (5.4.10)$$

莱维飞行步长 $ss(t)$ 是基于莱维分布生成的，计算如下：

$$ss(t) = 0.005 \times s(t) \times SLC \qquad (5.4.11)$$

其中，$ss(t)$ 表示莱维飞行步长，由全局搜索算法的学习参数（social learning component，SLC）和 0.005 相乘，以将搜索得到的解维持在边界内。

④交叉操作。在完成自适应变异操作后，结合变异向量 $v_i(t)$ 与目标向量 $x_i(t)$，生成新的试验向量 $x_i'(t)$，这一过程称为交叉操作。通过利用交叉概率因子 CR 和随机选择索引变量，试验向量 $x_i'(t)$ 的具体向量由目标向量 $x_i(t)$ 和变异向量 $v_i(t)$ 决定，交叉操作的方程为

$$x_{ij}'(t) = \begin{cases} v_{ij}(t), & \text{rand}(j) \leqslant CR \quad \text{or} \quad j = \text{randn}(i) \\ x_{ij}(t), & \text{rand}(j) > CR \quad \text{and} \quad j \neq \text{randn}(i) \end{cases} \qquad (5.4.12)$$

其中，$\text{rand}(j)$ 为均匀分布于[0,1]的随机数，j 为第 j 个变量（基因），CR 为交叉概率常数，这里取 0.5，$\text{randn}(j)$ 表示随机选择的索引变量，用于保证试验矢量至少有一维变量由变异向量提供，否则可能导致试验向量与目标向量相同，无法生成新个体。

⑤选择操作。经过自适应变异和交叉操作后，为选择操作，根据种群个体的适应度大小，基于贪婪策略，选择下一次迭代的最佳解决方案。将生成的试验个体 $x_i'(t)$ 和目标个体 $x_i(t)$ 进行比较，当 $x_i'(t)$ 的适应度更优于 $x_i(t)$ 的适应度，将 $x_i'(t)$

选作子代，否则将 $x_i(t)$ 视为子代。选择操作的方程为

$$x_i(t+1) = \begin{cases} x_i'(t), & \text{fit}(x_i'(t)) > \text{fit}(x_i(t)) \\ x_i(t), & \text{其他} \end{cases} \qquad (5.4.13)$$

至此完成 iDE 算法对自适应 Hopf 振荡器的参数优化，在初始学习搜索中，寻找到最佳参数（耦合常量 ε、时变常量 τ），以准确描述步态学习耦合交互系统。

3. 步态规划结果

为展现本节提出的 iDE AHopf 振荡器步态学习方法效果，本节拟从两部分进行展开。其中一部分为步态参数的优化，应用提出的 iDE 算法，优化自适应 Hopf 振荡器结构中的最佳参数（即耦合常量 ε、时变常量 τ），并与 DE AHopf 振荡器（即采用传统 DE 算法[84]优化自适应 Hopf 振荡器结构）进行对比；另一部分基于最佳参数优化后的自适应 Hopf 振荡器，采用康复步态在线学习、生成的仿真，完成 iDE AHopf 振荡器对人体步态的在线学习与生成。

1）步态参数的迭代优化

针对某一肢体结构（这里指的是大小腿长度）的步态轨迹，通过 iDE 启发式学习搜索，得到自适应 Hopf 振荡器结构的最佳参数（耦合常量 ε、时变常量 τ），即认为该参数下表示的自适应 Hopf 振荡器，最适合学习该肢体结构的运动，从而避免步态学习速度过慢，无法实现实时规划。

如何获取与患者相同肢体结构的步态信号，用于激励 iDE AHopf 振荡器实现参数的迭代寻优，也将在这里得到解决。其中，可记录患者过去的历史数据，也可从步态数据库中匹配相同大小肢体结构下的正常人体步态数据，这两种获取步态信号的方法在基于 HMCD 的步态规划方法中是常用、可靠的。这里选用单个正常行走的步态周期数据用于 iDE AHopf 振荡器的迭代寻优。

图 5.4.8 为针对下肢周期性膝关节步态数据，采用 iDE AHopf 振荡器学习方法、DE AHopf 振荡器学习方法的迭代速度对比，迭代次数为 150 次，种群规模 NP 为 10，每一次迭代代价即 ITASE 函数值，并完成解的更新。从图 5.4.8 可以发现，对自适应 Hopf 振荡器的优化过程中，iDE 算法相比 DE 算法表现出更好的收敛性和稳定性，能较快地收敛并稳定在某一值，很好地避免局部最优现象，获得更优参数，也表明 iDE AHopf 振荡器更适应于人体膝关节步态的学习与模拟。

为了进一步比较 iDE AHopf 振荡器在步态学习中的有效性，分别采用自适应 Hopf 振荡器、DE AHopf 振荡器、iDE AHopf 振荡器学习方法，对于周期性髋关节、膝关节步态进行学习，如图 5.4.9 所示。

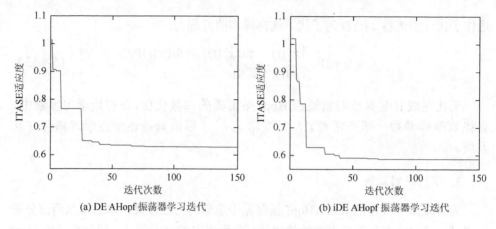

(a) DE AHopf 振荡器学习迭代　　　　　　　(b) iDE AHopf 振荡器学习迭代

图 5.4.8　膝关节学习方法对比图

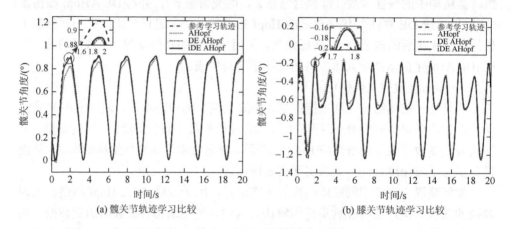

(a) 髋关节轨迹学习比较　　　　　　　(b) 膝关节轨迹学习比较

图 5.4.9　轨迹学习结果比较

　　为了进一步说明 iDE AHopf 振荡器的实时跟踪性，这里给出对于髋关节、膝关节步态的学习误差结果，并得到了基于 ITASE 的学习比较结果如表 5.4.1 所示。从表中可以发现，相比于其他 DE AHopf 振荡器学习方法，iDE AHopf 振荡器学习方法在学习误差上得到了较大提高。

表 5.4.1　基于 ITASE 的学习比较结果

	ITASE（髋关节）	ITASE（膝关节）
AHopf	2.1395	2.7745
DE AHopf	0.4012	0.6298
iDE AHopf	0.3140	0.5939

iDE AHopf 振荡器学习方法对步态的学习能力更强，体现在更好的学习速度、准确的学习误差，可应用于步态的实时性规划过程当中。

2）步态运动的在线学习与生成

相比于 DE AHopf 振荡器、AHopf 振荡器，iDE AHopf 振荡器学习方法具有优越性，并得到最佳的自适应 Hopf 振荡器参数，将其应用到步态的在线规划当中，假设左腿为健肢，右腿为障肢，完成对左健肢髋、膝关节步态轨迹的周期性采集、在线学习，并实时应用于右障肢中。具体实施细节为，采集健肢上一周期的髋、膝关节步态数据，经过滤波、插值等处理之后，由提出的 iDE AHopf 振荡器学习，并在当前周期由 iDE AHopf 振荡器的输出，作为障肢的期望步态信号，即下肢康复型外骨骼的期望步态运动，由下肢外骨骼牵动残障腿完成康复行走。

其中涉及初始第一个步态周期如何生成轨迹，这里采用与患者相同肢体结构的步态数据，由 iDE AHopf 振荡器在线学习、输出，作为第一周期下的步态轨迹。

最终基于 MATLAB/Simulink 环境搭建出仿真图如图 5.4.10 所示，包括人体健肢步态数据、步态采集模块、振荡器的参考学习步态、振荡器输出模块。

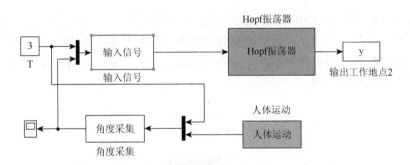

图 5.4.10　iDE AHopf 振荡器步态规划 Simulink 图

其中步态周期设置为 3s，人体健肢步态数据（HumanMotion）为来自左健肢的步态轨迹，这里应用滤波、插值处理之后得到的步态周期数据，步态采集模块（collectAngular）采集步态数据，作为振荡器的参考学习步态（signal_input），并在当前周期中由振荡器学习，并输出作为下肢康复型外骨骼右腿的参考轨迹。显然从图 5.4.11 可以发现，0～3s 的左腿关节轨迹，由于左右腿存在半个相位差的步态周期运动，用于学习并规划 4.5～7.5s 的下肢外骨骼右腿步态轨迹，由下肢外骨骼带动患者的右障肢行走。

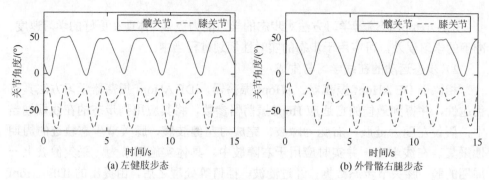

(a) 左健肢步态　　　　　　　　　　　　(b) 外骨骼右腿步态

图 5.4.11　下肢外骨骼右腿步态规划结果

5.4.3　RBF-DMP 振荡器步态规划方法

针对偏瘫患者，本节研究了一种基于径向基（RBF）神经网络的动态运动基元（dynamic motion primitives，DMP）振荡器步态规划方法，实现在线学习患者健肢的步态，并映射到障肢中。本节将详细介绍其组成原理，并应用于真实步态数据的学习与规划当中。

1. 步态规划算法框架

如图 5.4.12 所示，RBF-DMP 振荡器通过识别和采集上一周期的健肢周期步态，进行学习、模拟，应用于当前周期穿戴障肢的下肢外骨骼步态规划中。RBF-DMP 步态规划算法框架包括径向基神经网络-动态运动基元（RBF-DMP 振荡器）、RBF 神经网络的参数学习等。

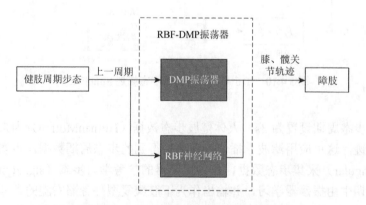

图 5.4.12　RBF-DMP 步态规划算法框架

2. RBF-DMP 振荡器原理

DMP 是由 Ijspeert 等[86]提出的一种基于非线性动态系统建模方法，即基于极限环（limit cycle）的 DMP 模型，在机器人的步态动作生成中得到了广泛的应用。考虑到 DMP 涉及极限环振荡子的频率等原理，此处将动态运动基元，称为 DMP 振荡器。

DMP 振荡器的系统方程为

$$\tau \dot{y} = -\frac{\mu}{E_0}(E - E_0)y - k^2 x \tag{5.4.14}$$

$$\tau \dot{x} = y$$

其中，x、y 分别为 DMP 振荡器系统空间的状态量，μ、k 为系统方程的参数（均为正实数），τ 为 DMP 振荡器的频率，E_0 为初始能量值，E 为 DMP 振荡器的能量函数，如下：

$$E = \frac{(y^2 + k^2 x^2)}{2} \tag{5.4.15}$$

根据 DMP 振荡器的系统方程，可对穿戴者的周期性期望角度轨迹进行建模，建立如下关节运动轨迹模型：

$$\tau \dot{\theta} = \beta(\theta_m - \theta) + f \tag{5.4.16}$$

其中，β 为关节运动模型参数（正实数），τ 为 DMP 振荡器的频率，θ 为关节的运动轨迹，一般选择其起点作为基准参数，即轨迹曲线 θ 的起始值。该公式中最重要的部分是非线性函数 f，它使 DMP 具有对复杂运动轨迹进行建模的能力[87]。非线性组成部分 f 常见的表达为

$$f = \frac{\sum_{i=1}^{N} \Phi_i w_i^{\mathrm{T}} \tilde{y}}{\sum_{i=1}^{N} \Phi_i}, \quad \tilde{y} = \left[y, \sqrt{E_0} \right]^{\mathrm{T}} \tag{5.4.17}$$

即局部逻辑回归（LWR）算法，然而会存在计算复杂等缺点。因此这里提出一种新的非线性组成部分，其基于径向基（RBF）神经网络表达，由多个高斯核函数组合而成。

RBF 神经网络是一种性能优越的前向型神经网络，由输入层、隐含层和输出层三层组成。与 MLP 相比，径向基函数（RBF）神经网络具有同等的非线性拟合能力。RBF 神经网络具有局部逼近特点（状态只对其邻近的节点参数进行调整），不存在灾难性遗忘问题，且 RBF 神经网络比基于反向传播（BP）算法的 MLP 收敛更快。

构建 RBF 神经网络，包括输入层、隐含层、输出层。其中输入层有 1 个节点，隐含层有 10 个节点，输出层有 1 个节点。

计算 DMP 振荡器的相位时刻 t 输出 $\phi(t)$，并将其作为 RBF 神经网络的输入层节点输出为

$$\phi(t) = \text{atan2}(x, y) \qquad (5.4.18)$$

隐含层节点采用径向基函数表达式，由此可得，RBF 神经网络中隐含层的输出如下：

$$j_i(\phi) = \exp\left(\frac{\|\phi(t) - c_i\|^2}{2\sigma_i}\right) \qquad (5.4.19)$$

其中，σ_i 决定着该基函数围绕中心点的宽度，c_i 为隐含层第 i 个神经元的中心矢量，$\|\phi(t) - c_i\|$ 为向量 $\phi(t) - c_i$ 的欧几里得范数（2-范数），$\phi(t)$ 为 RBF 神经网络的输入层输出。

得到 RBF 神经网络隐含层输出后，计算 RBF 神经网络的总输出，对隐含层输出进行加权求和，最终求得非线性组成 f。RBF 神经网络的输出形式为

$$f = \sum_{i=1}^{N} j_i w_i^{\text{T}} \qquad (5.4.20)$$

其中，j_i 为隐含层第 i 个神经元节点的输出，w_i 为隐含层第 i 个神经元节点与输出层神经元节点的连接权重，N 为隐含层的节点数目。

在 DMP 模型的训练和学习过程中，其关键是对非线性函数 f，即 RBF 神经网络的高斯核函数权重 w_i 进行在线学习，从而得到精确的步态模型。

3. 基于最小二乘法的 RBF 神经网络参数训练

用 RBF 神经网络表示非线性函数 f，需要对 RBF 网络的参数进行训练。如何有效辨识 RBF 神经网络中的参数，即隐含层到输出层的权重 w，完成步态模型的实时学习与更新，是本节的主要研究内容。这里采用传统的最小二乘方法，初始化 DMP 模型，根据患者的主动步态实现对 RBF 参数的更新与学习，实现 RBF-DMP 步态生成器的训练。

采集上一周期患者的健肢步态，即关节运动曲线 θ_d，将 θ_d 作为学习目标曲线，计算得到非线性函数 f 的拟合目标如下：

$$f_g = \tau \dot{\theta}_d - \beta(\theta_m - \theta_d) \qquad (5.4.21)$$

其中，RBF 神经网络输入、输出样本总数目 M 为 300，基于 RBF 神经网络完成对 f_g 参数曲线的学习，下面将 RBF 神经网络表示为线性回归方法，如下：

$$f(t) = \sum_{i=1}^{N} j_i(t) w_i(t) + e(t) \qquad (5.4.22)$$

其中，N 为隐含层的节点数目，这里为 10；$f(t)$ 为 RBF 神经网络在时刻 t 的输出；$w_i(t)$ 为第 i 个隐含层到输出层的参数；$e(t)$ 为其逼近误差项；$j_i(t)$ 为第 i 个输入量，对应于第 i 个隐含层节点的输出，其值由当前 DMP 振荡器的相位 $\phi(t)$ 确定，如下：

$$j_i(t) = \exp\left(\frac{\|\phi(t) - c_i\|^2}{2\sigma_i}\right) \tag{5.4.23}$$

为了方便应用最小二乘算法，将 RBF 神经网络组成结构，进一步描述为矩阵形式：

$$F_g = JW + E \tag{5.4.24}$$

其中，$F_g = [f_g(1), f_g(2), \cdots, f_g(M)]^T$ 为样本中的期望输出向量，$W = [w_1, w_2, \cdots, w_N]^T$ 为权重向量，E 为误差项向量，M 为样本总数目，N 为隐含层的节点数目，这里为 10，数据输入矩阵 J 可表示为

$$J = \begin{bmatrix} j_1(1) & j_2(1) & \cdots & j_N(1) \\ j_1(2) & j_2(2) & \cdots & j_N(2) \\ \vdots & \vdots & & \vdots \\ j_1(M) & j_2(M) & \cdots & j_N(M) \end{bmatrix}$$

设置代价函数为

$$g = \frac{1}{2}\|F_g - JW\|^2 \tag{5.4.25}$$

经过最小二乘法推导，则可得

$$\overline{W} = [J^T J]^{-1} J^T F_g \tag{5.4.26}$$

为防止陷入奇异计算，设置代价函数，在代价函数后增加正则项，提高回归学习的防过拟合能力。

$$g = \frac{1}{2}\|F_g - JW\|^2 + \lambda\|W\|^2 \tag{5.4.27}$$

其中，λ 为惩罚项系数，最终所得的参数表示为

$$\overline{W} = [J^T J + \lambda I]^{-1} J^T F_g \tag{5.4.28}$$

其中，λ 取 0.005，通过辨识学习得到的参数，准确预测出非线性组成部分 $f(t)$。当 $f(t)$ 趋近于 f_g 时，学习误差越小，精确度越高，表示模型学习性能越好。

4. 步态规划结果

为展现本书提出的 RBF-DMP 振荡器步态学习方法效果，本节拟从两部分进行展开。完成对 RBF-DMP 振荡器的学习与训练，并与 LWR-DMP 振荡器对比；基于 RBF-DMP 振荡器，实现康复步态在线学习、生成的仿真。其中，μ、k、β 均设置为 1.0，$\tau = 3/2\pi$。

1）RBF-DMP 振荡器的训练

由 RBF 神经网络自适应产生相应的非线性信号，激励 DMP 振荡器学习上一

周期的下肢步态数据，训练得到 RBF-DMP 振荡器。应用在当前周期中产生步态信号，驱动下肢康复型外骨骼牵引患者下肢运动。

为说明该方法的有效性，需关注其学习误差，当学习误差尽可能小、拟合程度高、学习输出曲线逼近于期望曲线时，该方法的优越性、可靠性越高。基于此，对采集得到的步态数据截取某一周期，作为参考期望曲线，采用 RBF-DMP 振荡器进行学习。非线性函数 f 使得 RBF-DMP 振荡器具有对复杂运动的建模能力，这里给出参考输入 f_g，以及 RBF 神经网络学习的输出函数 f，如图 5.4.13 所示。

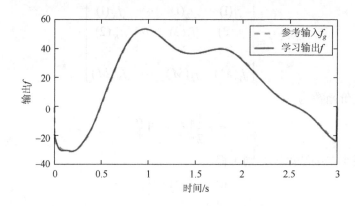

图 5.4.13　非线性函数 f 曲线

这里将 LWR-DMP 振荡器作为对比方法，即利用文献[45]提出的 LWR 回归方法对非线性函数 f 进行辨识，实现对步态曲线建模，用于说明提出的 RBF-DMP 振荡器步态学习方法的有效性。

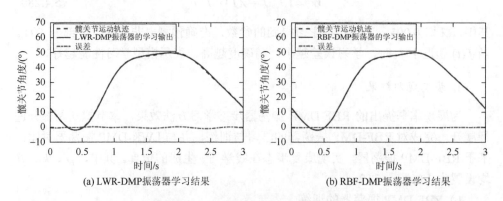

(a) LWR-DMP振荡器学习结果　　　　　　　(b) RBF-DMP振荡器学习结果

图 5.4.14　DMP 振荡器学习比较结果

　　从图 5.4.14 可以发现，以上两种方法即 LWR-DMP 振荡器与 RBF-DMP 振荡器步态学习方法，均能取得相对较好的学习成果。然而，可以发现采用 LWR-DMP 振荡器的学习误差较大，在学习过程中，存在欠拟合的现象，因此无法充分描述步态数据。RBF-DMP 振荡器学习方法具有更好的优越性，学习误差更小，对期望曲线的学习能力更强，拟合程度更高。

　　2）步态运动的在线学习与生成

　　通过以上学习误差的对比可以发现，RBF-DMP 振荡器具有一定的优越性，并将其应用于本次步态规划中。假设左腿为健肢，右腿为障肢，完成对左健肢髋、膝关节步态轨迹的周期性采集、在线学习，并实时应用于右障肢。具体实施细节为，采集左健肢的上一周期髋、膝关节步态数据，经过滤波、插值等处理之后，由提出的 RBF-DMP 振荡器学习方法对步态数据进行学习训练，并在当前周期内，由 RBF-DMP 振荡器模拟输出，作为残障腿的期望步态，即下肢康复型外骨骼的参考步态运动，由下肢外骨骼牵动右障肢完成康复。

　　第一个周期的步态信号设置为，大小腿长度类似的正常人体步态。并对 RBF-DMP 振荡器进行初始训练，采用 RBF-DMP 振荡器的输出作为下肢外骨骼的期望位置信号。

　　基于 MATLAB/Simulink 环境下搭建仿真，如图 5.4.15 所示，包括人体步态生成模块、步态实时采集模块、DMP 振荡器学习模块、DMP 振荡器预测模块、下肢外骨骼期望轨迹。

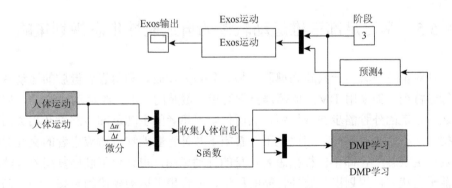

图 5.4.15　RBF-DMP 振荡器步态规划 Simulink 图

　　其中步态周期设置为 3s，人体健肢步态数据为来自左健肢的步态轨迹，步态采集模块实时采集步态数据，作为 RBF-DMP 振荡器的参考学习步态，并完成振荡器的学习与训练，在当前周期由 RBF-DMP 振荡器预测输出，作为下肢外骨骼右腿的参考轨迹。

在 RBF-DMP 振荡器的步态规划方法中，通过学习、模拟人体左健肢的步态轨迹映射到右障肢，完成下肢外骨骼的右肢髋、膝关节轨迹规划如图 5.4.16 所示。其中来自患者的步态轨迹，即左健肢髋、膝关节产生的步态轨迹如图 5.4.16（a）所示。

可以发现，学习、模拟上一周期左健肢的步态轨迹，用于规划当前周期下肢康复型外骨骼的右腿关节轨迹，RBF-DMP 振荡器取得了较好的步态规划结果。如采集 0～3s 的左健肢步态数据，由于左右腿步态相位相差半个步态周期，规划 4.5～7.5s 的右障肢步态，并作为下肢外骨骼右腿参考步态运动，如图 5.4.16（b）所示。

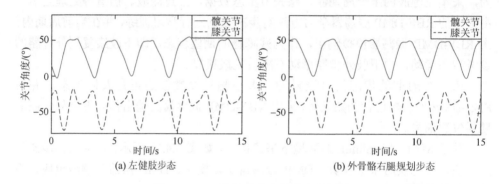

(a) 左健肢步态　　　　　　　　　　　　　　(b) 外骨骼右腿规划步态

图 5.4.16　下肢外骨骼右腿步态规划图

5.5　学习足部三维运动轨迹的自适应性步态规划策略

针对偏瘫患者，一只腿为健肢，另一只腿为障肢。利用患者健肢的运动特点和行走特征，如采用 DMP 振荡器自学习患者健肢的足部三维运动轨迹[88]，应用于之后行走的外骨骼步态规划中。然而仅学习患者的主动足部步态以及相关历史数据，是不完全可靠的，相比之下，希望下肢外骨骼能够自适应患者的交互意图以及行走状态[89]，即不仅根据患者自身的行动意图，也结合下肢康复型外骨骼的当前平衡状态，规划出下肢外骨骼的稳定、适合患者运动规律的步态运动，满足稳定性、自适应性[88]。

为此研究出一种能够利用患者自身的步态特征、行走特点，自适应患者的行走意图，自适应地调整平衡的步态规划方法，在提升康复效果、康复体验方面，显得极其重要，这也是本节的研究核心、创新之处。本节基于 ZMP 稳定性理论和改进的 iDE AHopf 振荡器，提出一种学习足部三维运动轨迹的自适应性步态规划策略。

5.5.1　学习足部三维运动轨迹的自适应性步态规划策略框架

本节提出一种学习足部三维运动轨迹的自适应性步态规划策略，如图 5.5.1 所示。其中自适应性体现在，通过结合患者的行走特点，在线学习、模拟患者健肢的足部摆动轨迹，同时根据患者的行动意图、行走平衡，自适应调整期望的康复步态，防止行走失衡，造成二次伤害，此处采用 ZMP 稳定衡量行走稳定性。假定左腿为健肢，右腿为障肢，均由下肢康复型外骨骼驱动，患者健肢具有运动能力，可产生自主足部运动。从图中可以发现，该策略可分为两个部分：步态规划层和步态控制层。

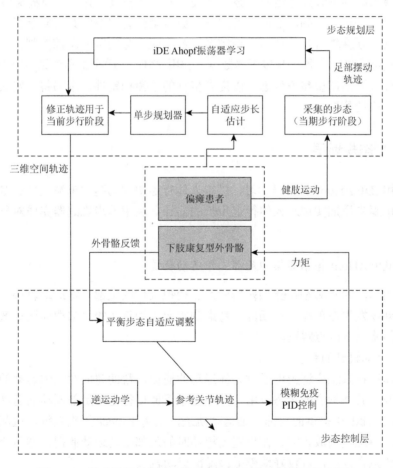

图 5.5.1　学习足部三维运动轨迹的自适应性步态规划策略框架

在步态规划层中，实现下肢康复型外骨骼对患者足部三维运动轨迹的学习。应用患者健肢前期步行阶段采集记录的足部运动轨迹，将其作为患者特有的运动特征，通过提出的 iDE AHopf 振荡器方法，实现对足部三维运动轨迹的学习、模拟。首先，为自适应患者行走意图，结合自适应步长估计方法，完成对 iDE AHopf 振荡器输出的调整、修正，将其作为下肢康复型外骨骼在三维空间下的参考足部摆动轨迹，并应用到当前步行阶段的规划步态中。其次，单步规划器通过结合当前运动状态，生成质心（CoG）的运动轨迹。最后，在每次步行阶段中，记录患者健肢足部的主动运动轨迹，用于后续步行阶段。

在步态控制层中，实现下肢康复型外骨骼对行走步态的自适应平衡调整。在步态控制策略中，三维空间中的足部运动轨迹和质心（CoG）运动轨迹通过逆运动学结果求解为下肢外骨骼髋、膝、踝关节的参考轨迹，并结合模糊免疫 PID 控制器用于跟踪运动控制。然而，考虑下肢康复型外骨骼系统具有复杂多变性、系统混杂性、强度耦合性等特点，控制器很难完成十分完美的跟踪控制，通过检测外骨骼实际反馈，即各关节传感器数据，利用 ZMP 自适应调整理论，用于在线调整下肢外骨骼的期望参考步态，以提高步行的平衡稳定性，本书将其定义为平衡步态自适应调整技术。

5.5.2　步态规划层

采用 iDE AHopf 振荡器学习、模拟人体行走中摆动腿的末端足部三维运动轨迹，在单腿支撑期实现对人体行走步长的估计，利用单步规划器完成对质心的规划过程。

1. iDE AHopf 振荡器模拟足部三维运动轨迹

采用提出的 iDE AHopf 振荡器学习、模拟人体的足部三维运动轨迹，足部的摆动运动仅发生在单腿支撑期内。考虑到需要较为真实的足部摆动运动数据，本节内容围绕以下两点阐述。

1）足部轨迹的获取

动作捕捉系统广泛应用于对人体运动的捕捉，帮助完成对人体运动的仿生模拟，以及下肢外骨骼的步态应用，其中也不乏捕捉行走中足部摆动的运动轨迹，这里采用文献[90]提供的足部三维运动轨迹，采用 Kinect 采集系统，检测、分析人体运动情况，完成正常人体单腿支撑期时的足部摆动运动捕捉；然后介绍了足部轨迹的拟合方法，可较好地模拟该足部运动轨迹。

在文献[80]中，足部摆动时前进方向为匀速前进，关于时间变量满足 $x_a(t) = mt$ 关系；竖直方向关于前进方向的关系 $y_a(x)$ 则为一个 7 维多项式，即

$$y_a(x) = \sum_{i=1}^{7} p_i x^i \qquad (5.5.1)$$

设定如下约束。在单腿支撑期中，足部摆动过程从准备离地到刚好触地，步长为 L，且离地、触地的速度均为 0，则满足

$$y_a(0) = 0, \quad y_a(L_{\text{step}}) = 0, \quad y_a'(0) = 0, \quad y_a'(L_{\text{step}}) = 0 \qquad (5.5.2)$$

同时在摆动过程中，脚踝必须远离地面，以避免在摆动阶段直接与地面接触。设 L_k 为 X 轴上脚踝最大抬高的点。

$$y_a(L_k) = 0, \quad y_a'(L_k) = 0 \qquad (5.5.3)$$

在摆动过程中存在两个拐点（inflection point）即 L_m、L_n，在此拐点之后，会发生减速，迫使脚踝停止。因此认为在这两个拐点处加速度为零。

$$y_a''(L_m) = 0, \quad y_a''(L_n) = 0 \qquad (5.5.4)$$

通过以上关系可获得正常人体的足部摆动轨迹，如图 5.5.2 所示。

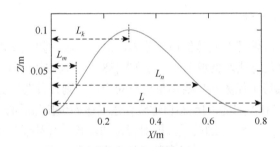

图 5.5.2　正常足部的三维摆动轨迹

2）足部轨迹的生成

振荡器学习在模拟人体运动中被大量研究应用，此处根据患者的行走特点，结合期望的步长 L，采用训练好的 iDE AHopf 振荡器去模拟相应的运动轨迹。

由上可知，足部运动为二维运动，即前进方向、竖直方向，采用两个 iDE AHopf 振荡器对前进、竖直方向的时变运动进行学习，从而模拟出相应方向的运动。在 iDE AHopf 振荡器结构中，通过调节各个振荡子的振幅、振频，模拟输出不同轨迹，其中多个 Hopf 振荡子组合加权的方式来获得学习输出 $\theta_{\text{learn}}(t)$ 表示如下：

$$\theta_{\text{learn}}(t) = \sum_{i=0}^{N} \alpha_i r_i \cos \phi_i \qquad (5.5.5)$$

通过对每一个训练好的 Hopf 振荡子的系数 a_i 进行乘积增益 k'，实现对不同步长 L 下足部摆动运动的模拟和修正。

$$\hat{\theta}_{\text{learn}}(t) = k'\theta_{\text{learn}}(t) = k'\sum_{i=0}^{N} \alpha_i r_i \cos \phi_i \qquad (5.5.6)$$

令前进方向、竖直方向的乘积增益分别为 k_x'、k_z'。在前进方向上，对 iDE AHopf 振荡器的输出进行模拟，根据估计的下一步步长 L，通过修正 k_x' 值，实现对前进方向轨迹的模拟，而竖直方向的 k_z' 为 1。最终模拟出不同步长下的足部摆动轨迹，如图 5.5.3 所示，对应的 k_x' 值依次为 0.5、0.5625、0.625、0.6875、0.75。

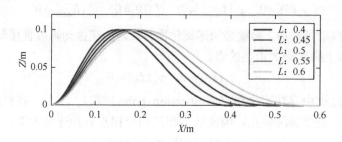

图 5.5.3　足部摆动轨迹（不同步长 L）

2. 自适应步长估计

行走中外骨骼应保持对人体的适应能力，即当患者期望改变步态时，外骨骼可以根据患者的意愿适时地调整步态。参考文献[88]，在人体和外骨骼配合行走中，如果患者由于环境或特定任务而想要调整自己的步伐，则外骨骼应具有在线适应患者步态的能力。文献[81]将步态的动态自适应补偿描述为步长与质心（CoG）投影之间的关系，即对行走的步长进行补偿估计，通过质心投影来描述穿戴者的行走需求。

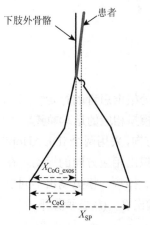

图 5.5.4　步长与 CoG 投影关系图

本书参考该文献，提出一种基于患者运动意图的自适应步长估计方法，在双腿支撑期，根据患者质心的运动意图，估计出期望的行走步长 L，如图 5.5.4 所示。通过捕捉患者的质心投影点运动位置 X_{CoG}，下肢外骨骼质心投影点位置 X_{CoG_exos}，以及当前行走支撑域的最大地面投影长度 X_{SP}，在本处也就是当前的步长。

其中，令 $\Delta = X_{CoG} - X_{CoG\_exos}$，并制定如下规则：当 $\Delta > 0$，即患者质心位置超前于外骨骼质心位置时，认为患者需要增大步长 L；当 $\Delta < 0$，即患者质心位置滞后于外骨骼质心位置时，认为患者需要减小步长 L。

基于该规则，现提出步长自适应估计方法如下：

$$L_i = L_{i-1} + \alpha \left(\hat{X}_{CoG} - \frac{X_{CoG}}{X_{SP}} \right) \tag{5.5.7}$$

利用步长与质心（CoG）投影之间的动态关系，在线校正每一次的行走步长 L，以适应于患者的行走意图。不同于文献[91]，本处实时更新参数，表示下一步的步长估计仅与上一步的步长有关，提高了估计的准确性。

其中，i 为行走步数，L_{i-1} 为第 $i-1$ 步的步长，L_i 为第 i 步的步长估计，X_{CoG} 为患者质心（CoG）在地面投影点的位置，X_{SP} 为当前行走支撑域的地面投影长度，由于下肢外骨骼为双足行走机构，则满足 $X_{SP}=L_{i-1}$，其中 α 和 $\hat{X}_{CoG}$ 为步长估计参数，且满足

$$\hat{X}_{CoG}=\frac{X_{CoG\_exos}}{L_{i-1}} \qquad (5.5.8)$$

其中，X_{CoG_exos} 为下肢外骨骼质心投影点位置，α 为-0.25，可满足提出的步长估计规则。另外设定了步长的上界和下界，始终保证估计的步长满足 $0.2 \leqslant L_i \leqslant 0.4$，当 L_i 超过阈值时，步长设置为该阈值。

3. 单步规划器的设计

在双腿支撑期间，基于估计出的期望行走步长 L，结合当前质心位置、速度、加速度等状态，生成下一步迈步行走时对应的质心轨迹。在文献[88]中，单步规划器结构为：将下肢外骨骼简化为三维倒立摆模型，观察此刻质心起始的位置信息以及期望的终点位置，完成质心轨迹的单步规划。

首先将下肢外骨骼同人体等效于桌子-小车模型，在双腿支撑期中，设计期望 ZMP 轨迹，然后通过传统预测控制算法，生成质心轨迹。其中，基于已建立的离散状态空间运动方程

$$\begin{aligned} x_{k+1} &= Ax_k + Bu_k \\ p_k &= Cx_k \end{aligned} \qquad (5.5.9)$$

同时控制输入为

$$u(k)=K_s\sum_{i=0}^{k}e_x(i)-K_xx(k)+\sum_{i=1}^{N_L}G(i)p^{ref}(k+i) \qquad (5.5.10)$$

其中，K_s、K_x、$G(i)$ 部分参数的求取已在第 3 章介绍，此处不多余说明。在每一次双腿支撑期，记录其质心的位置信息，如质心的位置、速度、加速度等信息，作为 $x(k)$ 的初始状态。根据估计得到的步长以及初始质心状态，实时规划出未来期望的 ZMP 轨迹、质心运动结果，实现行走过程的全局稳定性。

5.5.3　步态控制层

在步态控制层中，由 iDE AHopf 振荡器生成的摆脚轨迹以及质心（CoG）运

动轨迹，通过使用逆运动学模型获得参考关节轨迹 $\varTheta^*$。然而考虑到将复杂多连杆外骨骼模型，简化成桌子-小车模型，很难描述真实的 ZMP 稳定性。

此外，实际行走中存在的干扰，以及模糊免疫 PID 控制器存在较小的跟踪误差，都极可能导致外骨骼无法实现理想的步态平衡性能，甚至超出步行稳定区域的范围，从而失去行走平衡。该步态控制层策略如图 5.5.5 所示，其主要包括步态控制器的设计、平衡步态自适应调整技术两个部分。

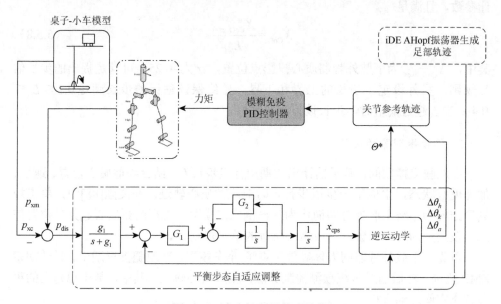

图 5.5.5　步态控制层策略结构

1. 步态控制器的设计

步态控制器用于对各关节的轨迹实现跟踪。模糊免疫 PID 控制器[92, 93]应用在很多领域，实现对轨迹的跟踪研究。模糊免疫 PID 控制算法结构如图 5.5.6 所示。

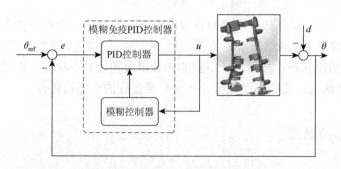

图 5.5.6　模糊免疫 PID 控制算法结构

　　免疫反馈原理指的是，抗原入侵机体时，刺激信息传递给 T 细胞（分别为辅助细胞 TH 和抑制细胞 TS），并刺激骨髓 B 细胞，生成抗体作用于抗原。当抗原较多时，TS 细胞偏多，TH 细胞偏少，产生较多的 B 细胞（抗体）；当抗原较少时，TS 细胞减少，TH 细胞增多，相应 B 细胞即抗体减少。彼此调节，合作消灭抗原，直至免疫系统恢复稳定。因此体内的 TH 细胞和 TS 细胞的调节过程，可看作免疫应答的正、负反馈过程。

　　在免疫系统中，假设第 k 代的抗原数量为 $\varepsilon(k)$，抗原刺激的 TH 细胞为 $T_H(k)$，TS 细胞对 B 细胞的影响为 $T_S(k)$，则 B 细胞接收的总刺激 $S(k)$ 为

$$S(k) = T_H(k) - T_S(k) \qquad (5.5.11)$$

其中

$$\begin{aligned} T_H(k) &= k_1 \varepsilon(k) \\ T_S(k) &= k_2 f(S(k), S(k-1)) \varepsilon(k) \end{aligned} \qquad (5.5.12)$$

得

$$S(k) = (k_1 - k_2 f(S(k), S(k-1))) \varepsilon(k) \qquad (5.5.13)$$

　　相比控制器，免疫系统中的 $\varepsilon(k)$ 同比于控制偏差 $e(k)$，$S(k)$ 可认为控制输入 $u(k)$。

$$u(k) = K(1 - \eta f(S(k), S(k-1))) e(k) = K_{p1} e(k) \qquad (5.5.14)$$

其中，$K = k_1$ 为比例参数，用于控制反应速度，$\eta = k_2 / k_1$ 为抑制参数，用于调节稳定效果。PID 控制器中的比例系数满足 $K_{p1} = K(1 - \eta f(u(k), u(k-1)))$。

　　考虑到模糊控制器具有较好的非线性拟合能力，这里选用其来模拟免疫系统，即逼近于 $f(u(k), u(k-1))$。其中模糊输入为 $u(k)$ 和 $u(k) - u(k-1) = \Delta u(k)$，其中每个输入量采用 P 和 N 模糊集模糊化，输出量用 P、Z、N 三个模糊集模糊化。

　　根据细胞接受的刺激越大则抑制能力越小和细胞接受的刺激越小则抑制能力越大的人体免疫系统原则，制定如下模糊控制规则。

　　（1）免疫应答处于促进阶段，If $u(k)$ and $\Delta u(k)$ is PB then $f(u(k)，\Delta u(k))$ is NB。

　　（2）从促进阶段向抑制阶段转化，If $u(k)$ is PB and $\Delta u(k)$ is NB then $f(u(k)，\Delta u(k))$ is ZO。

　　（3）应答处于抑制阶段，If $u(k)$ is NB and $\Delta u(k)$ is PB then $f(u(k)，\Delta u(k))$ is ZO。

　　（4）从抑制阶段向稳定阶段转化，If $u(k)$ and $\Delta u(k)$ is NB then $f(u(k)，\Delta u(k))$ is PB。

　　根据以上免疫阶段的系列行为，依次设计模糊器内部隶属度函数，如图 5.5.7 所示。

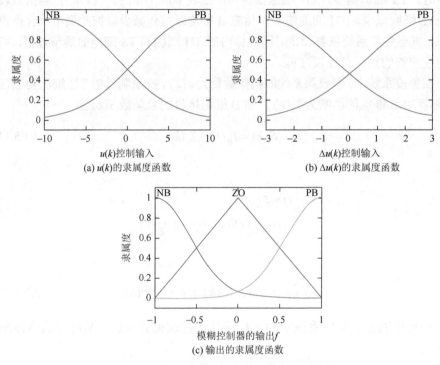

(a) $u(k)$ 的隶属度函数

(b) $\Delta u(k)$ 的隶属度函数

(c) 输出的隶属度函数

图 5.5.7　模糊控制器的输入、输出隶属函数

　　综上可得，模糊免疫 PID 控制器的输出为

$$u(k) = u(k-1) + K_{p1}(e(k) - e(k-1)) + \frac{K_{p1}}{T_i}e(k)$$
$$+ K_{p1}T_d(e(k) - 2e(k-1) + e(k-2))$$

（5.5.15）

其中，T_i 为积分时间系数，T_d 为微分时间系数。此模糊免疫 P 控制器在模糊 PID 控制的基础上，通过模糊输出调节比例系数 K_p，也对积分系数和微分系数产生微调的影响。

2. 平衡步态自适应调整技术

　　由于控制器可能会出现不可避免的控制误差，很有可能会造成外骨骼失去平衡，为此需要设计一种平衡步态的自适应调整算法。平衡步态自适应调整技术的目标为，根据当前平衡状态误差，实时调整下肢外骨骼各关节的期望运动轨迹，使其尽可能保持平衡，提高行走的稳定性。

具体原理如图 5.5.8 所示，其中基于文献[87]的方法，实时检测下肢外骨骼的实时反馈状态，如各关节检测得到的角度位置状态，并计算当前下肢外骨骼行走的 ZMP 值 p_{xm}：

$$p_{xm} = \frac{\sum_{i=1}^{N} m_i((\ddot{z}_i + g)x_i - z_i\ddot{x}_i)}{\sum_{i=1}^{N} m_i(\ddot{z}_i + g)} \qquad (5.5.16)$$

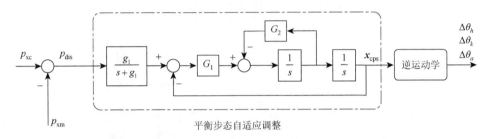

图 5.5.8　平衡步态自适应调整策略

然后，结合根据行走当前的 ZMP 误差，即下肢外骨骼的实际 ZMP 值与参考 ZMP 的跟踪误差设为 p_{dis}，经由图 5.5.8 表明方法和式（5.5.17），对 p_{dis} 计算处理，产生外骨骼质心校正量 x_{cor}，经由逆运动学公式 $f(x_{cor})$，获得各个关节的调整量 $\Delta\theta$。此处 $g_1 = 4.01$，$G_1 = 1$，$G_2 = 2$。公式如下：

$$p_{dis} = p_{xref} - p_{xm}$$

$$\hat{p}_{dis} = \frac{g_1}{s + g_1} p_{dis}$$

$$\ddot{x}_{cor} = G_1(\hat{p}_{dis} - x_{cor}) - G_2\dot{x}_{cor} \qquad (5.5.17)$$

$$\Delta\theta = f(x_{cor})$$

在得到 $\Delta\theta$ 之后，将其与由逆运动学求解的下肢外骨骼关节参考步态相加，用于实时调整各关节的期望参考轨迹，使得平衡行走中能够自适应调整至最佳的 ZMP 稳定状态。

5.5.4　步态仿真结果

本书拟从五个角度诠释该方法，该方法在模拟患者运动特征的同时，尽可能满足 ZMP 稳定性这一特性，并证实了该方法的优越性和可靠性。其中，仿真框图如图 5.5.9 所示，在 MATLAB/Simulink 中进行，规划出在水平路面辅助行走的康复步态，并假定支撑腿足部同地面之间摩擦力足够大，不会发生相对滑动，满足稳定行走条件。首先采用 iDE AHopf 振荡器对提前记录的患者足部三维运动轨迹，完成学习、模拟；其次估计患者行动意图，修正为最终的行走步长、足部轨迹；步态生成器结合足部三维运动轨迹、平衡步态自适应调整方法、逆运动学方法，完成各关节轨迹的规划；最后由模糊免疫 PID 控制器，完成轨迹跟踪控制。在康复行走期间，记录患者健肢的足部轨迹，作为患者后期康复阶段的足部轨迹，用于学习。

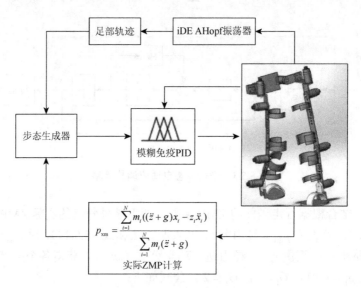

图 5.5.9　仿真流程图

1. 单步步长估计结果

步长估计结果如表 5.5.1 所示，步态周期为 2s，从 6s 开始即从第 4 步开始，步长实现自适应调节。在双腿支撑期间，设置某一随机偏置位移 Δ，其物理意义为患者质心投影与下肢外骨骼质心投影的偏差（$\Delta = X_{\text{CoG}} - X_{\text{CoG\_exos}}$），用于模拟人体的运动意图，进而表现为下一步估计的步长增长或减短。从结果可以直观地发现，当 $\Delta > 0$ 时，下一步的步长相比上一周期增加；当 $\Delta < 0$ 时，下一步的步长相比上一周期减少。

表 5.5.1　步长估计结果

步数	L_i	Δ
1	0	
2	0.32	
3	0.32	0.0156

续表

步数	L_i	Δ
4	0.3322	−0.0464
5	0.2973	0.0349
6	0.3266	−0.0234
7	0.3087	0.0030

2. 摆动足部轨迹的生成

由 iDE AHopf 振荡器完成对足部三维运动轨迹的建模，即学习、模拟。通过提出的 iDE 算法实现对自适应 Hopf 振荡器结构优化，迭代寻找出适合患者的最佳参数。采用两个 iDE AHopf 振荡器对足部的前进方向、竖直方向轨迹进行建模，此处拟使用与患者肢体结构（大小腿长度）相似的摆动腿足部轨迹（图 5.5.2），作为患者的历史足部轨迹，对其进行周期性的学习，结合 iDE 优化算法，确定轨迹学习速度最快的参数。

这里仍然同 DE AHopf 振荡器进行对比，经过 150 次迭代学习，足部轨迹的学习误差如图 5.5.10 所示。此处的 ITASE 适应度定义为 ITASE 误差在前进和垂直方向上的平方和。比较 DE AHopf 振荡器学习算法，iDE AHopf 振荡器步态学习在迭代次数约为 40 代时，基本完成信号的学习收敛，这表明 iDE AHopf 振荡器学习算法学习速度更快，具有更为优越的性能。

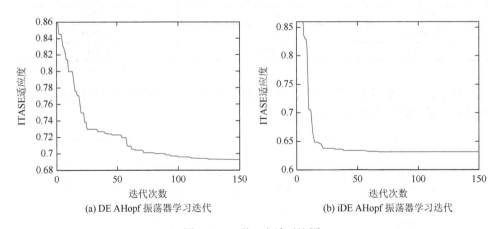

(a) DE AHopf 振荡器学习迭代　　　　　　(b) iDE AHopf 振荡器学习迭代

图 5.5.10　学习方法对比图

为说明 iDE AHopf 振荡器的有效性，这里同自适应 Hopf 振荡器学习方法、DE AHopf 振荡器学习方法进行周期性信号学习的比较，如图 5.5.11 所示。发现 iDE AHopf 振荡器学习误差，可以在一个步态周期中更快地收敛到所需的运动信号。

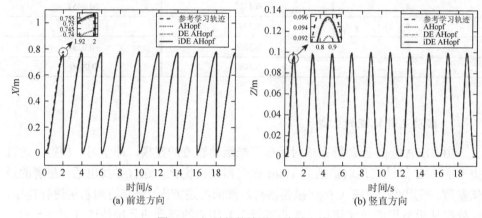

(a) 前进方向　　　　　　　　　　　　　　(b) 竖直方向

图 5.5.11　足部轨迹学习结果比较

同时，对比在各自学习方法下的 ITASE 误差，总结如表 5.5.2 所示。从表 5.5.2 可以看出，iDE AHopf 振荡器学习方法下的轨迹学习误差 ITASE，比自适应 Hopf 振荡器、DE AHopf 振荡器学习方法误差更小，进一步说明 iDE AHopf 振荡器学习方法的优越性。

表 5.5.2　基于 ITASE 的学习比较结果

振荡器	ITASE（前进方向）	ITASE（竖直方向）
AHopf	3.7814	2.3741
DE AHopf	2.1077	0.7809
iDE AHopf	1.8924	0.5231

最后，基于估计得到的步长，结合 iDE AHopf 振荡器完成对三维空间下足部摆动轨迹的模拟，如图 5.5.12 所示。

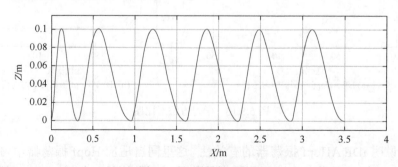

图 5.5.12　足部摆动轨迹

3. 控制器比较结果

将模糊免疫 PID 控制器和 PID 控制器的控制效果进行对比。由于在该步态规划策略中，轨迹跟踪控制器的控制性能将会影响各关节的期望规划轨迹，因此本处将基于相同正弦信号的跟踪效果，对左腿髋、膝、踝关节实现控制，实现对模糊免疫 PID 控制器、PID 控制器跟踪性能的比对，如图 5.5.13 所示。

从图中发现，该控制器在膝关节、踝关节的控制上，相比于 PID 控制器，能够及时跟踪期望曲线，保证了更好的跟踪精准度，在髋关节上，由于其耦合性较强，控制器性能则未得到足够好的结果。

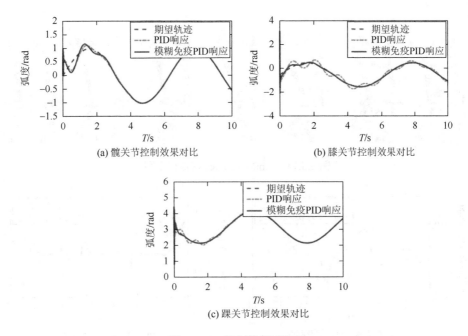

图 5.5.13　控制性能对比图

4. 轨迹跟踪结果

结合以上内容可规划出各关节轨迹，用于实时控制跟踪。随着行走地面环境的不同，机电噪声的复杂特性、交互力矩的多变性等都将造成控制器的跟踪误差，进一步导致规划的步态不同。此处为了模拟下肢外骨骼与人体下肢之间存在的交互作用，不妨采用正弦函数，即

$$\tau_h = 0.5\sin(2\pi t)N\cdot M \tag{5.5.18}$$

　　将其视为患者-外骨骼作用时的负载交变力矩，同时考虑到实际环境中可能存在的外界干扰，即图 5.5.6 的干扰参数 d，在此将噪声 d 设为常见的高斯随机信号，用于模拟实际工况下的噪声干扰，其中干扰噪声值范围为 $-2°\sim2°$，且满足均值为 0，方差为 0.001。这里给出在该仿真环境下的实时规划步态与跟踪控制效果。

　　在该 Simulink/SimMechanics 环境中（图 5.5.14），规划出左右腿的髋、膝、踝关节的轨迹，作为下肢康复型外骨骼参考运动，并由模糊免疫 PID 控制器实现对关节轨迹的跟踪，即完成下肢外骨骼的步态运动，如图 5.5.15 给出了左右腿各关节的规划及跟踪结果。从图中可以发现，模糊免疫 PID 控制器能及时跟踪期望关节轨迹。

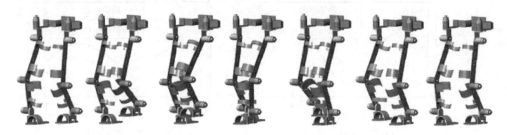

图 5.5.14　　SimMechanics 模拟行走图

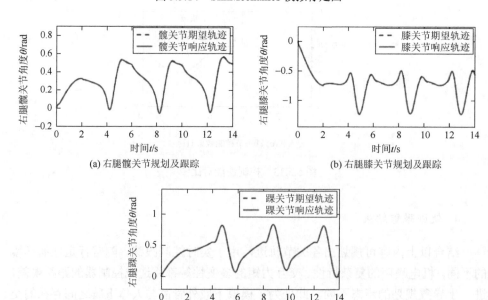

(a) 右腿髋关节规划及跟踪

(b) 右腿膝关节规划及跟踪

(c) 右腿踝关节规划及跟踪

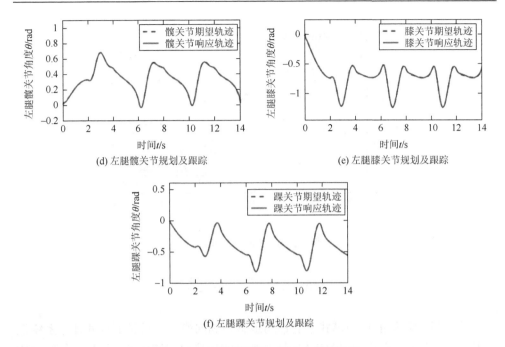

(d) 左腿髋关节规划及跟踪　　　　　　　(e) 左腿膝关节规划及跟踪

(f) 左腿踝关节规划及跟踪

图 5.5.15　下肢外骨骼双腿步态规划结果

5. ZMP 稳定性分析

本节考虑下肢外骨骼的 ZMP 稳定性。在行走中根据下肢康复型外骨骼的当前行走状态，实时对下肢外骨骼进行平衡步态自适应调整，使得步行中及时校正ZMP 误差，实现较好的平衡性。如图 5.5.16 所示，灰色区域即为 ZMP 稳定域，在此设定其为 ZMP 参考轨迹 ±0.12m 之间构成的区域，若实际 ZMP 值 [式 (5.5.14)] 满足在该区域内，则认为满足稳定性。图中 ZMP 实际值 1 表示无平衡步态自适应调整技术作用的 ZMP 实际值；而 ZMP 实际值 2 表示平衡步态自适应调整技术作用后的 ZMP 实际值。

从图 5.5.16 可以发现，由于控制器在驱动下肢外骨骼关节时存在误差，根据下肢外骨骼状态反馈计算得到的实际 ZMP 值，会出现较多毛刺，与光滑期望ZMP 轨迹有所不同，说明结合下肢外骨骼反馈状态来规划下肢步态轨迹，是很有必要的。

图中行走过程中的稳定性得到了保证，全局 ZMP 实际值一直满足位于 ZMP稳定域中。在双腿支撑期中，实际 ZMP 很容易出现剧烈抖动，也极容易导致 ZMP失衡现象，因此行走不稳定。显然，平衡步态自适应调整技术的应用使得 ZMP实际值抖动较小，当 ZMP 实际值强烈变化时，可以抑制其剧烈突变，降低 ZMP误差，改善其行走平衡性，可以获得较好的 ZMP 稳定效果。

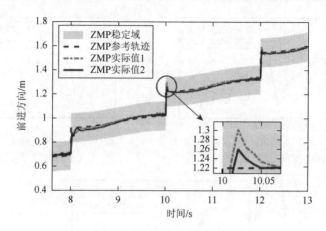

图 5.5.16　ZMP 规划轨迹

5.6　本 章 小 结

　　本章针对不同的运动模式下的辅助步态规划问题，分析了下肢外骨骼系统混杂特性，展开了步态规划研究工作。针对被动式的康复训练任务，设计了基于 ZMP 稳定性理论的稳定步态规划方法；针对特殊动作，如起立—坐下—起立、残疾人慢速运动、上下坡或者楼梯步态等动作，规划特定的步态轨迹；为使康复训练步态具有更好的适应性和自学习性，使其适用于具备一定运动能力的康复人群，本章设计了基于振荡器学习的学习性步态规划策略，包括 iDE AHopf 振荡器步态规划方法和 RBF-DMP 振荡器步态规划方法；为进一步设计能够利用患者自身的步态特征、行走特点，自适应患者的行走意图，自适应地调整平衡的步态规划方法，本章最终设计了一种学习足部三维运动轨迹的自适应性步态规划策略并实现完整的步态康复训练过程；所提方法的有效性和可行性均通过联合仿真进行了验证。

第6章 康复增力型下肢外骨骼运动控制方法研究

6.1 概　　述

对于康复训练模式，下肢外骨骼机器人根据所规划的基于各种康复运动轨迹辅助穿戴者进行康复训练；对于增力辅助模式，运动控制往往是内环控制和稳定性的重要保证，运动控制是决定外骨骼康复训练和增力辅助效果的核心，本章以极局部建模为出发点，构建不依赖人体-外骨骼交互动力学模型的无模型运动控制方法，并应用于康复增力型下肢外骨骼的实时辅助任务。

1. 极局部低阶模型的等效降阶建模

主要思路为对高阶系统，在任意微小时间内（如两采样点之间）采用较低阶模型替代原高阶模型：如以 SISO 的 n 阶高阶系统为例，其一般表达式为

$$y^{(n)} = f(y, \dot{y}, \cdots, y^{(n)}) + bu \qquad (6.1.1)$$

引入极局部低阶模型的等效降阶建模方法，可建模表示为

$$y^{(v)} = F + \alpha u \qquad (6.1.2)$$

其中，v 通常取为 1 或 2，α 为人为给定经验值，F 为极局部模型中表示原高阶系统的未知动态、外界扰动以及系统的参数变化量等集成总干扰。如图 6.1.1 所示，当 $v = 1$ 时，采用极局部低阶模型的等效降阶建模方法。

2. 基于时延估计的集成总干扰估计

为得到极局部模型中当前时刻 $F_{(t)}$ 值，基于该降价模型引入时延估计后，即采用当前时刻 t 的前一微小延时 ε 的 $(t-\varepsilon)$ 时刻的输入与输出值来估计被控系统的当前时刻未知 $F_{(t)}$ 而得名，其具体表达式如下：

$$F_{(t)} \approx \hat{F}_{(t)} = F_{(t-\varepsilon)} = y_{(t-\varepsilon)}^{(v)} - \alpha u_{(t-\varepsilon)} \qquad (6.1.3)$$

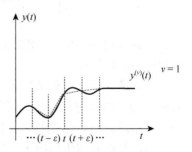

图 6.1.1　极局部模型等效降阶建模

其中，ε 一般可取为计算机系统的采样时间间隔，一般 ε 越小，估计精度越高。

3. 抗扰协同控制器

基于极局部模型降级与时延估计的新型抗扰协同控制器可定义为

$$u(t) = -\frac{\hat{F}_{(t)} - y_d^{(v)}(t) + u_c(t)}{\alpha} = -\frac{y_{(t-\varepsilon)}^{(v)} - \alpha u_{(t-\varepsilon)} - y_d^{(v)}(t) + u_c(t)}{\alpha} \quad (6.1.4)$$

其中，$y_d^{(v)}$ 为期望输出轨迹的 v 阶导数，u_c 为反馈控制率。反馈控制率 u_c 的设计可根据所选取的 v 值而定，当 $v=1$ 时，u_c 具有比例控制（P）的形式；当 $v=2$ 时，u_c 具有比例-微分控制（PD）的形式，而实际应用中一般取 $v=1$。

当 $v=1$ 时，该新型抗扰协同无模型控制器与经典 PID 控制相比，在参数设定及控制性能上有明显优势；与前期由 PFHS 混杂系统发展而来的循环迭代无模型 RMFC 的控制性能相比更加优越，控制器的设计更科学。

4. 输出及其高阶微分项（$y, \dot{y}, \cdots, y^{(v)}$）估计与滤波

值得注意的是，由于新型抗扰协同无模型控制器中需要使用测量输出 y 及其高阶微分项 $y^{(v)}$（其中 $v=0,1,2$），且输出信号 y 易受测量噪声等干扰的影响，不能直接用其数字微分对 $y^{(v)}$ 进行计算。为提高新型抗扰协同无模型控制器的精度，可构造基于系统输出 y 的滤波器，对系统输出及其高阶项进行估计与滤波，可考虑结合扩张状态观测器，高增益滑模观测器，或者二阶精确微分公式（second-order exact differentiation，SOED）对 $y^{(v)}$ 进行估计：

$$\begin{cases} \dot{z}_0 = v_0, \quad v_0 = z_1 - \lambda_1 |z_0 - y|^{0.5} \operatorname{sgn}(z_0 - y) \\ \dot{z}_1 = v_1, \quad v_0 = z_2 - \lambda_2 |z_1 - v_0|^{0.5} \operatorname{sgn}(z_1 - v_0) \\ \dot{z}_2 = -\lambda_3 \operatorname{sgn}(z_2 - v_1) \end{cases} \quad (6.1.5)$$

选择合适的 λ_i 值，SOED 可得：$z_0 = y$，$z_1 = \dot{y}$，$z_2 = \ddot{y}$，以期进一步提高抗扰协同控制器性能。

为提高人机交互外骨骼系统康复运动或增力的轨迹跟踪控制精度，针对微小时间滑动窗口内的时延估计误差 $\Delta F = F_{(t)} - F_{(t-\tau)}$，可进一步采用快速非奇异终端滑模控制或补偿时延误差估计的方法，进一步优化抗扰协同无模型控制器的性能与结构，从而发展出适用于下肢外骨骼人机共融系统的新型抗扰协同无模型控制策略与方法。

6.2　基于分数阶终端滑模的无模型自适应抗扰控制器

6.2.1　控制器设计

对于 n 自由度下肢外骨骼的动力学方程可以表示如下：

$$M(q)\ddot{q}+C(q,\dot{q})\dot{q}+G(q)+P(q,\dot{q})=\tau+\tau_h+\tau_d \tag{6.2.1}$$

其中，$q,\dot{q}$ 和 $\ddot{q}\in\Re^{n\times1}$ 分别为关节的角度位置、速度和加速度。$M(q)\in\Re^{n\times n}$ 为正定惯性矩阵，$0<\lambda_{\min}(M(q))\leqslant\|M(q)\|\leqslant\lambda_{\max}(M(q))$，$\lambda_{\min}$ 和 $\lambda_{\max}$ 分别为最小和最大特征值，$C(q,\dot{q})\in\Re^{n\times n}$ 为科氏力和向心力，$G(q)\in\Re^{n\times1}$ 为重力矩阵，$P(q,\dot{q})\in\Re^{n\times1}$ 为摩擦力，$\tau\in\Re^{n\times1}$ 和 $\tau_h\in\Re^{n\times1}$ 分别为关节转矩和人力转矩向量。$\tau_d\in\Re^{n\times1}$ 为未知的外部干扰。

为了实现时延估计，外骨骼的动态方程可以改写为

$$N\ddot{q}+\Pi(q,\dot{q},\ddot{q})=\tau \tag{6.2.2}$$

其中

$$\Pi(q,\dot{q},\ddot{q})=M(q)\ddot{q}-N\ddot{q}+C(q,\dot{q})\dot{q}+G(q)+P(q,\dot{q})-\tau_d-\tau_h \tag{6.2.3}$$

式（6.2.3）左侧变量表明外骨骼的所有未知动力学，N 为正恒定对角矩阵。外骨骼的跟踪误差方程可以表示为

$$N\ddot{e}+\Pi(q,\dot{q},\ddot{q})=\tau-N\ddot{q}_d，\quad \ddot{e}=N^{-1}(\tau-N\ddot{q}_d-\Pi(q,\dot{q},\ddot{q})) \tag{6.2.4}$$

其中，$e=q-q_d$ 为误差，q 和 q_d 分别为实际和期望的关节位置矢量。

使用时延估计和分数阶非奇异快速终端滑模的无模型控制设计包括两个主要步骤。第一步包括使用非奇异快速终端滑模构建合适的滑动面，并设计基于时延估计的无模型控制技术，使得系统状态在有限时间内达到规定的滑动流形。随后，为了提高控制器的性能，将分数阶与滑动面结合，然后通过时延估计开发无模型控制律。本节利用非奇异快速终端滑模的优点提出了一种新的滑动面：

$$S(t)=\dot{e}(t)+\eta_1 e(t)^{u/v}+\eta_2 e(t)^{\varphi}\operatorname{sgn}(e(t)) \tag{6.2.5}$$

其中，$S(t)\in\Re^{n\times1}$ 为滑模面，$\eta_1\in\Re^{n\times n}$ 和 $\eta_2\in\Re^{n\times n}$ 为正对角矩阵，u 和 v 为满足 $1<u/v<2$ 的正奇数，且 $\varphi>0$。滑动面的时间导数计算如下：

$$\dot{S}(t)=\ddot{e}(t)+\eta_1\frac{u}{v}|e(t)|^{(u-v)/v}\dot{e}(t)+\eta_2\varphi|e(t)|^{\varphi-1}\dot{e}(t) \tag{6.2.6}$$

确定滑模面后，将无模型控制方法用于受到未知外部干扰的下肢外骨骼的未知不确定动态。在前述理论的基础上，设计出基于时延估计和非奇异快速终端滑模（无模型非奇异快速终端滑模）的无模型控制律，用于外骨骼的未知动力学，其可以设计如下：

$$\tau(t) = \hat{\Pi} + N\ddot{q}_d - NKS(t)|S| - NK\mathrm{sgn}(S)^\mu |S|$$
$$-N\eta_1 \frac{u}{v}|e(t)|^{(u-v)/v}\dot{e}(t) - N\eta_2\varphi|e(t)|^{\varphi-1}\dot{e}(t) \tag{6.2.7}$$

其中，$\hat{\Pi}$ 代表时延估计，可以表示为

$$\hat{\Pi} = \Pi(q,\dot{q},\ddot{q})_{(t-\psi)} = \tau_{(t-\psi)} - N\ddot{q}_{(t-\psi)} \tag{6.2.8}$$

其中，$(t-\psi)$ 为有延时 ψ 的延迟值，K 为正定对角矩阵，$0 < \mu < 1$ 为正的常数。

注释 1：为了估计外骨骼的未知动态，建立了基于时延估计的无模型控制器。因此，无模型非奇异快速终端滑模可用来计算未知外部干扰下的不确定外骨骼动态的跟踪性能。

为了提高无模型非奇异快速终端滑模的收敛速度和跟踪性能，分数阶导数和分数阶积分与滑动面一起使用，可以改写为

$$S(t) = \dot{e}(t) + \mathcal{D}^{\alpha-1}\eta_1 e(t)^{u/v} + \mathcal{D}^\beta \eta_2 e(t)^\varphi \mathrm{sgn}(e(t)) \tag{6.2.9}$$

其中，$\mathcal{D}^\alpha$ 和 $\mathcal{D}^\beta$ 分别为分数导数和分数积分。$\alpha < 1$ 和 $\beta < 0$ 为分数阶。由分数阶性质，式（6.2.9）的时间导数可以计算如下：

$$\dot{S}(t) = \ddot{e}(t) + \mathcal{D}^\alpha \eta_1 e(t)^{u/v} + \mathcal{D}^\beta \eta_2 \varphi|e(t)|^{\varphi-1}\dot{e}(t) \tag{6.2.10}$$

关于分数阶的控制律式（6.2.7）可以修改如下：

$$\tau(t) = \hat{\Pi} + N\ddot{q}_d - \left(NKS(t)|S| + NK\mathrm{sgn}(S)^\mu |S| \right.$$
$$\left. + N\mathcal{D}^\alpha \eta_1 e(t)^{u/v} + N\mathcal{D}^\beta \eta_2 \varphi|e(t)|^{\varphi-1}\dot{e}(t) \right) \tag{6.2.11}$$

注释 2：将所提出的具有新型滑动面的无模型分数阶非奇异快速终端滑模控制方法应用于外骨骼机器人后，$\lim\limits_{t \to \infty} e \to 0$。

基于时延估计的无模型分数阶非奇异快速终端滑模控制结构如图 6.2.1 所示。

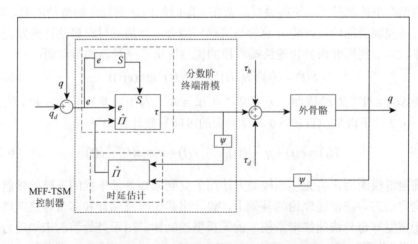

图 6.2.1 基于时延估计的无模型分数阶非奇异快速终端滑模控制结构

6.2.2　稳定性分析

定理 6.2.1　考虑存在不确定性和外部干扰的下肢外骨骼动态，结合所提出的滑动面，闭环系统轨迹将在基于时延估计的无模型控制律下在有限时间内收敛。

证明：考虑下面给出的李雅普诺夫函数

$$V(t) = \frac{1}{2} S(t)^{\mathrm{T}} S(t) \tag{6.2.12}$$

其时间导数如下：

$$\dot{V}(t) = S(t)^{\mathrm{T}} \dot{S}(t) \tag{6.2.13}$$

将控制律代入后可得

$$\dot{V}(t) = S(t)^{\mathrm{T}} \left(\ddot{e}(t) + \mathcal{D}^{\alpha} \eta_1 e(t)^{u/v} + \mathcal{D}^{\beta} \eta_2 \varphi \left| e(t) \right|^{\varphi-1} \dot{e}(t) \right) \tag{6.2.14}$$

进一步可得

$$
\begin{aligned}
\dot{V}(t) &= S(t)^{\mathrm{T}} \left(N^{-1}\tau - \ddot{q}_d - N^{-1} \varPi(q,\dot{q},\ddot{q}) + \mathcal{D}^{\alpha} \eta_1 e(t)^{u/v} + \mathcal{D}^{\beta} \eta_2 \varphi \left| e(t) \right|^{\varphi-1} \dot{e}(t) \right) \\
&= S(t)^{\mathrm{T}} \left(N^{-1}(\hat{\varPi} + N\ddot{q}_d - (N\mathcal{K}S(t)\left|S\right| + N\mathcal{K}\mathrm{sgn}(S)^{\mu}\left|S\right| \right. \\
&\quad \left. + N\mathcal{D}^{\alpha}\eta_1 e(t)^{u/v} + N\mathcal{D}^{\beta}\eta_2\varphi\left|e(t)\right|^{\varphi-1}\dot{e}(t)) - N\ddot{q}_d - \varPi(q,\dot{q},\ddot{q}) \right) \\
&\quad + \mathcal{D}^{\alpha}\eta_1 e(t)^{u/v} + \mathcal{D}^{\beta}\eta_2\varphi\left|e(t)\right|^{\varphi-1}\dot{e}(t) \right)
\end{aligned} \tag{6.2.15}
$$

通过以上等式的简化，且 $S^{\mathrm{T}}S = \left\|S\right\|^2$，$S^{\mathrm{T}}\mathrm{sgn}(S) = \left\|S\right\|$ 以及 $\mu \cong 1$，可得

$$\dot{V}(t) = -\mathcal{K}\left\|S\right\|^2 \left\|S\right\| - \mathcal{K}\left\|S\right\|\left\|S\right\| - N^{-1}\left\|\xi\right\|\left\|S\right\| \tag{6.2.16}$$

其中，$\xi = -(\hat{\varPi} - \varPi(q,\dot{q},\ddot{q}))$ 为采用时延估计后的误差，并且时延估计的误差 ξ 以 $\left|\xi_i\right| \leqslant \sigma_i$ 为界且 $\sigma_i > 0, i = 1,2,\cdots,n$，由于 $\mathcal{K} > 0$ 且 $N > 0$，因此整个系统的稳定性验证完成。

注释 3：要计算过渡时间，注意到 $\left\|S\right\|$ 与 $\left\|\xi\right\|$ 相乘，且他们的乘积在 $\mathcal{K} > N^{-1}$ 时是非常小的。那么，可以忽略 $N^{-1}\left\|\xi\right\|\left\|S\right\|$，可得如下微分结果：

$$\dot{V}(t) = -\mathcal{K}(\left\|S\right\|^2 + \left\|S\right\|)\left\|S\right\| \tag{6.2.17}$$

可以将式（6.2.17）重写为

$$
\begin{aligned}
\dot{V}(t) &\leqslant -(S(t)^{\mathrm{T}}\mathcal{K}S(t) - S(t)^{\mathrm{T}}\mathcal{K}\mathrm{sgn}S(t)^{\mu})\left\|S\right\| \\
&\leqslant -2\left\|S\right\|\lambda_m(\mathcal{K})\left(\frac{1}{2}S(t)^{\mathrm{T}}S(t)\right) - 2^{(\mu+1)/2}\left\|S\right\|\lambda_m(\mathcal{K})\left(\frac{1}{2}S(t)^{\mathrm{T}}S(t)\right)^{(\mu+1)/2}
\end{aligned} \tag{6.2.18}
$$

其中，$\lambda_m(\mathcal{K})$ 表示 $\mathcal{K}$ 的最小特征值。上式可进一步改写为

$$\dot{V}(t) \leqslant -2\|S\|\lambda_m(\mathcal{K})V - 2^{(\mu+1)/2}\|S\|\lambda_m(\mathcal{K})V^{(\mu+1)/2} \tag{6.2.19}$$

当 $t_0 = 0$ 时，过渡时间可以表述为

$$t_s \leqslant \frac{2}{\Omega_1(1-\mu)}\ln\left(1 + \frac{\Omega_1 V_0^{(1-\mu)/2}}{\Omega_2}\right) \tag{6.2.20}$$

其中，$\Omega_1 = 2\|S\|\lambda_m(\mathcal{K})$，$\Omega_2 = 2^{(\mu+1)/2}\|S\|\lambda_m(\mathcal{K})$。

由于 $-(\|S\|^2\|S\| + \|S\|\|S\|) \leqslant -\|S\|^2\|S\|$，有如下公式成立：

$$\dot{V}(t) = -\mathcal{K}\|S\|^2\|S\|，\quad \dot{V}(t) = -\sqrt{2}\mathcal{K}\|S\|^2\left(\frac{\|S\|}{\sqrt{2}}\right) \tag{6.2.21}$$

可以得到以下不等式：

$$\dot{V}(t) \leqslant -\zeta V^{1/2} \tag{6.2.22}$$

其中，$\zeta = \sqrt{2}\mathcal{K}\|S\|^2$。当 $t_0 = 0$ 时，到达时间可以计算如下：

$$t_r = \frac{2V_0^{1/2}}{\zeta} \tag{6.2.23}$$

显然 t_s 和 t_r 与 $\mathcal{K}$ 成反比，$\mathcal{K}$ 与 τ 成正比。因此，为了同时获得有限时间收敛和闭环系统稳定性，应该选择合适的 $\mathcal{K}$ 值。

6.2.3　数值仿真

在 MATLAB/Simulink 软件中使用龙格-库塔求解器得到了仿真结果，固定步长选为 0.001s。首先，讨论了具有未知外部干扰的不确定二自由度（单腿）和四自由度（五连杆双腿）下肢外骨骼的模型。之后，定义了所提出的控制方法（无模型分数阶快速终端滑模）的参数，并且为了验证所开发方法的有效性，与分数阶快速终端滑模技术分别应用于二自由度和四自由度外骨骼动力学的仿真结果进行了比较。下面给出了 M，C 和 G 形式的外骨骼的四自由度（五连杆双腿）动力学模型：

$$M = [M]_{ij} = \kappa_{ij}\cos(q_i - q_j)，\quad C = [C]_{ij} = \kappa_{ij}\sin(q_i - q_j)\dot{q}_j，\quad G = [G]_i = g_i\sin(q_i)$$

其中，$i = 1,2,3,4,5$; $j = 1,2,3,4,5$，$g_i = m_i d_i g + \chi_i\left(\displaystyle\sum_{n=i+1}^{5} m_n\right)l_i g$；当 $i = 3$ 时，$\chi_i = 0$；

当 $i = 1, 2, 4, 5$ 时，$\chi_i = 1$。

$$\kappa_{ij} = \begin{cases} I_i + m_i d_i^2 + \chi_i \left(\sum_{n=i+1}^{5} m_n \right) l_i^2, & j = i \\ \chi_i m_j d_j l_i + \chi_i \chi_j \left(\sum_{n=j+1}^{5} m_n \right) l_i l_j, & j > i \\ \kappa_{ji}, & j < i \end{cases}$$

$$P(q, \dot{q}) = \begin{bmatrix} 0.5\dot{q}_1 + \sin(3q_1) \\ 1.3\dot{q}_2 - 1.8\sin(2q_2) \\ 0.3\dot{q}_3 - 0.6\sin(1.5q_3) \\ 1.4\dot{q}_4 - 1.5\sin(2.5q_4) \\ 0.5\dot{q}_5 - 1.8\sin(3q_5) \end{bmatrix}, \qquad \tau_d = \begin{bmatrix} 0.5\sin(\dot{q}_1) \\ 1.1\sin(\dot{q}_2) \\ 0.1\sin(\dot{q}_3) \\ 1.2\sin(\dot{q}_4) \\ 0.3\sin(\dot{q}_5) \end{bmatrix}$$

$$\tau_h = \begin{bmatrix} \cos(2t) + 5, & 2 \leqslant t \leqslant 4 \\ \cos(2t) + 5, & 1.25 \leqslant t \leqslant 4 \\ 0 \\ 0 \\ 0 \end{bmatrix}$$

$$q_d = \begin{bmatrix} \cos(3t) \\ 40.9\cos(1.04t - 0.208) + 157\cos(5.82t - 0.047) + 82.3\cos(7.49t - 4.13) \\ 3.85\cos(0.33t + 2.14) + 71.6\cos(3.49t - 1.88) + 41\cos(4.68t - 0.3) \\ 40.9\cos(1.04t - 0.208) + 157\cos(5.82t - 0.047) + 82.3\cos(7.49t - 4.13) \\ \cos(3t) \end{bmatrix}$$

对于四自由度外骨骼，无模型分数阶快速终端滑模参数选择如下：滑模面的参数为 $\eta_1 = \mathrm{diag}(100,50,30,50,50)$，$\eta_2 = \mathrm{diag}(50,50,50,50,50)$，$u/v = 1.1$ 且 $\varphi = 1.5$。对于控制律，$\mathcal{K} = 25 \times \mathrm{diag}(10,10,10,10,10)$ 且 $\mu = 0.99$。初始状态选为 $q_1(0) = 1.1$，$q_2(0) = -0.7$，$q_3(0) = 1.2$，$q_4(0) = -0.2$，$q_5(0) = 1.2$。此外，选择合适的调谐增益为 $N = \mathrm{diag}(30,30,30,30,30)$。

为了进行比较分析，分数阶非奇异快速终端滑模的参数如下：$A = \mathrm{diag}(20, 20,20,20,20)$，$\lambda = \mathrm{diag}(2,2,2,2,2)$，$p/q = 0.9$，$\theta = 10 \times \mathrm{diag}(5,5,5,5,5)$，$\upsilon_0 = \upsilon_1 = 0.05$，$\hat{\beta}_0(0) = \hat{\beta}_1(0) = 5$，$\mu = 0.99$。图 6.2.2、图 6.2.3 和图 6.2.4 分别展示了关节位置跟踪轨迹、位置跟踪误差和控制力矩比较。

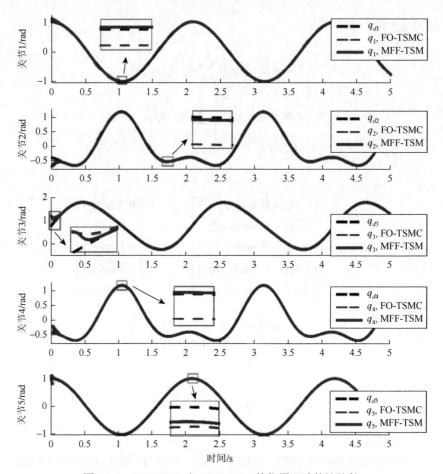

图 6.2.2　FO-TSMC 和 MFF-TSM 的位置跟踪轨迹比较

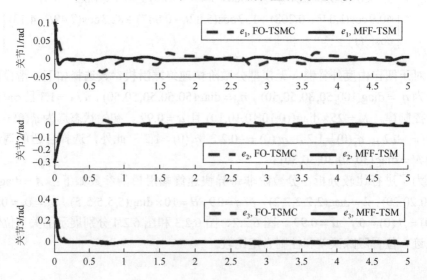

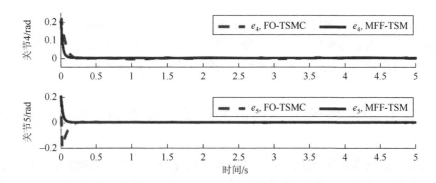

图 6.2.3 FO-TSMC 和 MFF-TSM 的位置跟踪误差比较

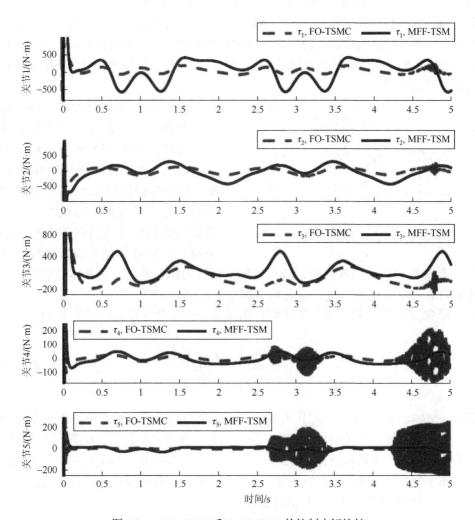

图 6.2.4 FO-TSMC 和 MFF-TSM 的控制力矩比较

可以看出，对于四自由度外骨骼的未知动态，无模型分数阶快速终端滑模也表现出了令人满意的性能。无模型分数阶快速终端滑模比分数阶非奇异快速终端滑模在轨迹跟踪、收敛速度和无颤动控制输入方面得到增强并且更好。

6.3　基于 RBF 神经网络逼近补偿的无模型自适应抗扰控制器

人工神经网络是基于人脑神经网络建立进行分布式信息处理的数学模型。神经网络的研究从 20 世纪 40 年代提出的基于单神经元模型构建的神经网络计算模型开始，至今已有 70 多年的历史，它在感知学习、信号处理、系统控制等方面得到了极大的发展。其中反向（BP）神经网络和径向基函数（RBF）神经网络是使用最广泛的两种网络模型。RBF 神经网络结构简单，且在系统具有较大不确定性时，可以有效提高控制器的性能，本节将使用 RBF 神经网络来补偿微小滑动窗口内的延时估计误差。

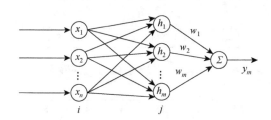

图 6.3.1　RBF 神经网络结构

RBF 神经网络包含输入层、隐含层和输出层，如图 6.3.1 所示。从图中可知，RBF 神经网络的输入为 $x=[x_i]^{\mathrm{T}}$，负责将外界环境引入网络。隐含层的输出为 $h=[h_j]^{\mathrm{T}}$，负责从输入层到隐含层的非线性变换，隐含层的神经元激活函数为径向基函数，一般可以采用高斯函数、反演 S 型函数和拟多二次函数。输出层激活函数为线性函数，负责提供响应。图中 n 为输入层节点的个数，m 为隐含层节点的个数。

隐含层激活函数采用高斯函数，则隐含层第 j 个神经元的输出 h_j 为

$$h_j(x) = \exp\left(-\frac{\|x-c_j\|^2}{2b_j^2}\right) \tag{6.3.1}$$

其中，$c_j=c_{ij}=[c_{1j}\ c_{2j}\cdots\ c_{nj}]^{\mathrm{T}}$ 为隐含层第 j 个神经元高斯函数中心点的坐标向量，其维数与输入参数向量 x 相同，$\|x-c_j\|$ 代表两者之间的欧氏距离。由所有中心点坐标组成的中心向量为 $c=[c_1\ c_2\cdots\ c_m]$，$i=1,2,\cdots,n$，$j=1,2,\cdots,m$。b_j 为隐含层第 j 个神经元高斯函数的宽度，是一个正标量，由此得 $b=[b_1,b_2,\cdots,b_n]^{\mathrm{T}}$。

RBF 神经网络输出由加权函数实现：

$$y(t) = w^T h = w_1 h_1 + w_2 h_2 + \cdots + w_m h_m \qquad (6.3.2)$$

其中，w 为 RBF 神经网络的权值，y 为神经网络的输出。

6.3.1 TDE-MFNNC 设计

由于延时 t_0 的存在，$\hat{F}(t)$ 和 $F(t)$ 之间总是会存在误差 $\xi(t)$，为了补偿此估计误差，下肢外骨骼力矩方程中引入 RBF 神经网络，则控制律变为

$$\tau(t) = -\frac{\hat{F}(t) - q_d^{(v)}(t) - (K_P e(t) + K_D \dot{e}(t))}{\alpha} + \tau_{NN} \qquad (6.3.3)$$

若选择 $v=2$，系统将出现 $q(t)$ 和 $q_d(t)$ 的二次微分，即下肢外骨骼各关节角加速度。角加速度变化较大且可能出现二次微分值不存在的情况，因而令 $v=1$，则控制律方程为

$$\tau(t) = -\frac{\hat{F}(t) - \dot{q}_d(t) - (K_P e(t) + K_D \dot{e}(t))}{\alpha} + \tau_{NN}(t) \qquad (6.3.4)$$

其中，τ_{NN} 为 RBF 神经网络输出，结合极局部模型可以得到误差方程：

$$\dot{e}(t) + K_D \dot{e}(t) + K_P e(t) = \xi(t) + \alpha \tau_{NN}(t) \qquad (6.3.5)$$

可知，要使得跟踪误差 $e(t)$ 为 0，只要满足等式右边为 0。为了进一步研究，可令

$$K = -\frac{K_P}{1+K_D}, f(t) = \frac{\xi(t)}{1+K_D}, \mu_{NN}(t) = \frac{\alpha}{1+K_D} \tau_{NN}(t) \qquad (6.3.6)$$

则误差方程变为

$$\dot{e}(t) = Ke(t) + f(t) + \mu_{NN}(t) \qquad (6.3.7)$$

设 RBF 神经网络的理想逼近为 $\hat{f}(x|W^*)$，它满足：

$$\hat{f}(x|W^*) = W^{*T} h(x) \qquad (6.3.8)$$

其中，W^* 为最优权值且满足 $W^* = \arg\min[f(t)]$，$h(x)$ 为隐含层激活函数高斯函数，定义理想逼近与实际值之间的逼近误差为

$$\sigma = f(t) - \hat{f}(x|W^*) \qquad (6.3.9)$$

代入误差方程中可得

$$\dot{e}(t) = Ke(t) + (\hat{f}(x|W^*) + \sigma) + \mu_{NN}(t) \qquad (6.3.10)$$

由误差方程可知，要使得跟踪误差 $e(t)$ 等于 0，只要设计适当的 RBF 神经网络控制律，采用如下所示的控制律：

$$\mu_{\mathrm{NN}}(t) = -f(x\,|\,\hat{W}) = -\hat{W}^{\mathrm{T}} h(x) \qquad (6.3.11)$$

其中，$\hat{W}$ 为理想权值 W 的估计。设计权值 $\hat{W}$ 满足自适应律：

$$\dot{\hat{W}} = -\gamma e^{\mathrm{T}}(t) P h(x) \qquad (6.3.12)$$

其中，γ 为正常数，P 为满足李雅普诺夫方程的正定阵，具体的内容将在稳定性证明中介绍。

基于 RBF 神经网络自适应控制算法，结合基于时延估计的无模型自适应控制策略，最终所设计的一种新型抗扰协同无模型自适应控制器框图如图 6.3.2 所示。

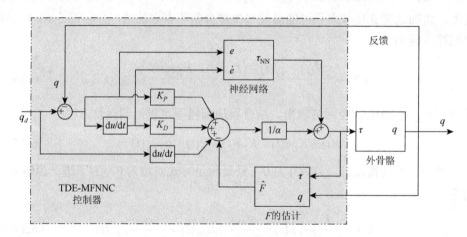

图 6.3.2　TDE-MFNNC 控制器框图

6.3.2　稳定性分析

将 RBF 神经网络控制律代入误差方程中，可得

$$
\begin{aligned}
\dot{e}(t) &= Ke(t) + (\hat{f}(x\,|\,W^*) + \sigma) - f(x\,|\,\hat{W}) \\
&= Ke(t) + (\hat{f}(x\,|\,W^*) - f(x\,|\,\hat{W})) + \sigma \qquad (6.3.13) \\
&= Ke(t) + (W^* - \hat{W})^{\mathrm{T}} h(x) + \sigma
\end{aligned}
$$

选取李雅普诺夫函数如下：

$$V = \frac{1}{2} e^{\mathrm{T}} P e + \frac{1}{2\gamma}(W^* - \hat{W})^{\mathrm{T}}(W^* - \hat{W}) \qquad (6.3.14)$$

式中，正定矩阵 P 满足

$$K^{\mathrm{T}}P + PK = -Q \tag{6.3.15}$$

其中，$Q \geqslant 0$。由于 P 为正定矩阵且 γ 为正常数，可知 V 为全局正定的，只需验证 $\dot{V}$ 的正定性即可。对李雅普诺夫求导得

$$
\begin{aligned}
\dot{V} &= \frac{1}{2}\dot{e}^{\mathrm{T}}Pe + \frac{1}{2}e^{\mathrm{T}}P\dot{e} + \frac{1}{\gamma}(W^{*} - \hat{W})^{\mathrm{T}}\dot{\hat{W}} \\
&= \frac{1}{2}\Big((Ke(t) + (W^{*} - \hat{W})^{\mathrm{T}}h(x) + \sigma)^{\mathrm{T}}Pe + e^{\mathrm{T}}P(Ke(t) + (W^{*} - \hat{W})^{\mathrm{T}}h(x) + \sigma)\Big) \\
&\quad + \frac{1}{\gamma}(W^{*} - \hat{W})^{\mathrm{T}}\dot{\hat{W}} \\
&= \frac{1}{2}e^{\mathrm{T}}(t)(K^{\mathrm{T}}P + PK)e(t) + e^{\mathrm{T}}(t)P\sigma + (W^{*} - \hat{W})^{\mathrm{T}}e^{\mathrm{T}}(t)Ph(x) + \frac{1}{\gamma}(W^{*} - \hat{W})^{\mathrm{T}}\dot{\hat{W}} \\
&= -\frac{1}{2}e^{\mathrm{T}}(t)Qe(t) + e^{\mathrm{T}}(t)P\sigma + \frac{1}{\gamma}(W^{*} - \hat{W})^{\mathrm{T}}\Big(\gamma e^{\mathrm{T}}(t)Ph(x) + \dot{\hat{W}}\Big)
\end{aligned}
$$

$$\tag{6.3.16}$$

将自适应律代入上式，可以得

$$\dot{V} = -\frac{1}{2}e^{\mathrm{T}}(t)Qe(t) + e^{\mathrm{T}}(t)P\sigma \tag{6.3.17}$$

因为矩阵 $Q \geqslant 0$，所以可知 $-\frac{1}{2}e^{\mathrm{T}}(t)Qe(t) \leqslant 0$，要使得 $\dot{V} \leqslant 0$，只需要使 σ 足够小即可，而 σ 为 RBF 神经网络的逼近误差，因此，只需设计适当的网络结构与参数，使得逼近误差足够小即可。

至此，根据以上推论，可以认为所设计的基于神经网络补偿的无模型时延估计控制器（TDE-MFNNC）能保证下肢外骨骼闭环系统稳定且收敛。TDE-MFNNC 的控制律和自适应律可总结为

$$
\begin{cases}
\tau(t) = -\dfrac{\hat{F}(t) - \dot{q}_d(t) - (K_P e(t) + K_D \dot{e}(t))}{\alpha} + \tau_{\mathrm{NN}}(t) \\[2mm]
\tau_{\mathrm{NN}}(t) = \left(\dfrac{1 + K_D}{\alpha}\right)\mu_{\mathrm{NN}}(t) = -\left(\dfrac{1 + K_D}{\alpha}\right)f(x \mid \hat{W}) = -\left(\dfrac{1 + K_D}{\alpha}\right)\hat{W}^{\mathrm{T}}h(x) \\[2mm]
\dot{\hat{W}} = -\gamma e^{\mathrm{T}}(t)Ph(x)
\end{cases}
$$

$$\tag{6.3.18}$$

6.3.3　基于 Solidworks-MATLAB/Simulink 的联合仿真研究

在 TDE-MFC 控制器以及 TDE-MFNNC 控制器中均引用了时延估计来估计未知项，而时延关系着控制器的性能，从理论上来说，时延越小，对未知项的估计越精确。但时延并不是越小越好，它会影响控制器工作的速度。因此，找到一个平衡点非常重要。本节利用 TDE-MFC 控制器来选取时延的大小。图 6.3.3 所示为基于 TDE-MFC 的控制器在 Simulink 中的结构以及与下肢外骨骼虚拟样机控制结构图。

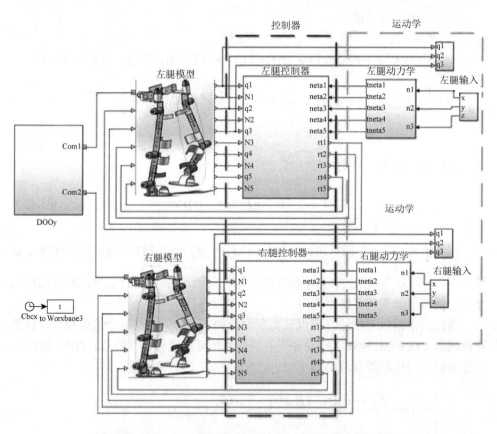

图 6.3.3　基于 TDE-MFC 的下肢外骨骼虚拟样机控制结构图

选取时延 $\Delta t = 0.01$，$\Delta t = 0.005$，$\Delta t = 0.001$，$\Delta t = 0.0001$ 分别进行关节轨迹跟踪比较，各关节给定轨迹如表 6.3.1 所示。

表 6.3.1　各关节给定轨迹

关节	1	2	3	4	5
轨迹/rad	$0.1\sin(t)-\pi/2$	$\sin(t)+\pi/2$	$\sin(t)$	$\sin(t)$	$0.1\sin(t)+\pi/2$

基于不同时延的仿真对比如图 6.3.4 所示,给出了各关节角度误差和力矩变化图,其中图 6.3.4（a）～（e）分别为关节 1～关节 5。由图中不同时延下的对比仿真结果可知,轨迹跟踪的精度随着时间的减少而变强。在 $\Delta t = 0.01$ 的情况下,轨迹跟踪在 5s 之后才渐趋稳定,力矩则在 3s 之后渐趋稳定,响应得不够迅速且波动较大,因此不建议选择 $\Delta t = 0.01$ 作为时延。在 $\Delta t = 0.005$ 的情况下,轨迹跟踪以及力矩变化效果好很多,但在最初的 2s 内,波动幅度还是很大。在 $\Delta t = 0.001$ 和 $\Delta t = 0.0001$ 的情况下,轨迹跟踪以及力矩变化效果良好,响应迅速且波动较小。所以,$\Delta t = 0.001$ 和 $\Delta t = 0.0001$ 可作为时延来选取,考虑到时间越小控制器工作速度越慢,选择 $\Delta t = 0.001$ 作为时延量。

通过仿真对比选取了时延为 $\Delta t=0.001$,本节将对不同控制器进行仿真对比,验证 TDE-MFC 和 TDE-MFNNC 的性能,用于对比的控制器有 PD 控制器和 RBF 神经网络。其中,PID、TDE-MFC 以及 TDE-MFNNC 中的 K_P,K_D 可以通过误差方程来调节,而 α 的值可以通过力矩和角速度的大小来匹配数量级。这里采用 2-5-1 的 RBF 网络结构,即输入层为 2、隐含层为 5、输出层为 1,则对应的高斯函数中心坐标向量 c 为 2 行 5 列的矩阵。网络的输入采用轨迹跟踪误差 e 及其导数 $\dot{e}$。表 6.3.2 列出了不同控制方法对应 K_P、K_D 和 α 值以及 NN 和 TDE-MFNNC 中神经网络部分的参数。为了方便比较,各控制器均采用相同的参数,具体参数如表 6.3.2 所示。

表 6.3.2　不同控制方法对应的参数

控制方法	控制器参数		
	K_P	K_D	α
PID	diag[200　300　300　300　200]	diag[20　20　20　20　10]	
TDE-MFC	diag[200　300　300　300　200]	diag[20　20　20　20　10]	[10；10；10；10；10]
TDE-MFNNC	diag[200　300　300　300　200]	diag[20　20　20　20　10]	[10；10；10；10；10]
神经网络	c	b	γ
NN	$c=\begin{bmatrix}-2 & -1 & 0 & 1 & 2\\ -2 & -1 & 0 & 1 & 2\end{bmatrix}$	0.2	1200
TDE-MFNNC	$c=\begin{bmatrix}-2 & -1 & 0 & 1 & 2\\ -2 & -1 & 0 & 1 & 2\end{bmatrix}$	0.2	1200

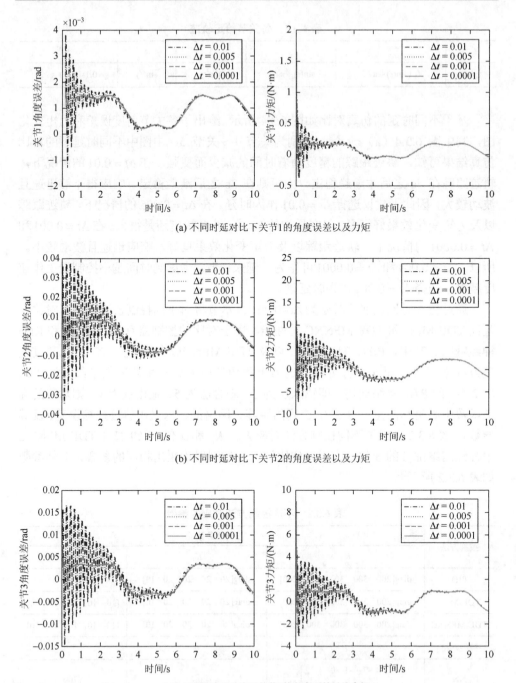

(a) 不同时延对比下关节1的角度误差以及力矩

(b) 不同时延对比下关节2的角度误差以及力矩

(c) 不同时延对比下关节3的角度误差以及力矩

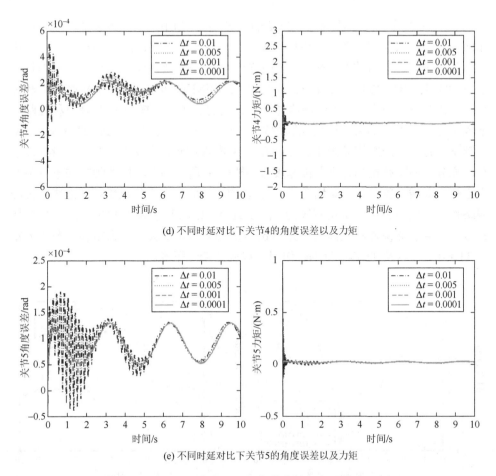

(d) 不同时延对比下关节4的角度误差以及力矩

(e) 不同时延对比下关节5的角度误差以及力矩

图 6.3.4　不同时延条件对比下各关节的角度误差以及力矩

  TDE-MFNNC 控制器的结构如图 6.3.5 所示，其中用于补偿的 RBF 神经网络部分采用 S 函数编写，其余部分利用 Simulink 模块搭建。

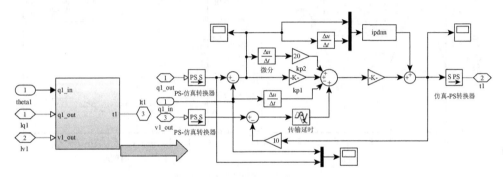

图 6.3.5　TDE-MFNNC 控制器结构框图

图 6.3.6 所示为基于不同控制方法的仿真对比，图中给出了各关节轨迹跟踪变化曲线和跟踪误差曲线图，其中图 6.3.6（a）～（e）分别为关节 1～关节 5。由图中基于不同控制器的对比仿真结果可知，各关节轨迹跟踪效果良好，误差均小于±0.05rad，其中 PD、TDE-MFC 以及 TDE-MFNNC 作用下的轨迹跟踪误差较神经网络控制下小很多。在神经网络作用下，最初 1s 内波动较大而其余三种控制器下较平稳。PD 和 TDE-MFC 的控制效果相当，且跟踪误差基本一致。TDE-MFNNC控制下的各关节跟踪误差最小且迅速在 0.1s 内跟踪到预期轨迹，与 TDE-MFC 的对比充分说明了补偿估计误差的重要性。图 6.3.6 所示为在不同控制方法下各关节力矩变化曲线。各关节力矩均在 20N·m 以内，且此值在人体承受范围之内。神经网络作用下的各关节力矩响应较慢，而 TDE-MFC 以及 TDE-MFNNC 的力矩变换相似，并且能够快速响应。图 6.3.7（d）和（e）所示的关节 4 力矩和关节 5 力矩在 TDE-MFC 以及 TDE-MFNNC 作用下很快便趋于平稳。

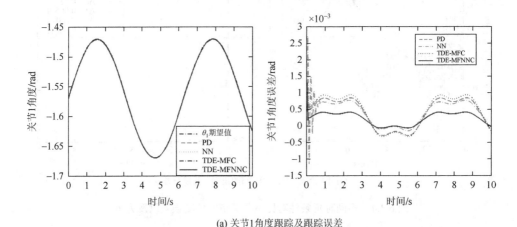

(a) 关节1角度跟踪及跟踪误差

(b) 关节2角度跟踪及跟踪误差

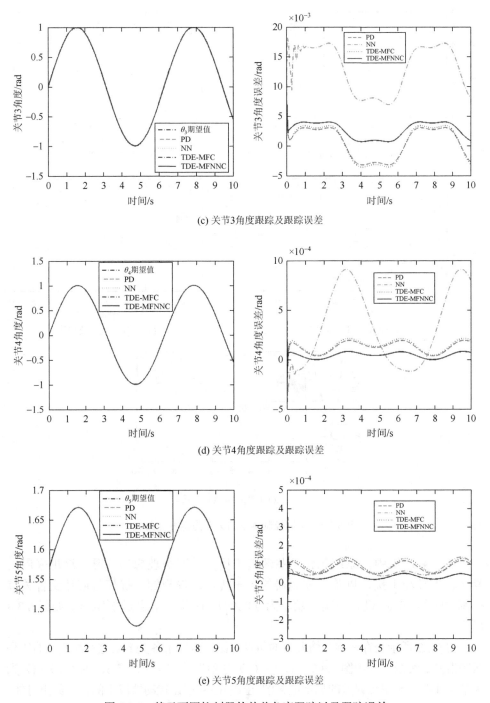

(c) 关节3角度跟踪及跟踪误差

(d) 关节4角度跟踪及跟踪误差

(e) 关节5角度跟踪及跟踪误差

图 6.3.6　基于不同控制器的关节角度跟踪以及跟踪误差

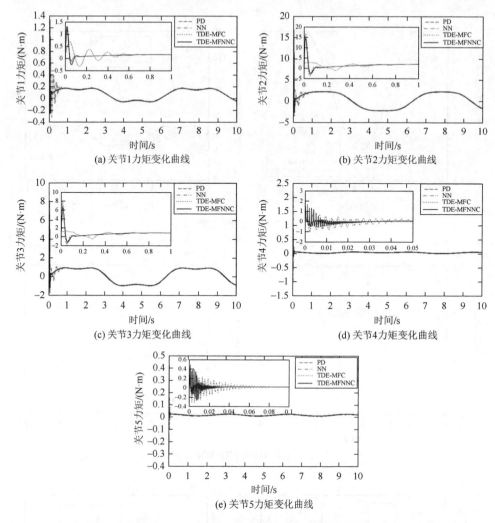

图 6.3.7　不同控制器下的关节力矩变化曲线

在实际应用中，系统包含一些环境干扰，并不是理想的情况，这里采用白噪声模拟环境干扰，以验证控制器的抗干扰性。选择的干扰信号应达到各关节控制力矩的 10%。设置白噪声功率为 0.00001，使其大小达到 0.4N·m，如图 6.3.8所示。

图 6.3.9 所示为存在扰动情况下的仿真对比，给出了各关节轨迹跟踪变化曲线和跟踪误差曲线图，其中图 6.3.9（a）～（e）分别为关节 1～关节 5，图 6.3.9（f）为关节 4 和关节 5 跟踪误差的局部放大图。由图 6.3.9 存在扰动情况下的仿真结果可知，较理想情况下，各关节角度波动稍大但跟踪性能依旧良好，误差均小于 ±0.05rad。其中，PD、TDE-MFC 以及 TDE-MFNNC 作用下的轨迹跟踪误差较 NN 控制下小很

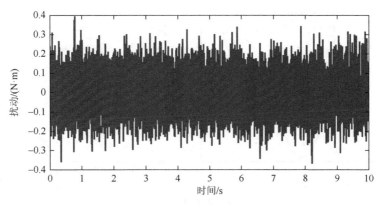

图 6.3.8 白噪声信号大小

多且波动也小很多。TDE-MFNNC 在轨迹跟踪上呈现误差最小且波动最小，可认为其抗扰动能力较强。从图中可以看出 PD 控制器作用下误差波动频率快且幅值较大，较 TDE-MFC 及 TDE-MFNNC 的效果稍差。从轨迹跟踪效果来看，TDE-MFC 及 TDE-MFNNC 的抗扰动能力均在可承受范围之内，且 TDE-MFNNC 略强些。

实际应用中一般只知道末端或需要到达的定点位置，因此需要通过逆运动学计算关节角度。表 6.3.3 列出了下肢外骨骼左/右腿末端的参考轨迹及控制器参数。

表 6.3.3 下肢外骨骼左/右腿末端轨迹及 TDE-MFNNC 参数

	左腿		右腿
参考轨迹	$x = 0.205$ $y = 0.025\sin(2t - \pi/4) - 0.885$ $z = 0.21\sin(t) + 0.09$		$x = -0.205$ $y = 0.025\sin(2t - \pi/4) - 0.885$ $z = 0.21\sin(t + \pi) + 0.09$
参数	K_P	K_D	α
	diag[200 300 300 300 200]	diag[20 20 20 20 10]	diag[10 10 10 10 10]

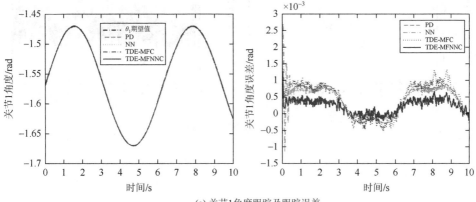

(a) 关节1角度跟踪及跟踪误差

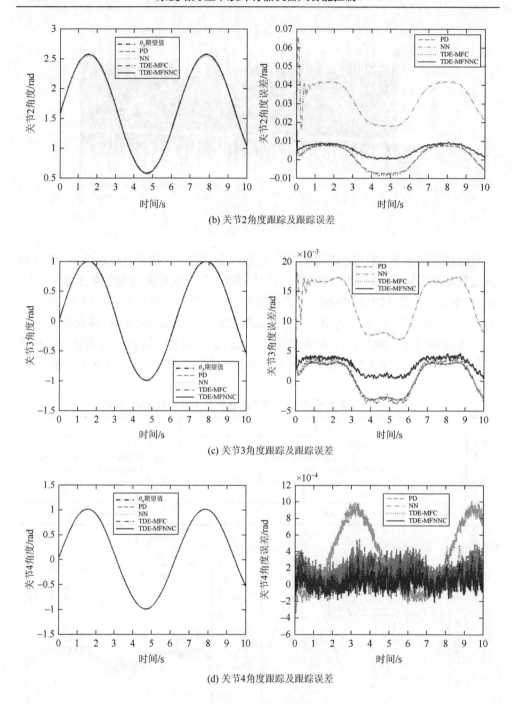

(b) 关节2角度跟踪及跟踪误差

(c) 关节3角度跟踪及跟踪误差

(d) 关节4角度跟踪及跟踪误差

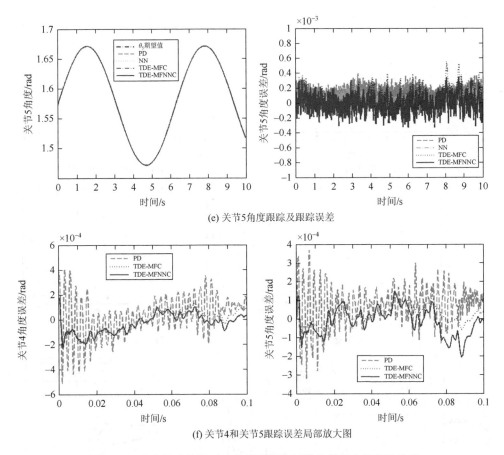

(e) 关节5角度跟踪及跟踪误差

(f) 关节4和关节5跟踪误差局部放大图

图 6.3.9　存在扰动情况下，基于不同控制器的关节力矩变化曲线

　　图 6.3.10 所示为下肢外骨骼左腿基于 TDE-MFNNC 的特定末端轨迹运动仿真结果，其中图 6.3.10（a）～（e）为下肢外骨骼左腿关节 1～关节 5 轨迹跟踪变化曲线，图 6.3.10（f）为下肢外骨骼左腿末端轨迹的期望轨迹和实际输出轨迹，图 6.3.10（g）为下肢外骨骼左腿各关节的轨迹跟踪误差，图 6.3.10（h）为下肢外骨骼各关节的力矩变化曲线。图 6.3.10 所示为下肢外骨骼右腿基于 TDE-MFNNC 的特定末端轨迹运动仿真结果，（a）～（h）同图 6.3.11 中一致。

　　由图 6.3.10 和图 6.3.11 基于 TDE-MFNNC 的特定轨迹运动仿真结果可知，运动学模型可与虚拟样机联立组成下肢外骨骼系统，进一步证明了运动学模型以及虚拟样机建立的正确性和有效性。从轨迹跟踪的效果来看，通过逆运动学求解的关节角度完全可以用于跟踪，且在 TDE-MFNNC 的控制下，各关节轨迹跟踪效果良好。力矩曲线响应较快，变化较平稳，所能达到的最大值也在 ±20N·m 之内，人体可以承受。

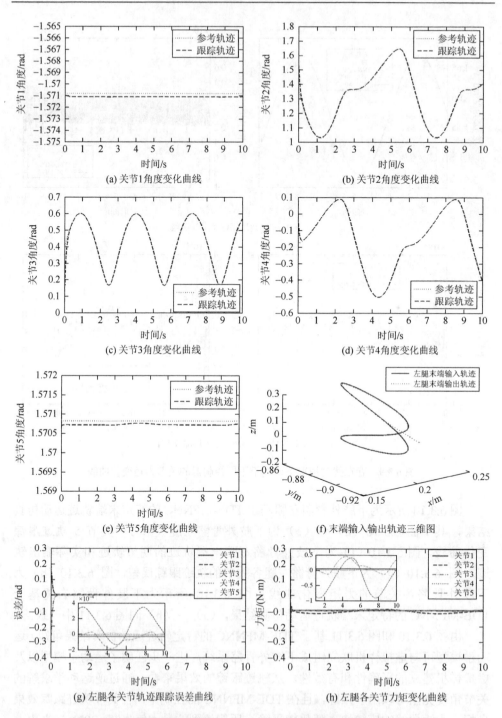

图 6.3.10　下肢外骨骼左腿基于 TDE-MFNNC 的特定末端轨迹运动仿真

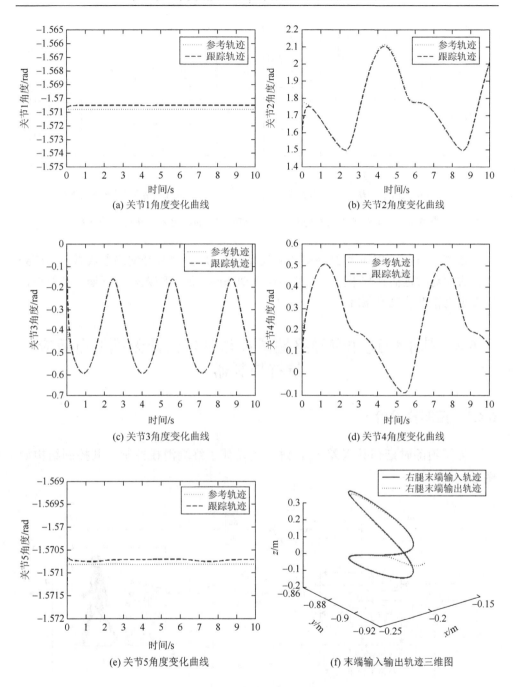

(a) 关节1角度变化曲线

(b) 关节2角度变化曲线

(c) 关节3角度变化曲线

(d) 关节4角度变化曲线

(e) 关节5角度变化曲线

(f) 末端输入输出轨迹三维图

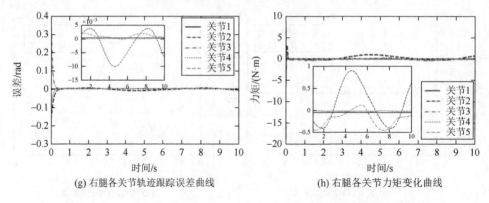

(g) 右腿各关节轨迹跟踪误差曲线　　　　　　(h) 右腿各关节力矩变化曲线

图 6.3.11　下肢外骨骼右腿基于 TDE-MFNNC 的特定末端轨迹运动仿真

　　该方法结合了 RBF 神经网络的无限逼近能力，且对神经网络参数做自适应处理，进而对时延估计与未知动态中不连续动态产生的跟踪误差进行逼近和补偿，实现更为精准的轨迹跟踪。

6.4　基于快速非奇异终端滑模与时延估计无模型自适应抗扰控制器

6.4.1　控制器设计

　　为了消除时延估计误差 e_{est}，进一步设计了终端滑模控制，其控制结构如图 6.4.1 所示。

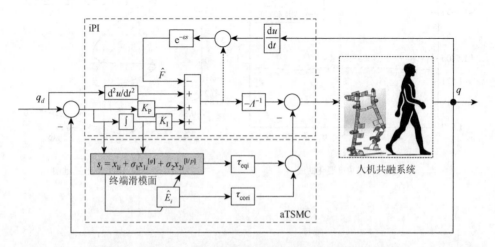

图 6.4.1　基于终端滑模理论的抗扰协同无模型自适应控制结构

下面给出了基于非奇异终端滑模的无模型控制律:

$$\tau(t) = \Lambda^{-1}\left(\dot{q}_d(t) - \hat{F}(t) + K_P e(t) + K_I \int_0^t e(\sigma)\mathrm{d}\sigma\right) - \tau_{\mathrm{sm}} \quad (6.4.1)$$

其中, $\tau_{\mathrm{sm}} = [\tau_{\mathrm{sm1}} \quad \tau_{\mathrm{sm2}} \quad \cdots \quad \tau_{\mathrm{sm5}}]^{\mathrm{T}}$ 为扩展控制量。然后闭环方程可以改成

$$\dot{e}(t) + K_P e(t) + K_I \int_0^t e(\sigma)\mathrm{d}\sigma = e_{\mathrm{est}} + \Lambda\tau_{\mathrm{sm}} \quad (6.4.2)$$

为了将终端滑模控制与无模型结构相结合, 状态变量定义如下:

$$\begin{cases} x_1(t) = [x_{11}(t) \quad x_{12}(t) \quad \cdots \quad x_{15}(t)]^{\mathrm{T}} = \int_0^t e(\sigma)\mathrm{d}\sigma \\ x_2(t) = [x_{21}(t) \quad x_{22}(t) \quad \cdots \quad x_{25}(t)]^{\mathrm{T}} = e(t) \end{cases} \quad (6.4.3)$$

误差方程的状态空间方程为

$$\begin{cases} \dot{x}_1(t) = x_2(t) \\ \dot{x}_2(t) = -K_P x_2(t) - K_I x_1(t) + e_{\mathrm{est}} + \Lambda\tau_{\mathrm{sm}} \end{cases} \quad (6.4.4)$$

假定估计误差是有界的, 即 $|e_{\mathrm{esti}}| \leqslant E_i$, $E_i \geqslant \sup|e_{\mathrm{esti}}|$ 是一个正常数。为了在有限时间内实现跟踪目标, 传统终端滑模控制用下面的滑模面来描述

$$s_i = x_{2i}(t) + \beta_i x_{1i}^{q/p}(t) \quad (6.4.5)$$

其中, $i = 1, 2, \cdots, 5$, $\beta_i > 0$ 为一个选定的常数, 另外 p, q 为正奇数, 满足下面的状态

$$p > q$$

TSM 存在的充要条件是

$$\frac{1}{2}\frac{\mathrm{d}}{\mathrm{d}t}s_i^2 < -\eta_i|s_i| \quad (6.4.6)$$

这保证了在有限时间内收敛到滑模面 $s_i = 0$, $\eta_i > 0$ 为一个常数。在到达 $s_i = 0$ 之后, 这也保证了 $x_{1i} = 0$ 是一个终端吸引子。然而在控制过程中可能存在奇异问题(分母为零的情况)。为了克服奇异问题, 一种具有非奇异性质的终端滑模面选取如下:

$$s_i = x_{1i}(t) + \frac{1}{\beta_i} x_{2i}^{q/p}(t) \quad (6.4.7)$$

6.4.2　稳定性分析

选择如下李雅普诺夫函数:

$$V_i = \frac{1}{2}s_i^2$$

其中, $s = [s_1 \quad s_2 \quad \cdots \quad s_5]^{\mathrm{T}}$ 。根据李雅普诺夫稳定性原理, 下面的情况应该被满足

$$\dot{V}_i = s_i \dot{s}_i < 0$$

可以得到

$$\dot{s}_i = \dot{x}_{1i}(t) + \frac{1}{\beta_i}\frac{p}{q}\dot{x}_{2i}(t)x_{2i}^{p/q-1}(t) \tag{6.4.8}$$

将状态空间方程代入式（6.4.8）得到

$$\dot{s}_i = \dot{x}_{2i}(t) + \frac{1}{\beta_i}\frac{p}{q}\left(-K_{Pi}e_i - K_{Ii}\int_0^t e_i(\sigma)\mathrm{d}\sigma + e_{\mathrm{esti}} + \alpha_i\tau_{\mathrm{smi}}\right)x_{2i}^{p/q-1}(t) \tag{6.4.9}$$

扩展控制输入 τ_{smi} 由两部分组成：

$$\tau_{\mathrm{smi}} = \tau_{\mathrm{eqi}} + \tau_{\mathrm{cori}} \tag{6.4.10}$$

其中，τ_{eqi} 称为等效控制律，设计成如下形式：

$$\tau_{\mathrm{eqi}} = -\frac{\beta_i q}{\alpha_i p}x_{2i}^{2-p/q}(t) + \frac{K_{Pi}}{\alpha_i}e_i + \frac{K_{Ii}}{\alpha_i}\int_0^t e_i(\sigma)\mathrm{d}\sigma \tag{6.4.11}$$

为了避免奇异现象发生，需要满足 $2 - p/q > 0$。可以进一步得到如下关系：

$$\dot{s}_i = \frac{1}{\beta_i}\frac{p}{q}(e_{\mathrm{esti}} + \alpha_i\tau_{\mathrm{cori}})x_{2i}^{p/q-1}(t) \tag{6.4.12}$$

τ_{cori} 称为修正控制律，该控制量设计如下：

$$\tau_{\mathrm{cori}} = -\frac{E_i + \eta_i}{\alpha_i}\mathrm{sgn}(s_i) \tag{6.4.13}$$

可以得到

$$\dot{V}_i = s_i\dot{s}_i = \frac{1}{\beta_i}\frac{p}{q}s_i(e_{\mathrm{esti}} - (E_i + \eta_i)\mathrm{sgn}(s_i))x_{2i}^{p/q-1}(t) \leqslant -\frac{1}{\beta_i}\frac{p}{q}\eta_i x_{2i}^{p/q-1}(t)|s_i|$$

$$\tag{6.4.14}$$

最终控制输入给出如下：

$$\tau_{\mathrm{smi}} = -\frac{\beta_i q}{\alpha_i p}x_{2i}^{2-p/q} + \frac{K_{Pi}}{\alpha_i}e_i + \frac{K_{Ii}}{\alpha_i}\int_0^t e_i(\sigma)\mathrm{d}\sigma - \frac{E_i + \eta_i}{\alpha_i}\mathrm{sgn}(s_i) \tag{6.4.15}$$

由于 p,q 为正奇数，并且 $1 < p/q < 2$。对于 $x_{2i} \neq 0$ 且 $\dot{V} < 0$ 的情况，可以得到 $x_{2i}^{p/q-1} > 0$。因此系统的状态变量将在有限时间内到达滑模面 $s = 0$。

对于 $x_{2i} = 0$ 的情况，将控制力矩代入状态空间等式后可以得到

$$\dot{x}_{2i} = e_{\mathrm{esti}} - (E_i + \eta_i)\mathrm{sgn}(s_i) \tag{6.4.16}$$

另外如果 $s \neq 0$，可以得到 $\dot{x}_{2i} \leqslant -\eta_i$ 或 $\dot{x}_{2i} \geqslant \eta_i$。所以，$x_{2i} = 0$ 不是一个吸引子，并且如果 $x_{2i} = 0$ 满足后会迅速转变为 $x_{2i} \neq 0, \dot{V} < 0$，也会在有限时间内到达切换面 $s = 0$，第一个状态量将会逼近并到达终端吸引子 $x_{1i} = 0$，并且滑模中的状态变量将在有限时间内达到 0。

6.4.3　基于 ADAMS-MATLAB/Simulink 的联合仿真研究

在动力学研究方面，由前面下肢外骨骼系统虚拟样机的构建以及规划步态的稳定性验证可知，ADAMS 软件能够提供复杂系统的动力学方程求解并进行动力学仿真分析。在控制系统的研究设计方面，ADAMS 软件只能通过控制工具箱进行简单控制环节的设计，而 MATLAB 中 Simulink 模块具有强大的控制设计功能，将两者联合不仅可以在更加精确的复杂被控系统模型基础上进行控制设计，还能够在交互仿真中直观地观察系统的运动过程，并获得众多设计分析所需的系统信息。

联合仿真构建：在 MATLAB/Simulink 与 ADAMS 的联合仿真中，ADAMS 软件中虚拟样机导出作为 Simulink 仿真中的被控对象，而 Simulink 中设计的轨迹跟踪控制器将控制力矩输出到 ADAMS 虚拟样机的各个关节自由度，两者的联合通过 ADAMS/control（控制模块）来实现。

仿真结果对比分析：在进行轨迹跟踪控制器设计时，主要涉及的方法有计算力矩法、PID、TDE-iPID 和 TDE-iPIDESMC。其中，计算力矩法基于系统精确数学模型，在初期进行控制设计时是基于动力学分析得出的数学模型。其后应用于虚拟样机模型的结果表明动力学分析中建立的数学模型与虚拟样机模型仍存在一定区别（后者更接近实际系统模型），故对计算力矩法控制结果单独分析，对后三种控制方法的结果进行对比分析。

计算力矩法控制结果：从图 6.4.2 和图 6.4.3 所示的关节角度跟踪结果可以看出，计算力矩加 PD 反馈方法能够取得很好的控制效果。但该方法需要系统精确

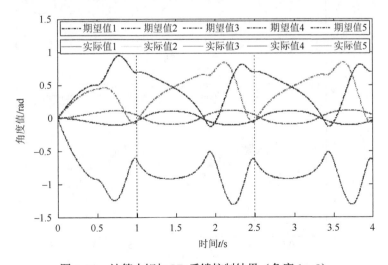

图 6.4.2　计算力矩加 PD 反馈控制结果（角度 1～5）

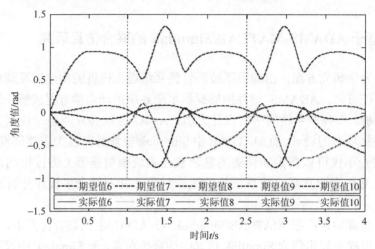

图 6.4.3　计算力矩加 PD 反馈控制结果（角度 6～10）

的数学模型，由于虚拟样机与所建模型的差异，控制器在联合仿真中并不适用。另外，由于系统的混杂特性，采用该方法设计的控制器同样具有混杂特性，结构复杂。

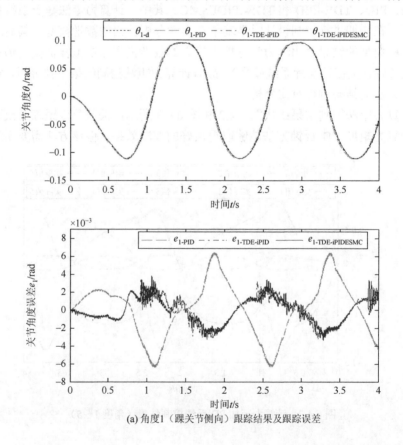

(a) 角度1（踝关节侧向）跟踪结果及跟踪误差

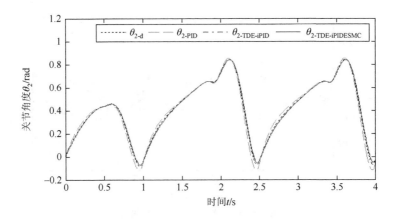

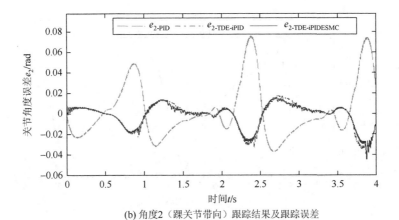

(b) 角度2（踝关节带向）跟踪结果及跟踪误差

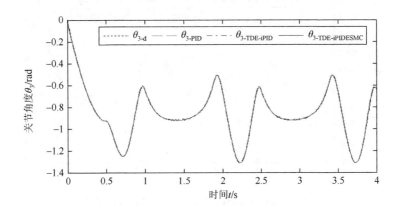

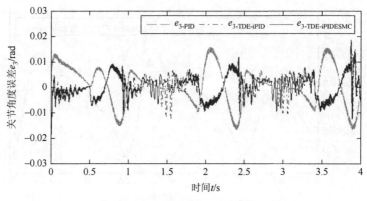

(c) 角度3（膝关节前向）跟踪结果及跟踪误差

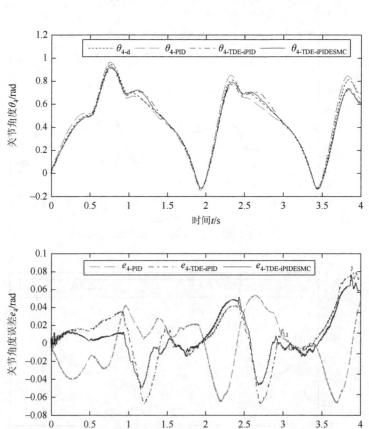

(d) 角度4（髋关节前向）跟踪结果及跟踪误差

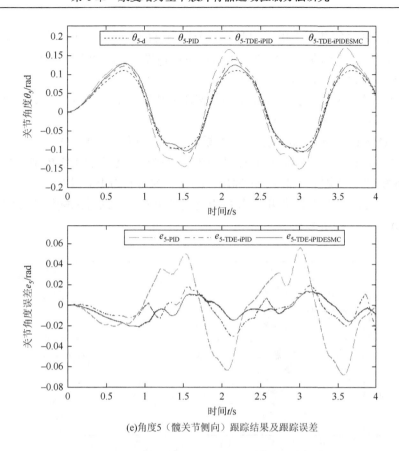

(e)角度5（髋关节侧向）跟踪结果及跟踪误差

图 6.4.4　关节轨迹跟踪结果对比及对应跟踪误差

　　基于虚拟样机模型的对比分析：由于左右腿的相似性，且均经历支撑相与摆动相，故对应关节自由度处控制器相同，即只需要设计单腿五个自由度的轨迹跟踪控制器。根据无模型轨迹跟踪控制器的设计，将传统 PID 与 TDE-iPID 以及 TDE-iPIDESMC 的控制结果作对比，结果如图 6.4.4 所示。由于左右腿的对称性，图中只给出了关节角度 1～5 在三种轨迹跟踪控制方法下的响应结果。结果中包含了 1s 的起始步态，以及两个正常步行周期共 3s。从结果对比可以看出，对于具有混杂特性的下肢外骨骼系统，传统 PID 虽然能够实现轨迹跟踪，但跟踪误差明显大于 TDE-iPID 与 TDE-iPIDESMC 这两种方法。对后两种方法的比较可以得出，在 TDE-iPID 基础上设计的等效滑模法时延估计误差补偿策略是有效的，能够减小轨迹跟踪控制的误差。由于左右腿的相互作用集于髋关节部位，涉及的自由度有左右腿髋关节前向自由度（角度 4 和角度 7）以及左右腿髋关节侧向自由度（角度 5 和角度 6）。其中，相邻自由度 5 和 6 作为左右腿连接杆的端点，两者之间具有较强的耦合作用，因此这两个自由度的理想轨迹跟踪控制较难实现。从图 6.4.4（e）可以看出相比于其他自由度，角度 5 轨迹跟踪控制结果具有较大偏差（角度 6 结果类似）。

从图 6.4.5 所列各自由度在三种轨迹跟踪控制方法下对应的控制力矩也可以得出髋关节相对于其他关节较难控制这一结论。

ADAMS/PostProcessor 动画及数据结果：将联合仿真的结果文件导入到 ADAMS 中，通过 PostProcessor 后处理模块可以获得更多的系统控制的数据结果（包括各标记点的位置、速度、加速度，约束中的力和力矩）以及动画展示。6.4.2 节只给出了轨迹跟踪控制作用下各自由度的关节轨迹，通过末端轨迹能够更加有效地展示系统的控制效果。

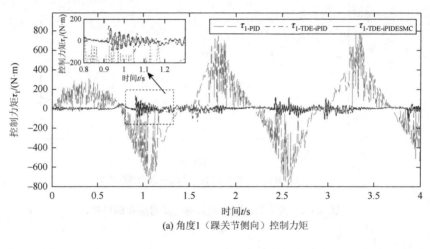

(a) 角度1（踝关节侧向）控制力矩

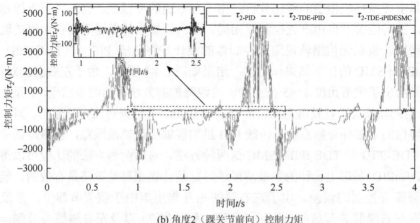

(b) 角度2（踝关节前向）控制力矩

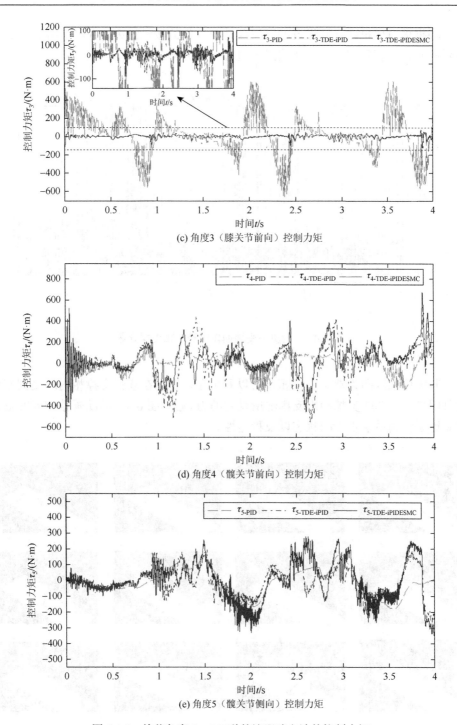

(c) 角度3（膝关节前向）控制力矩

(d) 角度4（髋关节前向）控制力矩

(e) 角度5（髋关节侧向）控制力矩

图 6.4.5　关节角度 1～5 三种轨迹跟踪方法的控制力矩

　　根据虚拟样机建立时设置的脚底与地面之间的接触约束，可以得出如图 6.4.6 所示的左、右脚受到的地面作用沿竖直方向的分量。

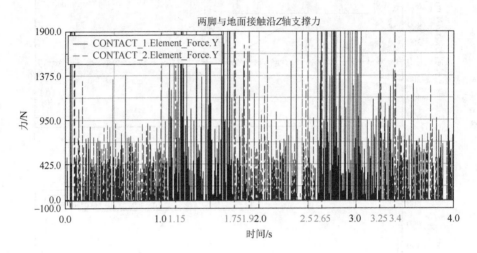

图 6.4.6　两脚所受地面作用沿 Z 轴支撑分量

　　其中标记区间为双足支撑相，可以看出左、右脚在双腿支撑相内均受到作用力且明显小于单腿支撑相内支撑腿所受到的力。通过图 6.4.7 的动画截图能够更加直观地观测到系统步行的状态以及稳定性。

图 6.4.7　联合仿真水平地面步行动画截图

此外，包含上楼梯步态的联合仿真动画截图如图 6.4.8 所示。

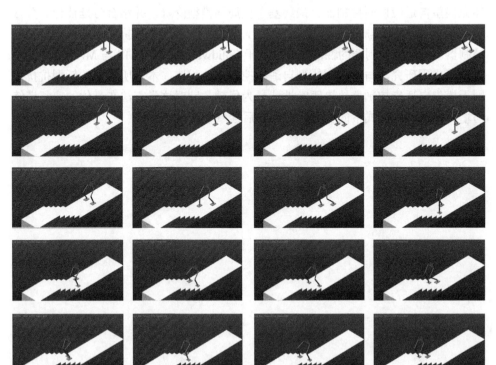

图 6.4.8　联合仿真含上楼梯步行动画截图

需要说明的是，ADAMS 环境中 X 轴方向对应步态规划中侧向 Y 轴方向，Y 轴对应规划中竖直 Z 轴方向，Z 轴对应步行前向 X 轴方向。通过以上结果可以看出轨迹跟踪控制作用下，虚拟样机响应虽存在一定的偏差，但仍能够保持稳定的步行运动，说明了步态规划以及轨迹跟踪控制的设计均是合理有效的。造成地面作用力如图 6.4.8 的一个因素是下肢外骨骼系统脚部以及地面均设计为理想刚体，两者不平行时便会出现点或线接触，而实际中脚部存在一定柔性不会出现这种情况。

该方法利用了快速非奇异终端滑模的优势实现对关节轨迹的快速跟踪控制，且具备滑模结构带来的较好的鲁棒性，实现精确快速的轨迹跟踪控制，且在不同的行走速度下具备很好的鲁棒性和抗扰性。

6.5　本 章 小 结

本章改变了传统基于被控系统模型参数的控制方法设计，基于人体-外骨骼多模式智能系统特征，构造了结构相对简单的，仅利用轨迹跟踪误差的数据驱动循环无模型自适应协同控制器。最终基于极局部模型降阶，并结合时延估计、分数阶滑模、终端滑模与 RBF 神经网络理论，实现了一种新型抗扰协同无模型自适应控制器。为验证控制器的性能，经过基于 Solidworks、ADAMS 与 MATLAB 的联合仿真应用研究，与现有无模型自适应控制方法相比，本章所构造的新型抗扰协同无模型自适应控制器轨迹跟踪性能最为优越，针对这类方法在具体的康复训练与增力辅助两种模式下的应用研究将在后续章节论述。

第7章　下肢外骨骼康复运动辅助策略研究

7.1　概　　述

下肢外骨骼机器人康复训练辅助方法对康复效果有着关键性的影响，康复训练的有效性依赖于合理的辅助方法设计。对于康复训练辅助方法的研究在早期多集中于步态规划与轨迹跟踪控制，这类方法适合于康复初期阶段的被动式康复训练。随着患者康复阶段的深入以及运动能力的逐步恢复，被动式的康复训练将难以满足患者在人机交互中灵活性和舒适性等方面的需求。目前康复训练辅助方法已从基于规划轨迹跟踪的被动式康复训练方法，逐渐过渡到适应性更好、交互更为友好的按需辅助康复训练方法[94]。

7.2　基于轨迹跟踪控制的被动康复训练策略

7.2.1　人体-外骨骼交互动力学

在穿戴和使用中，人体下肢与外骨骼机器人 LLE-RePA 的大小腿杆件固定，为便于建模与分析，本章假设人与外骨骼之间的交互作用主要发生在与大小腿杆件垂直的方向，此外由于穿戴中腰部与外骨骼固定，左右腿动力学建模可独立进行，因而仅需要分析单腿模型，图 7.2.1 描述了人体-外骨骼交互系统的特征及主要参数。

图中 l_1, l_2 分别为大腿和小腿的长度，q_1, q_2 为关节角度，外骨骼机器人与人体下肢主要通过大小腿处的绑带进行固定，交互作用主要发生在这两处绑带位置，即 F_{int1}, F_{int2}。根据拉格朗日动力学方程，人体-外骨骼交互系统动力学模型可建立如下：

$$M(q)\ddot{q} + C(q,\dot{q})\dot{q} + G(q) = \tau + J(q)F_{int} \tag{7.2.1}$$

其中，$q = [q_1 \quad q_2]^T$，为驱动的髋关节和膝关节的关节角度向量，$\dot{q}, \ddot{q}$ 分别为相应的角速度和角加速度向量，$M(q)$ 为 2×2 的可逆惯量矩阵，$C(q,\dot{q})$ 为 2×2 的矩阵，$C(q,\dot{q})\dot{q}$ 包含了科氏力和向心力，$G(q)$ 为重力矩，τ 为关节处电机的驱动力矩。$J(q)F_{int}$ 为人与外骨骼机器人之间的交互作用，其中 $F_{int} = [F_{int1} \quad F_{int2}]$ 为交互作用力，$J(q)$ 为与关节角相关的雅可比矩阵。

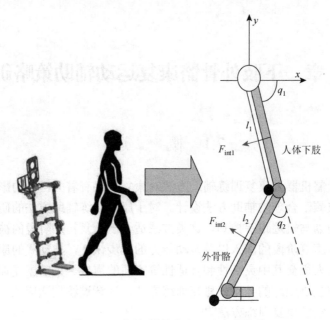

图 7.2.1　人体-外骨骼交互动力学模型

7.2.2　基于极局部建模的 iPD 控制器

为使得控制算法能够直接应用于数字控制器中，本章将设计离散形式的估计跟踪控制算法。根据极局部建模思想，针对人体-外骨骼系统中关节 $i=1,2$ 的离散化极局部模型可描述如下：

$$x_i(k+1) = \Phi x_i(k) + \Gamma \tau_i(k) + F f_i(k) \tag{7.2.2}$$

其中，$x_i(k) = [x_{i1}(k) \quad x_{i2}(k)]^{\mathrm{T}} = [q_i(t)|_{t=kT} \quad \dot{q}_i(t)|_{t=kT}]^{\mathrm{T}}$，$\tau_i(k) = \tau_i(t)|_{t=kT}$，$f_i(k) = f_i(t)|_{t=kT}$。$T$ 为采样步长，$f_i(k)$ 为集成总干扰，包含了未建模动态、人体-外骨骼交互作用、外界扰动等所有位置信息，其他参数矩阵定义如下：

$$\Phi = \begin{bmatrix} 1 & T \\ 0 & 1 \end{bmatrix}, \Gamma = \begin{bmatrix} 0 \\ T\alpha_i \end{bmatrix}, F = \begin{bmatrix} 0 \\ T \end{bmatrix}$$

其中，α_i 为控制输入项增益，通常可选定为一常数，使得 $x_{i2}(k+1)$ 和控制输入 $\tau_i(k)$ 的量级相匹配。

假设 1：当采样步长 T 足够小时且集成总干扰 $f_i(k)$ 的变化速度有界时，如下关系成立：

$$f_i(k+1) - f_i(k) \in O(T^2) \tag{7.2.3}$$

若记 $f_i(k)$ 的估计值为 $\hat{f}_i(k)$，一种智能 PD 控制器（iPD）可设计如下：

$$\tau_i(k) = \frac{1}{\alpha_i}\left(k_{pi}e_{i1}(k) + k_{di}e_{i2}(k) + \ddot{q}_{di}(k) - \hat{f}_i(k)\right) \qquad (7.2.4)$$

其中，$e_{i1}(k) = q_{di}(k) - x_{i1}(k)$，$e_{i2}(k) = \dot{q}_{di}(k) - x_{i2}(k)$，$q_{di}(k)$ 为关节 i 的期望轨迹，$\dot{q}_{di}(k),\ddot{q}_{di}(k)$ 为相应的速度值和加速度值。

7.2.3　基于 Sigmoid 函数的跟踪微分器

在外骨骼机器人的实际控制系统中，各关节的期望轨迹 q_{di} 可利用 ZMP 稳定性理论进行规划，而规划的结果往往只有角度信息且可能存在速度与加速度突变时刻，为满足控制器的设计要求，有时需要对角度信号进行一阶甚至二阶微分。考虑到所设计的 iPD 控制器，本章将一种新型的 Sigmoid 函数形式的跟踪微分器（Sigmoid tracking differentiator，STD）扩展到三阶离散形式，利用该跟踪微分器获得 $\dot{q}_{di}(k)$ 和 $\ddot{q}_{di}(k)$，三阶连续形式的 STD 设计如下：

$$\begin{cases} \dot{p}_{i1}(t) = p_{i2}(t) \\ \dot{p}_{i2}(t) = p_{i3}(t) \\ \dot{p}_{i3}(t) = -R^3\left(\text{sig}(p_{i1}(t) - q_{di}(t); a_1, b_1) + \text{sig}(p_{i2}(t)/R; a_2, b_2) + \text{sig}(p_{i3}(t)/R^2; a_3, b_3)\right) \end{cases}$$
$$(7.2.5)$$

其中，Sigmoid 函数定义如下：

$$\text{sig}(p; a, b) = a\left((1 + e^{-bp})^{-1} - 0.5\right) \qquad (7.2.6)$$

定理 1：存在正实数 $a_1 > 0, b_1 > 0, a_2 > 0, b_2 > 0, a_3 > 0, b_3 > 0$，对于任意有界可积函数 $q_{di}(t)$ 和正常数 $T_0 > 0$，STD 方程的解满足如下关系：

$$\lim_{R \to \infty} \int_0^{T_0} |p_{i1}(t) - q_{di}(t)| \mathrm{d}t = 0 \qquad (7.2.7)$$

其中，R 为收敛因子，决定收敛速度。上式表明，跟踪微分器的输出 $p_{i1}(t)$ 将平均收敛于输入信号 $q_{di}(t)$，同时微分信号的估计结果将收敛于 $q_{di}(t)$ 的一阶和二阶广义微分 $\dot{q}_{di}(t), \ddot{q}_{di}(t)$。

离散化的三阶 STD 描述如下：

$$\begin{cases} p_{i1}(k+1) = p_{i1}(k) + Tp_{i2}(k) \\ p_{i2}(k+1) = p_{i2}(k) + Tp_{i3}(k) \\ p_{i3}(k+1) = p_{i3}(k) - TR^3\left(\text{sig}(p_{i1}(k) - q_{di}(k); a_1, b_1) + \text{sig}(p_{i2}(k)/R; a_2, b_2)\right. \\ \qquad\qquad\qquad \left. + \text{sig}(p_{i3}(k)/R^2; a_3, b_3)\right) \end{cases}$$
$$(7.2.8)$$

其中，$p_{i1}(k), p_{i2}(k), p_{i3}(k)$ 分别为 $q_{di}(k), \dot{q}_{di}(k), \ddot{q}_{di}(k)$ 的跟踪结果，跟踪微分器的误差定义如下：

$$\begin{cases} \eta_{i1}(k) = p_{i1}(k) - q_{di}(k) \\ \eta_{i2}(k) = p_{i2}(k) - \dot{q}_{di}(k) \end{cases} \tag{7.2.9}$$

假设 2：对于三阶离散跟踪微分器，通过选取合适的参数 $a_1 > 0, b_1 > 0, a_2 > 0,$ $b_2 > 0, a_3 > 0, b_3 > 0$ 和足够大的收敛因子 R，有如下结果成立：

$$\begin{cases} \eta_{i1}(k), \quad \eta_{i2}(k) \in O(T) \\ \eta_{i1}(k+1) - \eta_{i1}(k), \quad \eta_{i2}(k+1) - \eta_{i2}(k) \in O(T^2) \end{cases} \tag{7.2.10}$$

基于 Sigmoid 函数的跟踪微分器 STD 同时具备了线性和非线性跟踪微分器的优势，当 STD 误差较大时，Sigmoid 函数的非线性特征可使得误差快速向零收敛，当 STD 误差较小时，Sigmoid 函数在原点附近的近似线性特征可使误差近似指数收敛于零。

7.2.4 线性离散扩张状态观测器

考虑到极局部模型和所设计的 iPD 控制器，集成总干扰量 $f_i(k)$ 的实时估计与补偿是无模型算法能否有效应用的关键。显然，利用延时估计（time-delay estimation，TDE）技术构建的无模型控制方法，在未知量 F 中的高频信号较弱且连续性较好的情况下，可实现有效估计与控制，在实际的外骨骼机器人控制中，该方法往往受限于测量噪声的估计，且延时估计难以对人体-外骨骼交互中可能产生的非连续性交互力实现有效估计。因此，本书采用一种线性离散扩张状态观测器（linear discrete-time extended state observer，LDESO）对 $f_i(k)$ 进行实时估计与补偿，降低测量噪声和非连续性交互的影响。该 LDESO 设计如下：

$$z_i(k+1) = \bar{\Phi} z_i(k) + \bar{\Gamma} \tau_i(k) - L_p(z_{i1}(k) - x_{i1}(k)) \tag{7.2.11}$$

相应的参数矩阵定义如下：

$$\bar{\Phi} = \begin{bmatrix} 1 & T & 0 \\ 0 & 1 & T \\ 0 & 0 & 1 \end{bmatrix}, \bar{\Gamma} = \begin{bmatrix} 0 \\ \alpha_i \\ 0 \end{bmatrix}, L_p = \begin{bmatrix} T\beta_{i1} \\ T\beta_{i2} \\ T\beta_{i3} \end{bmatrix}, z_i(k) = \begin{bmatrix} z_{i1}(k) \\ z_{i2}(k) \\ z_{i3}(k) \end{bmatrix}$$

其中，$\beta_{i1}, \beta_{i2}, \beta_{i3}$ 为需要整定的观测器增益，$z_{i1}(k), z_{i2}(k)$ 为角度、角速度的观测结果，$z_{i3}(k)$ 为一扩张状态，即 $f_i(k)$ 的估计结果。

7.2.5 基于线性离散扩张状态观测器的 iPD 控制器及稳定性分析

本书基于离散化极局部建模思想，利用所设计的三阶离散 Sigmoid 跟踪微分器（STD）和线性离散扩张状态观测器（LDESO），构建一种无模型运动控制算法，用于实现基于轨迹跟踪的外骨骼机器人被动康复训练任务。将 iPD 控制器中

的期望速度量 $\dot{q}_{di}(k)$、期望加速度量 $\ddot{q}_{di}(k)$ 和集成总干扰估计值 $\hat{f}_i(k)$ 分别替换为 STD 和 LDESO 中的相应变量，最终的控制律可描述为

$$\tau_i(k) = \frac{1}{\alpha_i}\left(k_{pi}e_{i1}(k) + k_{di}(p_{i2}(k) - x_{i2}(k)) + p_{i3}(k) - z_{i3}(k)\right) \quad (7.2.12)$$

基于离散扩张状态观测器的 iPD 无模型控制可描述如图 7.2.2 所示。

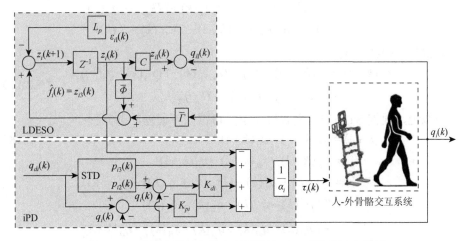

图 7.2.2　基于离散扩张状态观测器的 iPD 无模型运动控制

定理 2：利用所设计的三阶离散 STD 和线性离散扩张状态观测器 LDESO 所构建的无模型控制器（LDESO-iPD），当以下特征多项式的根在单位圆内时，可实现对给定轨迹 q_{di} 的稳定收敛跟踪：

$$\begin{cases} \left\|\lambda I_2 - G\right\| < 1 \\ \left\|\lambda I_3 - (\bar{\Phi} - L_p C)\right\| < 1 \end{cases} \quad (7.2.13)$$

其中，矩阵 G, C 定义如下：

$$G = \begin{bmatrix} 1 & T \\ -Tk_{pi} & 1 - Tk_{di} \end{bmatrix}, \quad C = \begin{bmatrix} 1 & 0 & 0 \end{bmatrix}$$

λ 为特征值，I_2, I_3 分别为 2×2 和 3×3 的单位矩阵。

证明：将 LDESO-iPD 控制律代入极局部模型后，可得如下方程：

$$x_{i2}(k+1) = x_{i2}(k) + T\alpha_i \cdot \frac{1}{\alpha_i}\left(k_{pi}e_{i1}(k) + k_{di}(p_{i2}(k) - x_{i2}(k)) + p_{i3}(k) - z_{i3}(k)\right) + Tf_i(k)$$

$$= x_{i2}(k) + Tk_{pi}e_{i1}(k) + Tk_{di}(p_{i2}(k) - x_{i2}(k))$$

$$+ Tp_{i3}(k) - T(z_{i3}(k) - f_i(k))$$

$$(7.2.14)$$

根据 STD 的定义可得

$$Tp_{i3}(k) = p_{i2}(k+1) - p_{i2}(k)$$ （7.2.15）

将以上方程代入可得

$$
\begin{aligned}
x_{i2}(k+1) &= x_{i2}(k)+Tk_{pi}e_{i1}(k) + Tk_{di}(p_{i2}(k) - x_{i2}(k)) \\
&\quad + p_{i2}(k+1) - p_{i2}(k) - T(z_{i3}(k) - f_i(k)) \\
&= \dot{q}_{di}(k+1) + (Tk_{di}-1)e_{i2}(k) + (Tk_{di}-1)\eta_{i2}(k) \\
&\quad + Tk_{pi}e_{i1}(k) + \eta_{i2}(k+1) - T(z_{i3}(k) - f_i(k))
\end{aligned}
$$ （7.2.16）

可得如下误差动态：

$$
\begin{aligned}
e_{i2}(k+1) &= -(Tk_{di}-1)e_{i2}(k) - Tk_{pi}e_{i1}(k)+T(z_{i3}(k) - f_i(k)) \\
&\quad -(\eta_{i2}(k+1) - \eta_{i2}(k)) - Tk_{di}\eta_{i2}(k)
\end{aligned}
$$ （7.2.17）

类似地，根据 STD 的定义和误差定义可得如下误差动态方程：

$$
\begin{aligned}
e_{i1}(k+1) &= q_{di}(k+1) - x_{i1}(k+1) \\
&= p_{i1}(k+1) - x_{i1}(k+1) - \eta_{i1}(k+1) \\
&= Tp_{i2}(k) + p_{i1}(k) - (Tx_{i2}(k) + x_{i1}(k)) - \eta_{i1}(k+1) \\
&= T\left(p_{i2}(k) - \dot{q}_{di}(k) + \dot{q}_{di}(k) - x_{i2}(k)\right) \\
&\quad + \left(p_{i1}(k) - q_{di}(k) + q_{di}(k) - x_{i1}(k)\right) - \eta_{i1}(k+1) \\
&= Te_{i2}(k) + e_{i1}(k) + T\eta_{i2}(k) + \eta_{i1}(k) - \eta_{i1}(k+1)
\end{aligned}
$$ （7.2.18）

最终，跟踪误差动态方程可描述如下：

$$
\begin{cases}
e_{i1}(k+1) = Te_{i2}(k) + e_{i1}(k) + T\eta_{i2}(k) + \eta_{i1}(k) - \eta_{i1}(k+1) \\
e_{i2}(k+1) = -(Tk_{di}-1)e_{i2}(k) - Tk_{pi}e_{i1}(k)+T(z_{i3}(k) - f_i(k)) \\
\qquad\qquad -(\eta_{i2}(k+1) - \eta_{i2}(k)) - Tk_{di}\eta_{i2}(k)
\end{cases}
$$ （7.2.19）

根据假设 2，有如下关系成立：

$$
\begin{cases}
T\eta_{i2}(k) + \eta_{i1}(k) - \eta_{i1}(k+1) \in O(T^2) \\
-(\eta_{i2}(k+1) - \eta_{i2}(k)) - Tk_{di}\eta_{i2}(k) \in O(T^2)
\end{cases}
$$ （7.2.20）

因此，误差动态可进一步描述为

$$
\begin{cases}
e_{i1}(k+1) = Te_{i2}(k) + e_{i1}(k) + O(T^2) \\
e_{i2}(k+1) = -(Tk_{di}-1)e_{i2}(k) - Tk_{pi}e_{i1}(k)+T(z_{i3}(k) - f_i(k)) + O(T^2)
\end{cases}
$$ （7.2.21）

根据假设 1，极局部模型可进一步扩展如下：

$$
\begin{cases}
x_{i1}(k+1) = x_{i1}(k) + Tx_{i2}(k) \\
x_{i2}(k+1) = x_{i2}(k) + T\alpha_i\tau_i(k) + Tf_i(k) \\
f_i(k+1) = f_i(k) + O(T^2)
\end{cases}
$$ （7.2.22）

可得如下观测误差动态：

$$\begin{aligned}\varepsilon_i(k+1) &= \bar{\Phi}\varepsilon_i(k) - L_p\varepsilon_{i1}(k) + O(T^2) \\ &= \bar{\Phi}\varepsilon_i(k) - L_pC\varepsilon_i(k) + O(T^2) \\ &= (\bar{\Phi} - L_pC)\varepsilon_i(k) + O(T^2)\end{aligned}$$

（7.2.23）

其中，$\varepsilon_i(k) = z_i(k) - x_i(k) = [\varepsilon_{i1}(k)\quad \varepsilon_{i2}(k)\quad \varepsilon_{i3}(k)]^T$ 为观测误差向量，$C = [1\quad 0\quad 0]$ 为输出矩阵，定义如下联合误差向量：

$$E_i(k) = [e_{i1}(k)\quad e_{i2}(k)\quad \varepsilon_{i1}(k)\quad \varepsilon_{i2}(k)\quad \varepsilon_{i3}(k)]$$

（7.2.24）

那么系统的整体误差动态方程可描述如下：

$$E_i(k+1) = HE_i(k) + O(T^2)$$

（7.2.25）

其中

$$H = \begin{bmatrix} 1 & T & 0 & 0 & 0 \\ -Tk_{pi} & 1-Tk_{di} & 0 & 0 & T \\ 0 & 0 & 1-T\beta_1 & T & 0 \\ 0 & 0 & -T\beta_2 & 1 & T \\ 0 & 0 & -T\beta_3 & 0 & 1 \end{bmatrix}$$

当采样步长足够小时，$O(T^2)$ 相比于系统误差动态可视为极小量，在分析中暂时忽略其影响。误差动态的收敛条件为如下特征多项式的根位于单位圆内：

$$|\lambda I_5 - H| = 0$$

（7.2.26）

其中，I_5 为 5×5 的单位矩阵。经过计算可知

$$|\lambda I_5 - H| = |\lambda I_2 - G||\lambda I_3 - (\bar{\Phi} - L_pC)|$$

（7.2.27）

显然，特征方程与以下方程等价：

$$\begin{cases} |\lambda I_2 - G| = 0 \\ |\lambda I_3 - (\bar{\Phi} - L_pC)| = 0 \end{cases}$$

（7.2.28）

证毕。

对于观测器参数的整定，这里将观测器误差动态重写为如下连续形式：

$$\begin{bmatrix} \dot{\varepsilon}_{i1} \\ \dot{\varepsilon}_{i2} \\ \dot{\varepsilon}_{i3} \end{bmatrix} = \begin{bmatrix} -\beta_{i1} & 1 & 0 \\ -\beta_{i2} & 0 & 1 \\ -\beta_{i3} & 0 & 0 \end{bmatrix}\begin{bmatrix} \varepsilon_{i1} \\ \varepsilon_{i2} \\ \varepsilon_{i3} \end{bmatrix}$$

（7.2.29）

其中，$O(T^2)$ 作为极小量在此忽略，观测器增益可根据如下特征多项式进行整定：

$$s^3 + \beta_{i1}s^2 + \beta_{i2}s + \beta_{i3} = (s + \omega_o)^3 \qquad (7.2.30)$$

其中，ω_o 为观测器的带宽，利用带宽整定的方法，仅需要根据控制需求整定带宽参数 ω_o 即可。

整个系统的稳定性可分离为反馈控制律的稳定性和观测器的稳定性，这体现了观测器设计中的分离性原则。控制器参数可根据劳斯稳定性判据进行整定，以上的讨论说明，尽管联合误差动态方程中的 $T\varepsilon_{i3}(k)$ 将会影响最终控制效果，但并不会对控制器整定过程造成困难。

7.2.6　数值仿真与康复训练实验

本书利用规划的髋关节、膝关节康复训练轨迹作为理想轨迹，首先利用 MATLAB/Simulink 仿真软件进行相应的数值计算和仿真，验证本章设计的三阶离散跟踪微分器（STD）的有效性和 LDESO-iPD 无模型运动控制算法的有效性；在仿真研究的基础上，将该方法应用于康复训练的辅助实验中。

1. 跟踪微分器 STD 结果

利用本章设计的三阶离散跟踪微分器 STD，对膝关节和髋关节的规划轨迹进行了两次微分，STD 的参数设置为：$R = 100, a_1 = a_2 = a_3 = 5, b_1 = b_2 = b_3 = 2$。计算结果如图 7.2.3 和图 7.2.4 所示，图中同时给出了传统的基于低通滤波的微分器计算结果，相比于传统方法，基于跟踪微分器 STD 的微分结果总体误差很小，且在一定程度上可避免二阶微分（加速度）的突变。

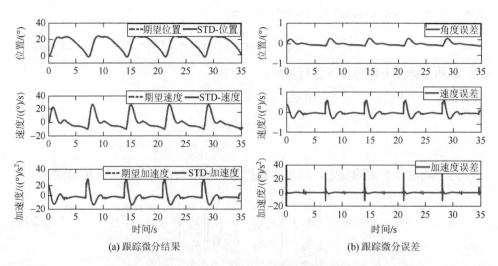

(a) 跟踪微分结果　　　　　　　　(b) 跟踪微分误差

图 7.2.3　髋关节轨迹 STD 跟踪微分结果

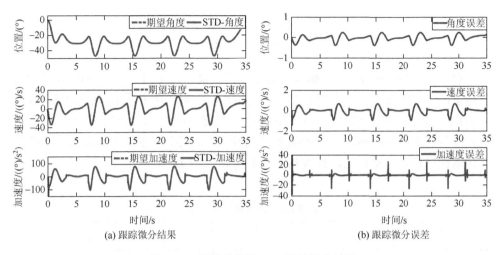

(a) 跟踪微分结果　　　　　　　　(b) 跟踪微分误差

图 7.2.4　膝关节轨迹 STD 跟踪微分结果

2. 数值仿真结果与分析

为验证本书所提出的 LDESO-iPD 算法的有效性，本节利用 MATLAB/Simulink 软件进行了数值仿真研究。根据图 7.2.1 和 7.2.1 节所建立的二自由度人体-外骨骼交互模型，将本章所设计的外骨骼机器人的大小腿杆件简化为均匀杆件后，可得到如下动力学模型信息：

$$M(q(t)) = \begin{bmatrix} 2h_1(t) & h_3(t) \\ h_3(t) & 2h_2(t) \end{bmatrix} \tag{7.2.31}$$

其中，

$$\begin{cases} h_1(t) = \dfrac{1}{2}I_A + \dfrac{1}{2}m_2(l_1^2 + 2l_1 l_{C_2}\cos q_2(t) + l^2{}_{C_2}) + \dfrac{1}{2}I_D \\[2mm] h_2(t) = \dfrac{1}{2}m_2 l_{C_2}^2 + \dfrac{1}{2}I_D \\[2mm] h_3(t) = m_2(l_1 l_{C_2}\cos q_2(t) + l_{C_2}^2) + I_D \end{cases} \tag{7.2.32}$$

此外，

$$C(q(t),\dot{q}(t)) = \begin{bmatrix} -2m_2 l_1 l_{C_2}\sin q_2(t)\dot{q}_1(t)\dot{q}_2(t) - m_2 l_1 l_{C_2}\sin q_2(t)\dot{q}_2^2(t) \\ m_2 l_1 l_{C_2}\sin q_2(t)\cdot \dot{q}_1^2(t) \end{bmatrix} \tag{7.2.33}$$

$$G(q(t)) = \begin{bmatrix} -(m_1 g l_{C_1} + m_2 g l_1)\cos q_1(t) - m_2 g l_{C_2}\cos(q_1(t) + q_2(t)) \\ -m_2 g l_{C_2}\cos(q_1(t) + q_2(t)) \end{bmatrix} \tag{7.2.34}$$

$$J(q(t)) = \begin{bmatrix} r_1 l_1 & l_1 \cos q_2(t) + r_2 l_2 \\ 0 & r_2 l_2 \end{bmatrix} \tag{7.2.35}$$

以上方程中，m_1, m_2 为大腿和小腿杆件的质量，I_A, I_D 为大腿和小腿杆件的转动惯量，$r_1 = 0.5$ 为大腿绑带相对髋关节的距离与大腿长度的比值，l_1 为大腿长度，$r_2 = 0.5$ 为小腿绑带与相对膝关节距离和小腿长度的比值，l_2 为小腿长度，l_{C_1} 为大腿质心与髋关节的距离，l_{C_2} 为小腿质心与膝关节的距离。仿真参数均根据 UG 中设计的样机实际质量设定，参数数值汇总如表 7.2.1 所示。

表 7.2.1　外骨骼仿真参数

参数	m_1	m_2	l_1	l_2	l_{C_1}	l_{C_2}	I_A	I_D
数值	3.8kg	4.2kg	0.45m	0.36m	0.23m	0.18m	0.2565kg·m²	0.0454kg·m²

为说明本书所设计的运动控制算法的有效性，本节在数值仿真中进行了对比研究，即针对人体-外骨骼交互系统的运动控制问题，同时设计了 PD 控制器、计算力矩控制器和基于延时估计的无模型控制器，对比的算法具体描述如下。

（1）PD 控制器：

$$\tau_i(k) = k_p e_{i1}(k) + k_d \dot{e}_{i1}(k) \tag{7.2.36}$$

其中，k_p, k_d 分别为 PD 控制参数。

（2）计算力矩控制器（computed torque controller，CTC）：

$$\tau_i(k) = M^{-1}(q(k))\left(\ddot{q}_d(k) + K_1 E(k) + K_2 \dot{E}(k)\right) + C(q(k), \dot{q}(k))\dot{q}(k) + G(q(k)) \tag{7.2.37}$$

其中，K_1, K_2 为 2×2 的对角型参数矩阵，$E(k) = [e_{11}(k) \quad e_{21}(k)]^{\mathrm{T}}$ 为误差向量。

（3）基于延时估计技术的 iPD 控制器（TDE-iPD）：

$$\tau_i(k) = \frac{1}{\alpha_i}\left(k_{pi} e_{i1}(k) + k_{di} e_{i2}(k) + \ddot{q}_{di}(k) - \hat{f}_i(k)\right) \tag{7.2.38}$$

其中，$\hat{f}_i(k)$ 为通过 TDE 获得的总干扰估计结果。

（4）本章提出的 LDESO-iPD 控制器。表 7.2.2 给出了仿真中 LDESO-iPD 控制器的控制参数。

表 7.2.2　LDESO-iPD 控制器参数

关节	k_{pi}	k_{di}	α_i	β_{i1}	β_{i2}	β_{i3}	T
髋关节	100	20	0.9	300	30000	1000000	0.001
膝关节	400	40	8	300	30000	1000000	0.001

　　图 7.2.5 和图 7.2.6 分别给出了髋关节和膝关节在以上四种不同控制器下的外骨骼运动控制效果,包括轨迹跟踪结果、轨迹跟踪误差和关节控制力矩。图中的运动控制结果表明,在选取合适的控制参数后,四种控制算法均可取得有效的轨迹跟踪控制,相比于其他控制器,LDESO-iPD 取得了最高的控制精度(髋关节误差在–0.1°~0.1°,膝关节误差在–0.2°~0.2°);在仿真中,由于引入了人体-外骨骼交互作用,CTC 方法的控制误差较大,在实际控制算法的应用中,模型辨识的困难和误差可能进一步降低控制精度甚至影响稳定性;通过合适的参数选取,PD 控制器可取得较准确的运动控制;对于 TDE-iPD 控制器,由于 TDE 对总干扰的实时估计与补偿,该控制可取得仅次于 LDESO-iPD 控制器的控制精度,然而由于 TDE 估计结果是基于加速度计算,延时行为对信号中高频部分或非连续时刻的估计存在较大误差,导致控制精度难以进一步提高,从图中的跟踪误差结果可以发现,TDE 易引起输出信号的小幅高频振荡。

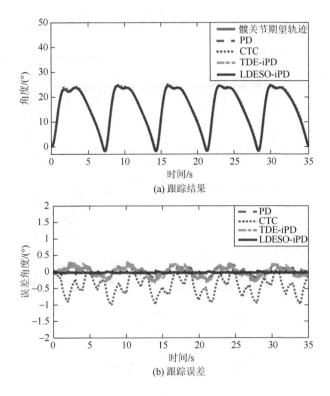

(a) 跟踪结果

(b) 跟踪误差

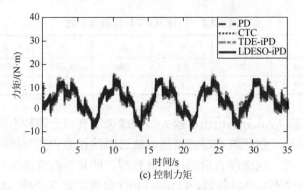

(c) 控制力矩

图 7.2.5 髋关节轨迹跟踪结果

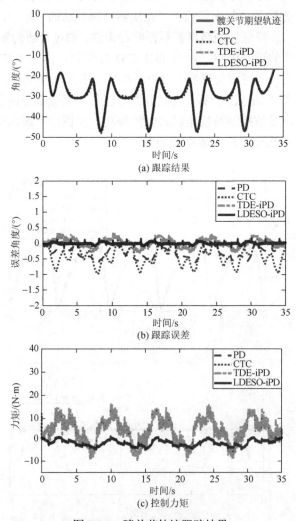

图 7.2.6 膝关节轨迹跟踪结果

为进一步说明 LDESO-iPD 的控制效果,图 7.2.7 给出了 LDESO 对总干扰量的估计结果。在数值仿真中,为验证算法的控制效果,人体-外骨骼交互系统中的交互作用力 F_{int1},F_{int2} 均设计为具有非连续性的信号,从图 7.2.7 可以看出,总干扰量也因此具有非连续性,而 LDESO 依然可以实现对总干扰量 f_1,f_2 的有效估计,也因此实现了运动控制中的准确性和稳定性。

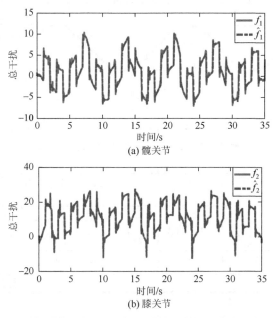

图 7.2.7　总干扰估计结果

3. 实验结果与分析

在仿真研究的基础上,本节基于第 3 章构建的下肢外骨骼康复训练辅助系统,进行了实验研究。本节首先进行了髋关节和膝关节正弦信号跟踪控制实验,经过一定的参数整定后,LDESO-iPD 最终的控制参数如表 7.2.3 所示。

表 7.2.3　LDESO-iPD 控制参数

参数	m_1	m_2	l_1	l_2	l_{C_1}	l_{C_2}	I_A	I_D
数值	3.8kg	4.2kg	0.45m	0.36m	0.23m	0.18m	0.2565kg·m^2	0.0454kg·m^2

同样地,为了更好地验证所提出的 LDESO-iPD 运动控制算法,本节在正弦信号的跟踪控制中同时对比了 PD 控制器和 TDE-iPI 控制器。图 7.2.8 和图 7.2.9 分别给出了外骨骼机器人非穿戴情况下,右腿髋关节和膝关节跟踪正弦信号的控制结果,包括轨迹跟踪结果、轨迹跟踪误差和关节电机的控制电流输入。

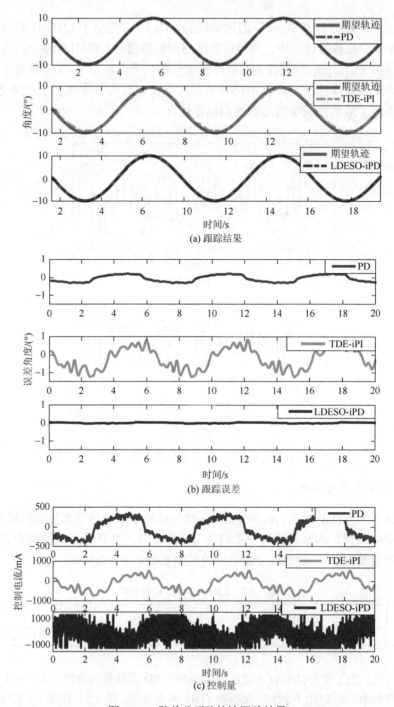

(a) 跟踪结果

(b) 跟踪误差

(c) 控制量

图 7.2.8　髋关节正弦轨迹跟踪结果

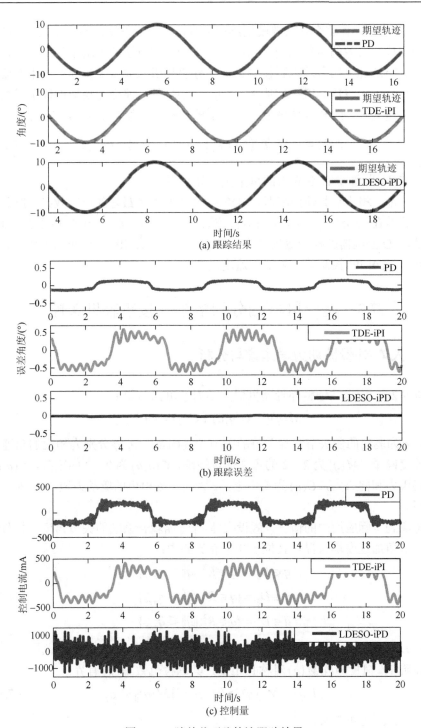

图 7.2.9　膝关节正弦轨迹跟踪结果

由于人体-外骨骼交互系统模型辨识困难以及交互作用的不确定性，CTC方法难以取得稳定有效的运动控制，因而本节未给出该方法的控制结果。此外，由于实验中关节加速度信号难以直接测量，微分器易引入大量高频噪声，本节难以应用数值仿真中的TDE-iPD控制器，而是对人体-外骨骼交互模型进行了极局部降阶建模，建立了一阶极局部模型，进一步地，构建了如下TDE-iPI控制器：

$$\tau_i(k) = \frac{1}{\alpha_i}\left(k_{pi}e_{i1}(k) + k_{ii}\int e_{i1}(k) + \dot{q}_{di}(k) - \hat{F}_i(k)\right) \tag{7.2.39}$$

其中，$\hat{F}_i(k)$为通过TDE获得的总干扰估计结果。

同样地，相比于其他控制器，LDESO-iPD取得了最好的控制效果，髋关节轨迹跟踪误差在$-0.05° \sim 0.05°$，膝关节轨迹跟踪误差在$-0.02 \sim 0.02°$。相比于TDE-iPI控制器，PD控制器的控制效果更好，控制误差较TDE-iPI可降低50%以上，主要原因在于TDE-iPI控制器中未引入速度反馈控制。

7.3　基于区域划分的多模式按需辅助策略

7.3.1　人体-外骨骼动力学建模与分析

与7.2节相似，人体-外骨骼机器人动力学可描述如下：

$$M(q)\ddot{q} + C(q,\dot{q}) + G(q) = \tau + \tau_{he} \tag{7.3.1}$$

其中，q为驱动的髋关节和膝关节的关节角度向量，$\dot{q}, \ddot{q}$分别为相应的角速度和角加速度向量，$M(q)$为2×2的可逆惯量矩阵，$C(q,\dot{q})$为2×2的矩阵，$C(q,\dot{q})$包含了科氏力和向心力，$G(q)$为重力矩，τ为关节处电机的驱动力矩，τ_{he}为交互作用力矩。

考虑到实际应用中的情况，假设人体-外骨骼耦合系统的关节角度、关节角速度、关节角加速度均有界，且位于如下有界集中：

$$\begin{aligned} q &\in D_q = \{q \in R^2, \|q\| \leqslant q_{max}\} \\ \dot{q} &\in D_{\dot{q}} = \{\dot{q} \in R^2, \|\dot{q}\| \leqslant \dot{q}_{max}\} \\ \ddot{q} &\in D_{\ddot{q}} = \{\ddot{q} \in R^2, \|\ddot{q}\| \leqslant \ddot{q}_{max}\} \end{aligned} \tag{7.3.2}$$

其中，D_q，$D_{\dot{q}}$，$D_{\ddot{q}}$均为康复增力型外骨骼机器人LLE-RePA的运动范围。

性质1：惯量矩阵$M(q)$对称且正定，其欧拉范数$M(q)$有界：

$$M(q) = M^T(q) > 0, \quad \rho_1 < \|M(q)\| < \rho_2 \tag{7.3.3}$$

其中，ρ_1，ρ_2为正常数。

性质2：科氏力和向心力矩阵$C(q,\dot{q})$有界，且

$$\left\|C(q,\dot{q})\right\| \leqslant \delta\left\|\dot{q}_{max}\right\| \qquad (7.3.4)$$

其中，δ 为正常数。

7.3.2　康复训练任务与策略设计

本节提出一种基于任务的按需辅助康复训练策略，该策略包含被动康复阶段（passive guide stage，PGS）和主动康复阶段（active performing stage，APS）。首先将康复运动任务定义为四种功能区域，即训练区域（training area）、辅助区域（assistant area）、抗阻区域（restrictive area）和禁止区域（exclusive area）。进一步，根据康复的不同阶段需求，本策略中将设计一种基于非线性干扰观测器（nonlinear disturbance observer，NDOB）的计算力矩控制器（CTC-NDOB），用于被动训练阶段 PGS 的康复训练辅助，该阶段穿戴者将在外骨骼 LLE-RePA 的辅助下学习康复训练步态；经过一定时间的步态训练和学习后，穿戴者的机能将得到一定的恢复且对训练步态有一定的记忆，此时可转入主动康复训练阶段，该阶段将应用一种基于力场方法的按需辅助策略，为患者的康复运动提供必要的辅助，在该模式下，患者可自由地调整运动步速，外骨骼机器人仅根据空间位置的偏差对患者进行辅助。

康复训练运动可根据健康人士的步态数据，描述成一种特定的运动路径，通过在这种路径中的运动，可以帮助患者建立肌肉记忆，重塑运动神经，本节将这种路径简要描述如图 7.3.1 所示。

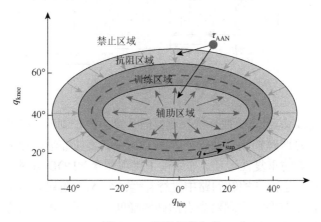

图 7.3.1　康复任务定义

图 7.3.1 中，虚线即为特定的运动路径，在 PGS 阶段，外骨骼 LLE-RePA 辅

助患者按照该轨迹运动，在重复性的运动训练中，患者的肌肉和神经将对该轨迹及运动模式产生记忆。在 APS 阶段，患者将根据指示，尽可能主动地重复这段运动，图中训练区域，外骨骼将仅跟随患者的运动，不提供辅助，患者可以在训练区域内自由运动，随时改变运动速度等，若患者可持续地在该区域运动，则认为其运动能力得到了较好的恢复。当患者无法维持在训练区域的运动，进入辅助区域时，外骨骼 LLE-RePA 将提供必要的辅助，使得患者的运动可以回到训练区域。相反，如果患者因为错误的肌肉反应或试图增大运动幅度，进入抗阻区域时，外骨骼 LLE-RePA 将同样提供辅助/阻碍力量，使得患者回到训练区域，抗阻区域在患者恢复较好、主动扩大运动范围的情况下，起到抗阻训练的作用。当患者运动不当或出现异常肌肉反应而进入禁止区域时，外骨骼 LLE-RePA 将停止运动，避免危险发生。

为实现以上所描述的康复训练过程与目标，本节设计了一种基于任务的按需辅助康复策略，如图 7.3.2 所示。

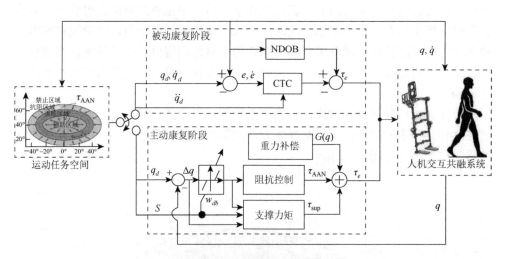

图 7.3.2　按需辅助康复策略

在 PGS 阶段，基于非线性干扰观测器的计算力矩控制器（CTC-NDOB）可实现稳定准确的轨迹跟踪控制，使得外骨骼 LLE-RePA 能够辅助患者完成准确的运动控制，实现有效的重复性运动。非线性干扰观测器 NDOB 可对未建模动态和外界扰动进行估计，进而在控制回路中进行补偿。在 APS 阶段，本节设计了一种基于力场方法的辅助策略，实现对患者的必要辅助，不同于直接给定参考轨迹进行跟踪控制，本策略中仅提供参考路径，该路径不包括时间信息，患者如同行走在一个虚拟的轨道中（训练区域），可以自由改变运动速度，该通道的宽度可进行适应性的调整。

7.3.3　被动康复阶段

根据 PGS 阶段设计的 CTC-NDOB 控制器，控制律可设计如下：

$$\tau = M(q)\big(\ddot{q}_d + K_d(\dot{q}_d - \dot{q}) + K_p(q_d - q)\big) + C(q,\dot{q})\dot{q} + G(q) - \hat{\tau}_{he}$$

$$(7.3.5)$$

其中，$\hat{\tau}_{he}$ 为人体-外骨骼交互力矩 τ_{he} 的估计值，q_d，$\dot{q}_d$，$\ddot{q}_d$ 分别为期望轨迹、期望速度和期望加速度，K_p，K_d 为 PD 误差增益，均为对角矩阵，将该控制力矩代入人体-外骨骼动力学方程后，可得到如下误差动态：

$$\ddot{\tilde{q}} + K_d\dot{\tilde{q}} + K_p\tilde{q} = M^{-1}(q)(\hat{\tau}_{he} - \tau_{he})$$

$$(7.3.6)$$

其中，$\tilde{q} = q_d - q$ 为轨迹跟踪误差，$\dot{\tilde{q}}$，$\ddot{\tilde{q}}$ 分别为速度误差和加速度误差。显然，如果 $\hat{\tau}_{he} \to \tau_{he}$ 成立，通过选取合适的参数矩阵 K_p，K_d，该控制器可实现有效的轨迹跟踪控制。

通过合理的设计，利用人体-外骨骼交互动力学模型特征，NDOB 可以对人体-外骨骼交互作用实现有效的估计和补偿，NDOB 具体设计如下：

$$\begin{cases} \hat{\tau}_{he} = z + p(q,\dot{q}) \\ \dot{z} = -L(q,\dot{q})z + L(q,\dot{q})\big(C(q,\dot{q})\dot{q} + G(q) - \tau - p(q,\dot{q})\big) \\ \dot{p}(q,\dot{q}) = L(q,\dot{q})M(q)\ddot{q} \end{cases} \qquad (7.3.7)$$

其中，z、$p(q,\dot{q})$ 均为辅助变量，$L(q,\dot{q})$ 为正定矩阵且决定了向量 $p(q,\dot{q})$。本节中，$L(q,\dot{q})$ 设计如下：

$$L(q,\dot{q}) = XM^{-1}(q,\dot{q})$$

$$(7.3.8)$$

其中，X 为常值对角阵，决定了 NDOB 的收敛速度。根据 NDOB 方程，可得如下结果：

$$\begin{aligned} \dot{\hat{\tau}}_{he} &= \dot{z} + \dot{p}(q,\dot{q}) \\ &= -L(q,\dot{q})z + L(q,\dot{q})\big(C(q,\dot{q})\dot{q} + G(q) - \tau - p(q,\dot{q})\big) + L(q,\dot{q})M(q)\ddot{q} \\ &= -L(q,\dot{q})(\hat{\tau}_{he} - p(q,\dot{q})) + L(q,\dot{q})\big(C(q,\dot{q})\dot{q} + G(q) - \tau - p(q,\dot{q})\big) + L(q,\dot{q})M(q)\ddot{q} \\ &= -L(q,\dot{q})\hat{\tau}_{he} + L(q,\dot{q})\big(C(q,\dot{q})\dot{q} + G(q) - \tau\big) + L(q,\dot{q})M(q)\ddot{q} \end{aligned}$$

$$(7.3.9)$$

根据动力学方程，可得

$$\tau_{he} - M(q)\ddot{q} = C(q,\dot{q}) + G(q) - \tau$$

$$(7.3.10)$$

结合以上两式可得

$$\dot{\hat{\tau}}_{he} = -L(q,\dot{q})\hat{\tau}_{he} + L(q,\dot{q})\left(\tau_{he} - M(q)\ddot{q}\right) + L(q,\dot{q})M(q)\ddot{q}$$
$$= -L(q,\dot{q})\hat{\tau}_{he} + L(q,\dot{q})\tau_{he} \tag{7.3.11}$$
$$= -L(q,\dot{q})\tilde{\tau}_{he}$$

其中，$\tilde{\tau}_{he} = \hat{\tau}_{he} - \tau_{he}$ 为观测误差向量，进一步可得

$$\dot{\tilde{\tau}}_{he} = -L(q,\dot{q})\tilde{\tau}_{he} - \dot{\tau}_{he} \tag{7.3.12}$$

定理1：考虑人体-外骨骼动力学方程和所设计的 NDOB，当如下条件满足时，观测误差 $\tilde{\tau}_{he}$ 可指数收敛到零：

（1）存在正定对称矩阵 $\varGamma$ 满足

$$X^{-1} + X^{-T} - X^{-T}\dot{M}(q)X^{-1} \geqslant \varGamma \tag{7.3.13}$$

（2）相比于观测误差动态，τ_{he} 的动态变化较为缓慢，即 $\dot{\tau}_{he} \approx 0$。

证明：考虑如下李雅普诺夫函数

$$V = (X^{-1}\tilde{\tau}_{he})^{T} M(q)(X^{-1}\tilde{\tau}_{he}) \tag{7.3.14}$$

由于 $M(q)$ 正定，标量 V 非负，对 V 沿时间一阶求导后可得

$$\dot{V} = (X^{-1}\dot{\tilde{\tau}}_{he})^{T} M(q)(X^{-1}\tilde{\tau}_{he}) + (X^{-1}\tilde{\tau}_{he})^{T} M(q)(X^{-1}\dot{\tilde{\tau}}_{he}) + (X^{-1}\tilde{\tau}_{he})^{T} \dot{M}(q)(X^{-1}\tilde{\tau}_{he})$$
$$= -\tilde{\tau}_{he}^{T} M^{-T}(q)M(q)X^{-1}\tilde{\tau}_{he} - \tilde{\tau}_{he}^{T} X^{-T}M(q)M^{-1}(q)\tilde{\tau}_{he} + \tilde{\tau}_{he}^{T} X^{-T}\dot{M}(q)(X^{-1}\tilde{\tau}_{he})$$
$$= -\tilde{\tau}_{he}^{T} X^{-1}\tilde{\tau}_{he} - \tilde{\tau}_{he}^{T} X^{-T}\tilde{\tau}_{he} + \tilde{\tau}_{he}^{T} X^{-T}\dot{M}(q)X^{-1}\tilde{\tau}_{he}$$
$$= -\tilde{\tau}_{he}^{T}(X^{-1} + X^{-T} + X^{-T}\dot{M}(q)X^{-1})\tilde{\tau}_{he}$$

$$\tag{7.3.15}$$

根据条件（2），有以下不等式成立：

$$\dot{V} \leqslant -\tilde{\tau}_{he}^{T} \varGamma \tilde{\tau}_{he} \tag{7.3.16}$$

因此，干扰观测误差将指数收敛到零。

7.3.4　主动康复阶段

在 APS 阶段，当患者处于训练区域时，重力补偿和必要的支撑力矩可保证患者的下肢实现自由运动。阻抗控制的应用使得患者下肢进入辅助区域或抗阻区域时，外骨骼 LLE-RePA 可根据当前的位置 q 和期望位置 q_d 计算出必要的辅助力矩。为将初始的训练轨迹归一化后称为路径信息，首先定义归一化参数 $s \in [0,1)$，其中 0 为初始位置，1 为终点位置，本节将路径 $q_d(s) = (q_{d\_hip}(s), q_{d\_knee}(s))$ 设计为

$$\begin{cases} q_{d\_hip} = 20\sin(2\pi s) + q_{0\_hip} \\ q_{d\_knee} = -30\cos(2\pi s) + q_{0\_knee} \end{cases} \tag{7.3.17}$$

该路径根据人体髋关节和膝关节的常规运动范围而设定（髋关节 70°～110°，膝关节 0°～60°），仅作为策略验证用途。在任意位置时，归一化参数 s 定义如下：

$$s = \min\left(\left\|\left(\frac{q_{d\_{\rm hip}}}{20}, \frac{q_{d\_{\rm knee}}}{30}\right) - \left(\frac{q_{\rm hip}}{20}, \frac{q_{\rm knee}}{30}\right)\right\|\right) \tag{7.3.18}$$

显然，该归一化参数与时间无关。

定义训练区域的宽度参数 $w_{\rm db}(s)$，该参数决定了虚拟通道的宽度，可根据具体的康复训练情况进行设定，路径误差定义如下：

$$\Delta\tilde{q}_i = \begin{cases} \Delta q_i + w_{\rm db}(s)_i, & \Delta q_i < -w_{\rm db}(s)_i \\ \Delta q_i - w_{\rm db}(s)_i, & \Delta q_i > w_{\rm db}(s)_i \\ 0, & |\Delta q_i| \leqslant \dfrac{1}{2} w_{\rm db}(s)_i \end{cases}, \quad i = {\rm hip}, \ {\rm knee} \tag{7.3.19}$$

其中

$$\Delta q = [\Delta q_{\rm hip}, \Delta q_{\rm knee}]^{\rm T} = q_d(s) - q$$

根据患者的运动范围，当超出运动区域时，根据阻抗原理所设计的辅助力矩（力场）如下：

$$\tau_{{\rm AAN}-i} = K_i(\Delta\tilde{q})\Delta\tilde{q}_i + B_i(\Delta\tilde{q})\Delta\dot{\tilde{q}}_i \tag{7.3.20}$$

其中，$K_i(\Delta\tilde{q}), B_i(\Delta\tilde{q})$ 为刚度和阻尼参数，该参数与当前的运动误差相关，$K_i(\Delta\tilde{q}), B_i(\Delta\tilde{q})$ 决定了力场的辅助力度，阻抗参数 $K_i(\Delta\tilde{q}), B_i(\Delta\tilde{q})$ 的适应性设计如下：

$$\begin{cases} K_i(\Delta\tilde{q}) = \left(\dfrac{1}{1 + {\rm e}^{-\mu\|\Delta\tilde{q}\|}} - \dfrac{1}{2}\right)K_{i-\max} + K_{i-\min} \\ B_i(\Delta\tilde{q}) = \nu\sqrt{K_i(\Delta\tilde{q})} \end{cases} \tag{7.3.21}$$

其中，μ 决定了 $K_i(\Delta\tilde{q}), B_i(\Delta\tilde{q})$ 的变化速度，$1 \leqslant \nu \leqslant 2$ 确保了力场具有足够的阻尼效应，$K_{i-\max}$ 为刚度参数的最大值，$K_{i-\min}$ 为刚度参数的最小值。Sigmoid 函数使得辅助力和运动误差之间构成了一种适应性关系，当 $\Delta\tilde{q}$ 较小时，$K_i(\Delta\tilde{q})$ 与 $\Delta\tilde{q}$ 呈近似线性关系，随着 $\Delta\tilde{q}$ 的增大，$K_i(\Delta\tilde{q})$ 的增速将减小，直到接近最大值。这种非线性适应性规则使得外骨骼 LLE-RePA 在刚进入异常区域时能够产生足够的辅助力矩，当 $\Delta\tilde{q}$ 较大时，$K_i(\Delta\tilde{q})$ 将停止增大，确保交互中的安全性。实际应用中，该参数 $K_i(\Delta\tilde{q}), B_i(\Delta\tilde{q})$ 应根据具体情况，通过患者的尝试后进行确定。肌力较弱的患者，$K_i(\Delta\tilde{q}), B_i(\Delta\tilde{q})$ 应较大，确保能够提供足够的辅助；肌力较强的患者，$K_i(\Delta\tilde{q}), B_i(\Delta\tilde{q})$ 应尽量减小，从而鼓励患者的主动运动参与；对于同一个患者，在不同阶段，$K_i(\Delta\tilde{q}), B_i(\Delta\tilde{q})$ 的设计将有所区别。在所有运动区域内，为了不给患者下肢造成负担，重力补偿不可缺少，但仅有重力补偿无法确保外骨骼有效且快速地跟随患者下肢的运动，尤其在训练区域。因此，本书设计支撑力矩，其方向沿着运动参考轨迹的切线方向，该辅助力矩设计如下：

$$\tau_{\text{sup}} = k_{\text{sup}} \mathrm{e}^{-\|\Delta q\|} \begin{bmatrix} \dot{q}_{\text{hip}} & 0 \\ 0 & \dot{q}_{\text{knee}} \end{bmatrix} \frac{\frac{\partial q_d(s)}{\partial s}}{\left\|\frac{\partial q_d(s)}{\partial s}\right\|} \tag{7.3.22}$$

其中，参数 k_{sup} 决定了支撑力的辅助力度。根据定义，支撑力的大小与运动速度正相关，从而使得患者改变速度时更加自如，此外，运动误差 $\|\Delta q\|$ 的增加将减少支撑力矩，当运动误差 $\|\Delta q\|$ 较大时，外骨骼减少支撑力可以起到纠正步态的作用。

因此，APS 阶段的控制方法可最终描述如下：

$$\begin{cases} \tau_{\text{active}} = \tau_{\text{AAN}} + \tau_{\text{sup}} + G(q) \\ \tau_{\text{AAN}} = [\tau_{\text{AAN-hip}} \quad \tau_{\text{AAN-knee}}]^{\mathrm{T}} \\ \tau_{\text{AAN}-i} = K_i(\Delta \tilde{q}) \Delta \tilde{q}_i + B_i(\Delta \tilde{q}) \Delta \dot{\tilde{q}}_i, \quad i = \text{hip,knee} \\ \tau_{\text{sup}} = k_{\text{sup}} \mathrm{e}^{-\|\Delta q\|} \begin{bmatrix} \dot{q}_{\text{hip}} & 0 \\ 0 & \dot{q}_{\text{knee}} \end{bmatrix} \frac{\frac{\partial q_d(s)}{\partial s}}{\left\|\frac{\partial q_d(s)}{\partial s}\right\|} \end{cases} \tag{7.3.23}$$

定理 2： 根据性质 1-2，人体-外骨骼系统动态在以上控制器控制下可实现有界稳定性。

证明： 假定人体下肢动态可近似描述如下：

$$\tau_h = \bar{M}_h \ddot{q} + \bar{C}_h \dot{q} + \tau_{h0} \tag{7.3.24}$$

其中，$\bar{M}_h, \bar{C}_h$ 为惯性矩阵和阻尼系数矩阵，τ_{h0} 为下肢为克服惯性产生的力矩。根据该假设，将 τ_h 和以上控制律代入人体-外骨骼动态，可得如下结果

$$M(q)\ddot{q} + C(q,\dot{q})\dot{q} + G(q) = \bar{M}_h \ddot{q} + \bar{C}_h \dot{q} + \tau_{h0} + \tau_{\text{AAN}} + \tau_{\text{sup}} + G(q) \tag{7.3.25}$$

进而可得

$$\left(M(q) - \bar{M}_h\right)\ddot{q} + \left(C(q,\dot{q}) - \bar{C}_h\right)\dot{q} - \tau_{h0} = \tau_{\text{AAN}} + \tau_{\text{sup}} \tag{7.3.26}$$

根据定义，τ_{sup} 可描述如下：

$$\tau_{\text{sup}} = C_{\text{sup}}(\Delta q)\dot{q} \tag{7.3.27}$$

其中，$C_{\text{sup}}(\Delta q)$ 为 2×2 的矩阵，进而可得如下误差动态：

$$\tilde{M}\ddot{q} + \tilde{C}\dot{q} - \tau_{h0} = K(\Delta \tilde{q})\Delta \tilde{q} + B(\Delta \tilde{q})\Delta \dot{\tilde{q}} \tag{7.3.28}$$

其中，

$$\tilde{M} = M(q) - \bar{M}_h, \tilde{C} = C(q,\dot{q}) - \bar{C}_h - C_{\text{sup}}(\Delta q),$$

$$K(\Delta \tilde{q}) = \begin{bmatrix} K_{\text{hip}}(\Delta \tilde{q}) & 0 \\ 0 & K_{\text{knee}}(\Delta \tilde{q}) \end{bmatrix},$$

$$B(\Delta \tilde{q}) = \begin{bmatrix} B_{\text{hip}}(\Delta \tilde{q}) & 0 \\ 0 & B_{\text{knee}}(\Delta \tilde{q}) \end{bmatrix}$$

根据不同的运动区域，稳定分析可按以下三种情况展开。

情况 1：人体-外骨骼处于训练区域内。根据 $\Delta\tilde{q}$ 的定义，当人体-外骨骼在训练处于内运动时，$\Delta\tilde{q}=\Delta\dot{\tilde{q}}=0$，误差动态可进一步改写如下：

$$\tilde{M}\ddot{q}+\tilde{C}\dot{q}-\tau_{h0}=0 \qquad (7.3.29)$$

此时人体-外骨骼动态由人体的力矩 τ_{h0} 产生，τ_{h0} 反映出人体的主动运动意图，由于人体-外骨骼一直处于训练区域，人体下肢不会主动破坏运动的稳定性，因此该种情况下人体-外骨骼系统运动始终稳定且有界。

情况 2：人体-外骨骼进入禁止区域。该情况下外骨骼 LLE-RePA 将停止提供辅助。

情况 3：人体-外骨骼进入辅助区域或抗阻区域。这种情况下，外骨骼 LLE-RePA 将辅助患者回到训练区域，该情况下控制目标为 $\Delta\tilde{q}\to 0$，根据性质 1-2 以及人体-外骨骼动力学特性可知，$\tilde{M},\tilde{C}$ 有界，由于 τ_{h0} 主要由患者提供，同样有界，因此可知，$\tilde{M}\ddot{q}+\tilde{C}\dot{q}-\tau_{h0}$ 有界，即

$$\left\|\tilde{M}\ddot{q}+\tilde{C}\dot{q}-\tau_{h0}\right\|=\|\eta\|\leqslant\eta_{\max} \qquad (7.3.30)$$

其中

$$\eta=[\eta_{\mathrm{hip}}\quad\eta_{\mathrm{knee}}]=\tilde{M}\ddot{q}+\tilde{C}\dot{q}-\tau_{h0} \qquad (7.3.31)$$

$\eta_{\max}$ 为正常数。误差动态可进一步描述如下：

$$\Delta\dot{\tilde{q}}+B^{-1}(\Delta\tilde{q})K(\Delta\tilde{q})\Delta\tilde{q}=B^{-1}(\Delta\tilde{q})\eta \qquad (7.3.32)$$

进而可得

$$\Delta\dot{\tilde{q}}+\frac{1}{\nu}B(\Delta\tilde{q})\Delta\tilde{q}=B^{-1}(\Delta\tilde{q})\eta \qquad (7.3.33)$$

对以上微分方程求解后可得

$$\begin{aligned}
\Delta\tilde{q}_i &=\Delta\tilde{q}_{i,t=0}\mathrm{e}^{-\int_0^t\frac{1}{\nu}B_i(\Delta\tilde{q})\mathrm{d}\sigma}+\mathrm{e}^{-\int_0^t\frac{1}{\nu}B_i(\Delta\tilde{q})\mathrm{d}\sigma}\int_0^t B_i^{-1}(\Delta\tilde{q})\eta_i\mathrm{e}^{\int_0^\varepsilon\frac{1}{\nu}B_i(\Delta\tilde{q})\mathrm{d}\sigma}\mathrm{d}\varepsilon\\
&\leqslant\Delta\tilde{q}_{i,t=0}\mathrm{e}^{-\int_0^t\frac{1}{\nu}B_i(\Delta\tilde{q})\mathrm{d}\sigma}+\mathrm{e}^{-\int_0^t\frac{1}{\nu}B_i(\Delta\tilde{q})\mathrm{d}\sigma}\int_0^t B_i^{-1}(\Delta\tilde{q})\eta_{\max}\mathrm{e}^{\int_0^\varepsilon\frac{1}{\nu}B_i(\Delta\tilde{q})\mathrm{d}\sigma}\mathrm{d}\varepsilon\\
&=\Delta\tilde{q}_{i,t=0}\mathrm{e}^{-\int_0^t\frac{1}{\nu}B_i(\Delta\tilde{q})\mathrm{d}\sigma}+\mathrm{e}^{-\int_0^t\frac{1}{\nu}B_i(\Delta\tilde{q})\mathrm{d}\sigma}\int_0^t\nu\eta_{\max}\mathrm{d}\mathrm{e}^{\int_0^\varepsilon\frac{1}{\nu}B_i(\Delta\tilde{q})\mathrm{d}\sigma}\\
&=\Delta\tilde{q}_{i,t=0}\mathrm{e}^{-\int_0^t\frac{1}{\nu}B_i(\Delta\tilde{q})\mathrm{d}\sigma}+\mathrm{e}^{-\int_0^t\frac{1}{\nu}B_i(\Delta\tilde{q})\mathrm{d}\sigma}\left(\nu\eta_{\max}\mathrm{e}^{\int_0^t\frac{1}{\nu}B_i(\Delta\tilde{q})\mathrm{d}\sigma}-\nu\eta_{\max}\right)\\
&=(\Delta\tilde{q}_{i,t=0}-\nu\eta_{\max})\mathrm{e}^{-\int_0^t\frac{1}{\nu}B_i(\Delta\tilde{q})\mathrm{d}\sigma}+\nu\eta_{\max}
\end{aligned}$$

$$(7.3.34)$$

其中，$(\Delta\tilde{q}_{i,t=0}-\nu\eta_{\max})\mathrm{e}^{-\int_0^t\frac{1}{\nu}B_i(\Delta\tilde{q})\mathrm{d}\sigma}$ 将指数收敛到 0，最终 $\Delta\tilde{q}_i\leqslant\nu\eta_{\max}$ 成立，即人体-

外骨骼系统最终有界稳定。

7.3.5 仿真结果与分析

为验证所提出的按需辅助方法的有效性,本节利用 MATLAB/Simulink 软件进行了仿真研究。仿真参数设置如表 7.3.1 所示。仿真分别针对被动训练阶段(PGS)和主动训练阶段(APS)展开。

表 7.3.1 仿真参数设置

参数	数值	含义
m_1	3.80kg	外骨骼大腿质量
m_2	4.21kg	外骨骼小腿质量
l_1	0.42m	外骨骼大腿长度
l_2	0.39m	外骨骼小腿长度
m_{h1}	9.31kg	人体大腿质量
m_{h2}	3.84kg	人体小腿质量
l_{h1}	0.42m	人体大腿长度
l_{h2}	0.39m	人体小腿长度

1. 被动训练阶段

为验证 CTC-NDOB 方法的有效性,本节分别对比了 CTC-NDOB 方法、传统 CTC 方法和基于线性干扰观测器的 CTC 方法(CTC-LDOB)。在被动训练模式下应用这三种方法对某一特定轨迹进行跟踪的结果如图 7.3.3 所示。

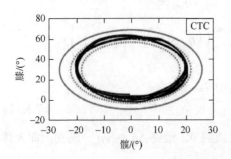
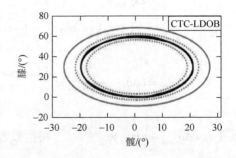

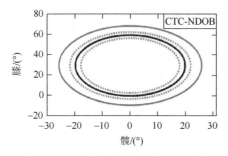

图 7.3.3 不同控制方法下的跟踪结果

根据图 7.3.3 可知，干扰观测器可明显提高控制器的跟踪效果。在实际的仿真中，CTC 算法中的模型误差调整为 20%，由于建模误差和人体-外骨骼交互作用，CTC 控制器难以取得精确跟踪，尤其在膝关节的跟踪控制中，为进一步分析控制效果，图 7.3.4 给出了关节跟踪误差结果。

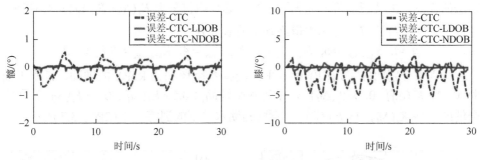

图 7.3.4 关节跟踪误差

由于利用了动力学中的非线性结构，CTC-NDOB 取得了最高的跟踪精度。为进一步说明 NDOB 相比于 LDOB 的优势，图 7.3.5 给出了交互力矩估计结果。

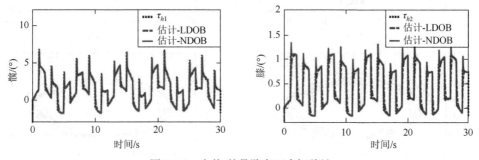

图 7.3.5 人体-外骨骼交互力矩估计

由图可知，NDOB 对交互力矩的估计更为快速和准确。图 7.3.6 给出了各关节的控制力矩。

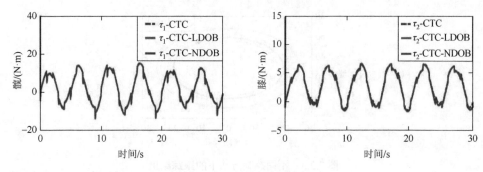

图 7.3.6   关节控制力矩

2. 主动训练阶段

首先，为有效验证所提出的方法，仿真中设置人体下肢力量水平为 95%～105%正弦波动。100%力量意味着患者可独立完成康复训练运动。根据 APS 阶段方法的描述，主动康复阶段的辅助水平可通过阻抗参数 $K_i(\Delta\tilde{q}), B_i(\Delta\tilde{q})$ 进行调节，经过一定的参数调节，仿真中最终确定的参数为

$$\mu=1,\ K_{\text{hip-max}}=5,\ K_{\text{hip-min}}=1,\ K_{\text{knee-max}}=4,\ K_{\text{knee-min}}=0.8,\ \nu=2$$

仿真中分别比较了四种辅助水平：没有外骨骼 LLE-RePA 的辅助，低水平辅助（$0.1\times K_i(\Delta\tilde{q})$, $0.1\times B_i(\Delta\tilde{q})$），中等水平辅助（$0.5\times K_i(\Delta\tilde{q})$, $0.5\times B_i(\Delta\tilde{q})$）和完全辅助（$1\times K_i(\Delta\tilde{q})$, $1\times B_i(\Delta\tilde{q})$）。不同辅助水平下的训练效果如图 7.3.7 所示。

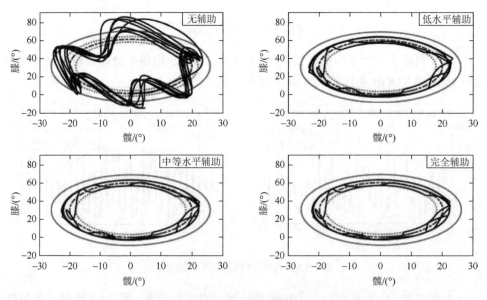

图 7.3.7   不同辅助水平下的训练效果

　　由图中结果可知，没有外骨骼辅助的情况下，患者无法维持在训练区域内的运动，甚至可能进入禁止区域，尽管只有 5%的肌力异常，也可能导致康复过程产生危险。低水平辅助情况下，患者可在大部分时间内保持在训练区域，但在改变方向的时刻，患者易进入抗阻区域。当辅助力量提高到中等水平辅助和完全辅助时，康复运动的表现得到明显提升，患者始终处于训练区域。实际应用中，外骨骼的辅助水平需要结合具体情况进行调整，使得康复任务既具有挑战性，又不至于使患者的主动力矩太小。

　　为更好地验证方法的有效性，5%的力矩波动在后续的仿真中一直存在，以此模拟患者力矩的不稳定。图 7.3.8 给出了不同肌力水平（80%～120%）的患者在外骨骼辅助下的康复训练效果。

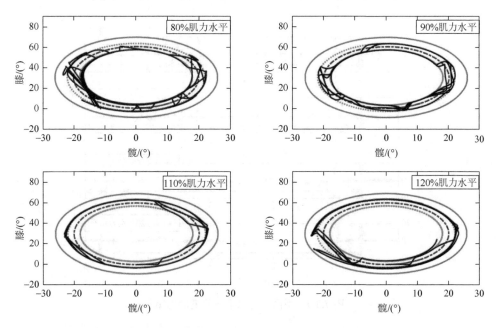

图 7.3.8　不同肌力水平的患者康复运动效果

　　由图可知，肌力水平为 90%和 110%的患者可将康复运动维持在训练区域，当肌力水平降低至 80%或升高至 120%时，康复运动依然可以在大部分时间内保持在训练区域，患者不会进入禁止区域，图 7.3.9 给出了各种情况下的辅助力矩。

　　由辅助力矩输出结果可知，当患者处于训练区域时，辅助力矩为 0，图中辅助阶段用虚线和双箭头线标出。当患者超出训练区域时即产生辅助力矩，对患者的运动进行纠正。图 7.3.10 给出了 110%肌力水平下外骨骼关节力矩和力场策略中的阻抗参数。

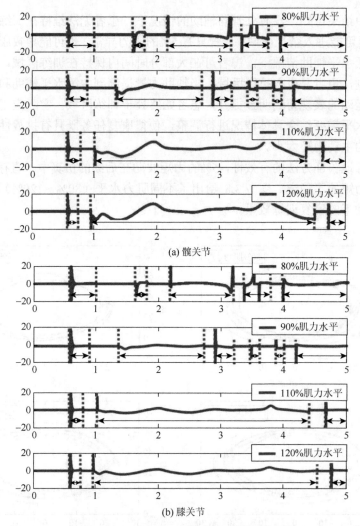

图 7.3.9　不同肌力水平下的辅助力矩

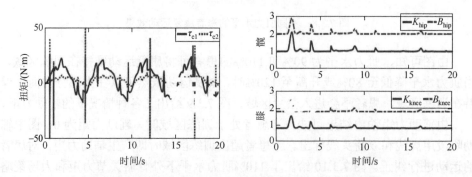

图 7.3.10　110%肌力水平下外骨骼关节力矩和阻抗参数

7.4　本 章 小 结

本章针对不同的康复训练任务和要求（被动式康复训练、主动式康复训练等），分别设计了基于轨迹跟踪控制的被动式康复训练策略和基于多模式划分的按需辅助策略。在被动式康复训练策略中，本章通过设计具有扰动观测和抑制能力的无模型自适应轨迹跟踪控制器（LDESO-iPD）实现准确稳定的轨迹跟踪控制，满足被动式康复训练任务要求，利用基于 ZMP 稳定性理论规划的康复训练步态，可实现最终的被动式康复训练，跟踪控制的准确性和稳定性通过仿真与实验研究进行了验证；在按需辅助康复训练策略的设计中，本书根据不同康复训练阶段（被动康复阶段、主动康复阶段），利用干扰观测技术、力场控制、阻抗控制等手段，设计系统的康复训练策略，将人体-外骨骼的运动空间划分为不同的功能区域，包括训练区域（training area）、辅助区域（assistant area）、抗阻区域（restrictive area）和禁止区域（exclusive area），进而产生相应的训练模式，使得下肢外骨骼系统可根据不同使用者的不同需求，完成康复训练任务，本章通过仿真研究验证了按需辅助策略的有效性。

第 8 章　下肢外骨骼增力辅助策略研究

8.1　概　　述

在增力辅助模式下，由于人体的主动运动情况复杂、步态不平滑甚至存在不连续性，行走场景与地面环境多样，所以人与外骨骼的交互作用成为控制与任务执行中面临的最大问题，也是最大的难点。由于在增力辅助模式下，下肢系统的运动在摆动相和支撑相有着完全不同的动力学特性，5.1 节的混杂特性分析中也已经指出并做了详尽的说明，故本章的研究需将这两个相位的控制策略分别进行设计与介绍，最终在不同控制策略的切换控制作用下达到增力的任务要求。

8.2　人体-外骨骼交互模型

根据拉格朗日动力学方程，人机外骨骼交互模型可做如下描述：

$$\begin{cases} M_e(q_e)\ddot{q}_e + C_e(q_e,\dot{q}_e)\dot{q}_e + G_e(q_e) = \tau_e + J(q_e)F_{\mathrm{int}} \\ M_h(q_h)\ddot{q}_h + C_h(q_h,\dot{q}_h)\dot{q}_h + G_h(q_h) = \tau_h - J(q_e)F_{\mathrm{int}} \end{cases} \tag{8.2.1}$$

其中，q_e，q_h 分别为外骨骼和人体的关节角度，对于摆动腿，髋关节与膝关节为主要驱动关节，故在摆动相时 $q_e = [q_{\text{e-hip}} \quad q_{\text{e-knee}}]^{\mathrm{T}}$，$q_h = [q_{\text{h-hip}} \quad q_{\text{h-knee}}]^{\mathrm{T}}$。对于支撑相主要的驱动角度为踝关节、膝关节和髋关节，故在支撑相 $q_e = [q_{\text{e-ankle}} \quad q_{\text{e-knee}} \quad q_{\text{e-hip}}]^{\mathrm{T}}$，$q_h = [q_{\text{h-ankle}} \quad q_{\text{h-knee}} \quad q_{\text{h-hip}}]^{\mathrm{T}}$。$\dot{q}_e$，$\ddot{q}_e$，$\dot{q}_h$，$\ddot{q}_h$ 为相应的速度量和加速度量，τ_e，τ_h 为外骨骼和人体关节的驱动力矩，$M_e(q_e)$，$M_h(q_h)$ 为可逆惯量矩阵，$C_e(q_e,\dot{q}_e)$，$C_h(q_h,\dot{q}_h)$ 包含科氏力与向心力，$G_e(q_e)$，$G_h(q_h)$ 为重力项，$J(q_e)$ 为雅可比矩阵，F_{int} 为人与外骨骼下肢之间的交互作用力，此外在摆动相 $F_{\mathrm{int}} = [F_{\text{thigh}} \quad F_{\text{shank}}]^{\mathrm{T}}$，在支撑相 $F_{\mathrm{int}} = [F_{\text{shank}} \quad F_{\text{thigh}} \quad F_{\text{back}}]^{\mathrm{T}}$。

由于外骨骼与人体在运动过程时刻产生交互行为，其动力学不断产生相互约束，其交互作用则主要来自穿戴者的绑定位置，其交互情况如图 8.2.1 所示。

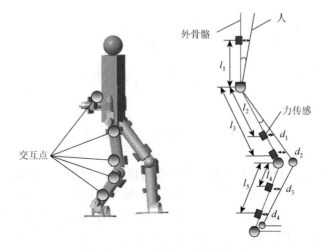

图 8.2.1　人体-外骨骼交互模型

人体-外骨骼交互点模型可描述成如下阻抗模型：

$$F_{\text{int}} = M\ddot{x} + B\dot{x} + Kx \tag{8.2.2}$$

其中，F_{int} 为该点的交互力（拉力或者压力），$\ddot{x}, \dot{x}, x$ 为相应的加速度、速度和交互点的位移量，M, B, K 分别为质量、阻尼和刚度系数，且在实际应用中有待于进一步辨识和选取。显然在位置跟踪足够有效的前提下，如果 $x \to 0$，F_{int} 将趋向于零。通过拉普拉斯变换，两者关系可描述为

$$\Delta X = \frac{F_{\text{int}}}{Ms^2 + Bs + K} \tag{8.2.3}$$

交互点位置 $l_i\,(i=1,2,3,4)$ 与对应的交互位移量 $d_i\,(i=1,2,3,4)$ 的关系可近似为

$$\begin{cases} d_1 = l_1\Delta\theta_3 \\ d_2 = l_2\Delta\theta_3 \\ d_3 = d_2 + l_3\Delta\theta_4 \\ d_4 = d_2 + l_4\Delta\theta_4 \end{cases} \Rightarrow \begin{cases} \Delta\theta_3 = \dfrac{d_1}{l_1} = \dfrac{d_2}{l_2} \\ \Delta\theta_4 = \dfrac{d_3-d_2}{l_3} = \dfrac{d_4-d_2}{l_4} \end{cases} \tag{8.2.4}$$

l_2 接近大腿长度。大腿/小腿的两个力传感计算出的角度偏差均值将作为最终的交互角度修正偏差，即

$$\begin{cases} \Delta\theta_3 = \dfrac{1}{2}\left(\dfrac{d_1}{l_1} + \dfrac{d_2}{l_2}\right) \\ \Delta\theta_4 = \dfrac{1}{2}\left(\dfrac{d_3-d_2}{l_3} + \dfrac{d_4-d_2}{l_4}\right) \end{cases} \tag{8.2.5}$$

或者
$$\begin{cases} \Delta\theta_3 = \dfrac{d_1}{l_1} = \dfrac{d_2}{l_2} = \dfrac{1}{2}\left(\dfrac{d_1}{l_1} + \dfrac{d_2}{l_2}\right) \\ \Delta\theta_4 = \dfrac{d_3 - d_2}{l_3} = \dfrac{d_4 - d_2}{l_4} = \dfrac{1}{2}\left(\dfrac{d_3 - d_2}{l_3} + \dfrac{d_4 - d_2}{l_4}\right) \end{cases} \tag{8.2.6}$$

8.3　摆动相控制策略

当人体-外骨骼系统的下肢部分处于摆动相位时，人体下肢的运动速度相对较快，对外骨骼而言，交互作用更为明显且具有快时变的特点，对外骨骼控制而言，其难度在于需要快速跟随人体下肢运动。尽管从位置跟踪的角度出发，摆动相有着与康复运动控制相似的目的，但是由于运动过程中外骨骼实际处于被动跟随的地位，而参考轨迹由人体的运动产生，比被动康复的情形更为复杂，且必须尽量减小与人体下肢的接触力，从而减轻人体行走过程中的重量负担。为实现这一目的，摆动相主要采用了以位置伺服策略为内环，交互力控制为外环的力/位混合控制策略，以实现外骨骼对人体轨迹的快速跟踪并抑制与人体之间由于绑带固定因素带来的交互作用。摆动相控制策略如图 8.3.1 所示。

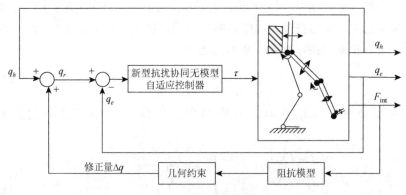

图 8.3.1　摆动相控制策略

根据阻抗模型可计算出减小人体-外骨骼之间交互力所需的实时修正量 Δq，对于实际控制对象而言，由于人与外骨骼之间的阻抗参数无法直接测量，且其参数并非常数，具有非线性时变特征，难以进行准确辨识，因此本书采用一种自适应阻抗方法，利用自适应策略，对阻抗参数进行实时调整，其自适应律为

$$\begin{cases} \dot{M} = -\lambda_M \Lambda^{-1} F_{\text{int}} \Delta\ddot{x}^{\text{T}} \\ \dot{B} = -\lambda_B \Lambda^{-1} F_{\text{int}} \Delta\dot{x}^{\text{T}} \\ \dot{K} = -\lambda_K \Lambda^{-1} F_{\text{int}} \Delta x^{\text{T}} \end{cases} \tag{8.3.1}$$

其中，$\lambda_M, \lambda_B, \lambda_K$ 为常值正定对角矩阵，进一步可得阻抗参数为

$$
\begin{cases}
M = -\lambda_M \int \Lambda^{-1} F_{\text{int}} \Delta \ddot{x}^{\mathrm{T}} \mathrm{d}t \\
B = -\lambda_B \int \Lambda^{-1} F_{\text{int}} \Delta \dot{x}^{\mathrm{T}} \mathrm{d}t \\
K = -\lambda_K \int \Lambda^{-1} F_{\text{int}} \Delta x^{\mathrm{T}} \mathrm{d}t
\end{cases}
\tag{8.3.2}
$$

其中，$M_{\min} \leqslant M \leqslant M_{\max}$，$B_{\min} \leqslant B \leqslant B_{\max}$，$K_{\min} \leqslant K \leqslant K_{\max}$，$(\cdot)_{\min}, (\cdot)_{\max}$ 为相应参数的上下界。为进一步说明其稳定性与收敛性，定义如下代价函数：

$$
V = \frac{1}{2} F_{\text{int}}^{\mathrm{T}} \Lambda F_{\text{int}}
\tag{8.3.3}
$$

由于 $\dot{F}_{\text{int}} = \dot{M}\dfrac{\partial F}{\partial M} + \dot{B}\dfrac{\partial F}{\partial B} + \dot{K}\dfrac{\partial F}{\partial B} = \dot{M}\Delta\ddot{x} + \dot{B}\Delta\dot{x} + \dot{K}\Delta\dot{x}$，对 V 求关于时间的微分可得

$$
\begin{aligned}
\dot{V} &= F_{\text{int}}^{\mathrm{T}} \Lambda (-\lambda_M \Lambda^{-1} F_{\text{int}} \Delta\ddot{x}^{\mathrm{T}} \Delta\ddot{x} - \lambda_B \Lambda^{-1} F_{\text{int}} \Delta\dot{x}^{\mathrm{T}} \Delta\dot{x} - \lambda_K \Lambda^{-1} F_{\text{int}} \Delta x^{\mathrm{T}} \Delta x) \\
&= -\lambda_M \left\| F_{\text{int}} \Delta\ddot{x}^{\mathrm{T}} \right\|^2 - \lambda_B \left\| F_{\text{int}} \Delta\dot{x}^{\mathrm{T}} \right\|^2 - \lambda_K \left\| F_{\text{int}} \Delta x^{\mathrm{T}} \right\|^2 \leqslant 0
\end{aligned}
\tag{8.3.4}
$$

故可得当 $F_{\text{int}} \neq 0$ 时，$\dot{V} < 0$，人体-外骨骼之间的交互力将渐进收敛到期望值 0。

8.4　支撑相控制策略

当人体-外骨骼系统处于支撑相位时，其运动类似倒摆运动，以地面为支撑点绕足部踝关节转动，相比于摆动相运动，由于需要负载和平衡足部以上的全部重量，其运动速度相对较慢，幅度也相对较小，且由于惯性作用，具有一定的被动特点，部分运动能量来自身体与负载在重力作用下的势能影响。与摆动相相比，在支撑相外骨骼需要提供足够的支撑力以协助人体减轻负载的负担，其交互作用力相对较大，但其交互力的作用并非对人体产生负面影响，而是对下肢及上身产生支撑作用，故本书并未对该交互力进行抑制处理，从增力辅助的角度出发，抑制交互力极有可能导致负重任务失败，反过来增加人体的负重难度。因而在支撑相采用了以人体运行轨迹为参考的位置跟踪与阻抗控制相结合的控制策略，其阻抗原点定义为站立情况下的姿态（下肢与地面垂直），交互力作用依据其方向做位置伺服修正，其修正逻辑为：若交互力大于零（$F_{\text{int}} > 0$），则表明外骨骼结构件在下拉人体下肢，对人体造成负担，需要对外骨骼的参考输入作出与力方向相反的修正，其修正量根据雅可比矩阵来确定（$\tau_u = J F_{\text{int}}$）；若交互力不大于零（$F_{\text{int}} \leqslant 0$），则表明外骨骼实现对人体下肢活动轨迹的有效跟随且起到了增力效果。此外，根据其负重任务特点，引入了重力补偿部分，具体策略如图 8.4.1 所示。

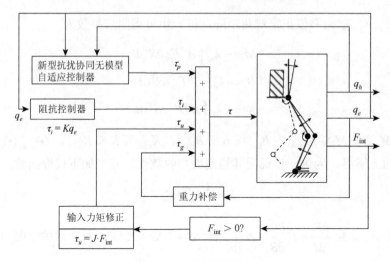

图 8.4.1 支撑相控制策略

8.5 联合仿真实验研究

8.5.1 基于 MATLAB/Simulink 的仿真实验研究

利用数学仿真软件 MATLAB/Simulink 建立外骨骼单腿数学模型并进行数学仿真，同时将本节提出的以新型抗扰协同无模型控制策略为核心的阻抗控制方法与现有的方法进行对比仿真研究，在摆动相与所提方法进行对比的包括重力补偿方法（gravity compensation，GC）、传统阻抗方法（impedance control，IC）以及未加控制时的控制结果，在支撑相与所提方法进行比较的为重力补偿方法以及未加控制时的效果。其控制结果如图 8.5.1 和图 8.5.2 所示。

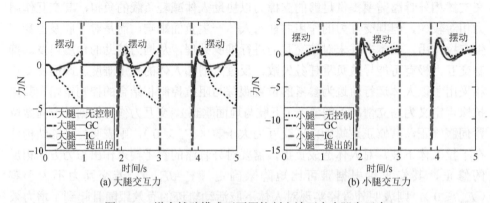

(a) 大腿交互力

(b) 小腿交互力

图 8.5.1 增力辅助模式下不同控制方法下大小腿交互力

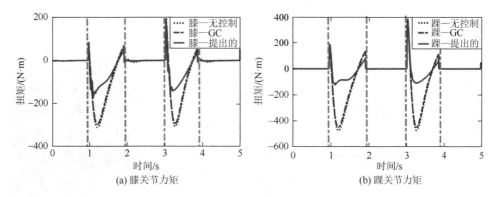

(a) 膝关节力矩　　　　　　　　　　　(b) 踝关节力矩

图 8.5.2　增力辅助模式下不同控制方法下人体关节力矩

图 8.5.1 为在摆动相大小腿的人体-外骨骼交互力,从对比结果可以看出,在同等条件下,相比于其他方法,本节所提出的基于新型抗扰协同无模型自适应控制的方法使得摆动相人与外骨骼之间的交互力达到最小。图 8.5.2 为人体膝关节、踝关节所产生的关节力矩,显然支撑相由于需要承担身体与负载的全部重量并完成支撑移动动作,其所需的力矩相比于摆动相明显较大,通过对比曲线可以看出,本节所采用的基于新型抗扰协同无模型运动控制方法的辅助策略对人体下肢的支撑运动可起到明显的增力辅助效果。

8.5.2　基于 ADAMS-MATLAB/Simulink 的联合仿真实验研究

增力辅助模式下的测控仿真要能够模拟地面重力环境,ADAMS 动力学软件能够提供完整的重力环境和其他的接触力、弹簧阻尼等约束,其动力环境可以很好地模拟实际系统动力学作用,对于所设计并最终生产加工的实物样机 3D 模型,其在 ADAMS 仿真环境中建立的动力学仿真系统如图 8.5.3 所示。

图 8.5.3　ADAMS 仿真环境中人机外骨骼系统

图 8.5.4 给出了联合仿真流程图。

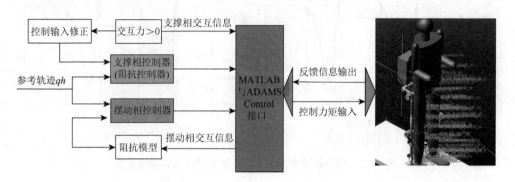

图 8.5.4　ADAMS 与 MATLAB/Simulink 联合仿真流程图

1. 摆动相联合仿真研究

当人体与外骨骼处于摆动相时,外骨骼的控制目标在于实时快速地跟随相应的下肢运动,减小交互力,从而尽量减小因外骨骼带来的额外负重。故在支撑相应采取具有低阻抗特性的控制策略。针对有无负重 35kg 的情况,分别进行了联合仿真研究,行走步速为 1.1m/s。无负重情况下大小腿交互力控制结果如图 8.5.5 和图 8.5.6 所示。

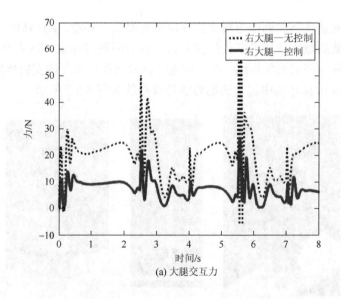

(a) 大腿交互力

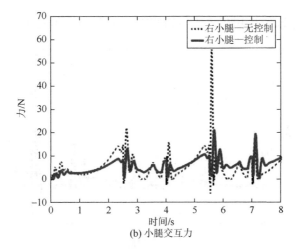

(b) 小腿交互力

图 8.5.5　增力辅助模式下无负重情况下右腿交互力

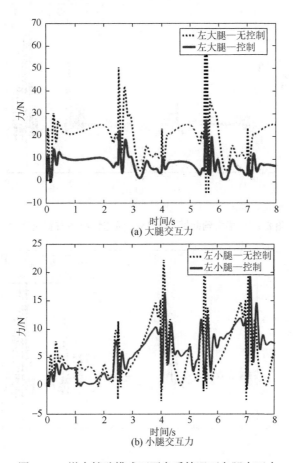

(a) 大腿交互力

(b) 小腿交互力

图 8.5.6　增力辅助模式下无负重情况下左腿交互力

35kg 负重情况下大小腿交互力控制结果如图 8.5.7 和图 8.5.8 所示。

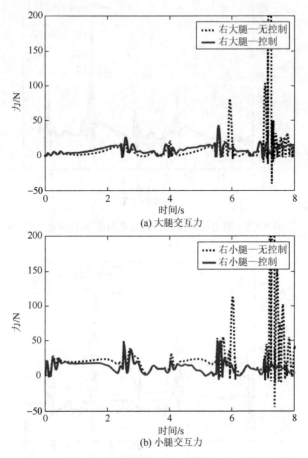

(a) 大腿交互力

(b) 小腿交互力

图 8.5.7　增力辅助模式下 35kg 负重情况下右腿交互力

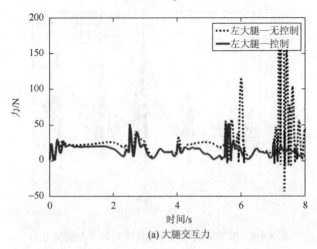

(a) 大腿交互力

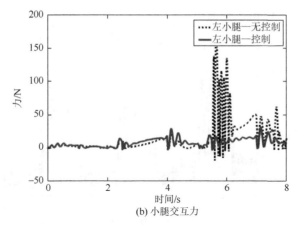

(b) 小腿交互力

图 8.5.8　增力辅助模式下 35kg 负重情况下左腿交互力

从以上交互力的控制结果来看，对于不同负重情况下的人机交互作用，本书所采取的策略均能对交互力进行明显的抑制或消除，同时可抑制因碰撞等导致的交互不稳定情况（图中 7s 后），可明显减轻人体下肢在摆动相带动外骨骼运动的负担，给摆动相外骨骼下肢赋予了足够的低阻抗特性，从而达到顺应人体运动的柔顺目的。

2. 支撑相联合仿真研究

当人体与外骨骼处于支撑相位时，动力学与摆动相完全不同，外骨骼的主要任务是实现对人体的负重增力辅助，所以应当使得外骨骼在支撑相具备高阻抗特性，利用 8.4 节的阻抗控制策略，通过检验人腿各关节力矩在控制前后的对比，来判断所采用的控制策略是否起到增力辅助效果，同样对于有无负重 35kg 的情况，其控制结果如图 8.5.9 和图 8.5.10 所示，行走步速为 1.1m/s。

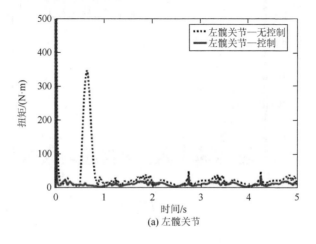

(a) 左髋关节

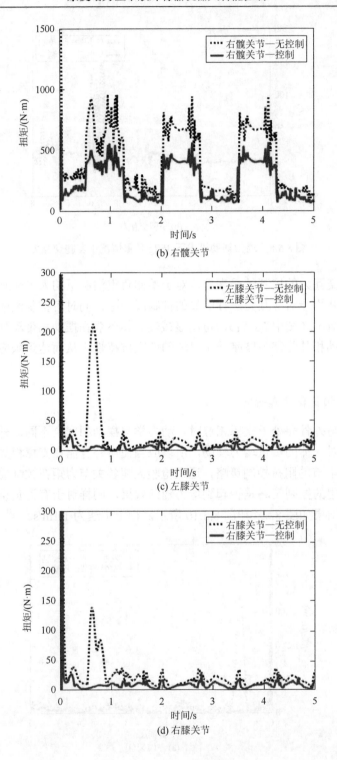

(b) 右髋关节

(c) 左膝关节

(d) 右膝关节

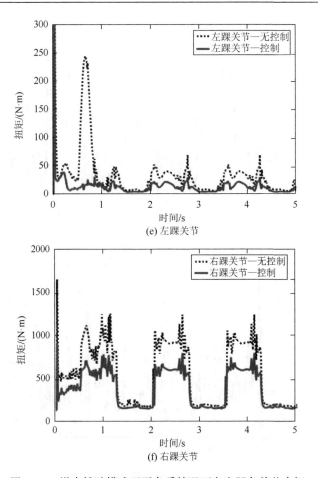

(e) 左踝关节

(f) 右踝关节

图 8.5.9　增力辅助模式下无负重情况下左右腿各关节力矩

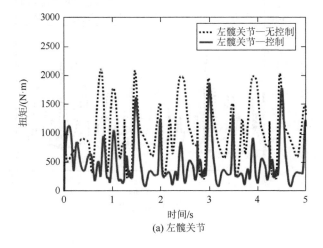

(a) 左髋关节

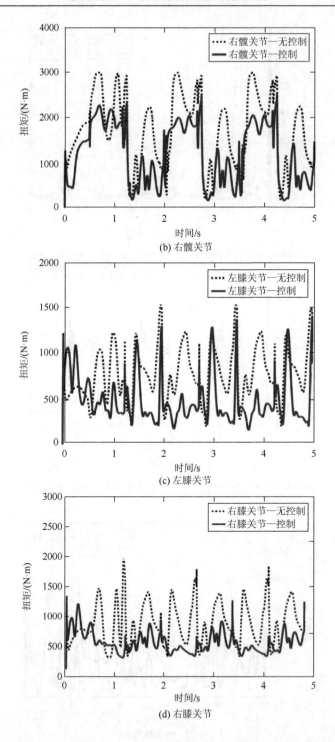

(b) 右髋关节

(c) 左膝关节

(d) 右膝关节

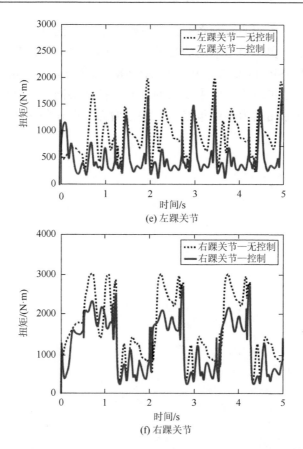

(e) 左踝关节

(f) 右踝关节

图 8.5.10 增力辅助模式下负重 35kg 情况下左右腿各关节力矩

健康人士/士兵在背负 35kg 负重的情况下，在相同条件下进行负重行走测试，左右腿各个关节所需要的力矩控制如图 8.5.10 所示，从图中的支撑相增力辅助结果来看，应用本书的以新型抗扰协同无模型自适应控制策略为内环核心的支撑相增力辅助策略，在进行增力辅助任务的情况下，可明显减小人体关节力矩，这表明外骨骼为人体承担了负载中的相当一部分重量，从而能达到较好的实时增力辅助效果。

8.6 本 章 小 结

本章在人体-外骨骼交互模型分析的基础上，针对增力辅助这一应用目标，根据交互力反馈和阻抗控制方法，分别设计了摆动相和支撑相的控制策略，摆动相的控制通过最小化人机交互作用，使得下肢外骨骼可以快速地跟随穿戴者摆动相的动作；支撑相的控制在补偿外骨骼自身重力的基础上，为穿戴者提供一定的力量辅助，实现增力辅助的目的。为了验证增力辅助策略的有效性，本章通过 MATLAB/Simulink 数值仿真和 ADAMS-MATLAB/Simulink 联合仿真进行了验证，仿真结果表明，应用本书的以新型抗扰协同无模型自适应控制策略为内环核心的支撑相增力辅助策略，在进行增力辅助任务的情况下，可明显减小人体关节力矩。

第9章　基于 dSPACE 硬件在环（HIL）的康复增力型下肢外骨骼系统智能控制

9.1　康复训练模式下的实验测控研究

本章利用第 5 章基于 ZMP 稳定性理论所设计的步态轨迹以及在各种地貌与应用条件下，针对不同需求所设计的步态，应用本书所设计的新型抗扰协同无模型自适应控制策略，进行了相应的实验研究。基于 dSPACE 测控平台的实验逻辑框图如图 9.1.1 所示。

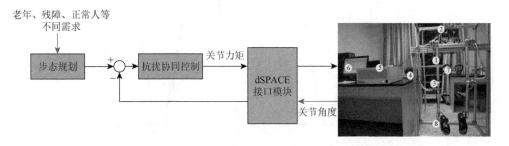

图 9.1.1　基于 dSPACE 测控平台下肢外骨骼康复训练模式实验

1. 正弦信号跟踪测试

本实验首先跟踪了幅值为 10° 的正弦信号，正弦信号具有较好的平滑性与稳定特征，且能够激发外骨骼的大部分动态特征，从而可以验证所研发的抗扰协同无模型自适应控制器的控制性能，同时能取得预期的步态训练效果。基于时延估计技术的无模型自适应控制器在关节空间的轨迹跟踪结果如图 9.1.2 所示，从以上跟踪结果可以看出，无模型自适应控制器能够较好地跟踪给定的正弦信号，其跟踪误差基本控制在 ±0.6°，实现外骨骼在康复训练模式下的准确稳定的运动，但其跟踪结果仍有进一步提高的空间，位置跟踪误差抖动较为明显。

本书所研发的新型抗扰协同无模型自适应控制器针对已有的无模型自适应控制器存在的时延估计误差问题进行了改进设计，将其应用于康复训练模式下对正弦信号的跟踪，在关节空间的轨迹跟踪结果如图 9.1.3 所示，从实验结果可以看出，对于 ±10° 的正弦信号，新型抗扰协同无模型自适应控制器可实现很好的跟踪，其跟踪误差控制在±0.04°，与改进前的基于时延估计的无模型自适应控制器相比，其控制误差降低了一个量级，其控制性能具有明显的提升，从速度跟踪情况来看，跟踪效果也更为稳定，可见改进后的新型抗扰协同无模型自适应控制器提高了原有控制器的稳定性与跟踪精度，可以根据老年、残障与健康人士/士兵等不同人群实现任意需求的规划轨迹的跟踪。

　　为进一步对比研究，通过正运动学求解与计算，可得传统无模型自适应控制方法在末端（足部）的轨迹跟踪结果如图 9.1.4 所示，同样通过正运动学求解计算可得利用新型抗扰协同无模型自适应控制策略在末端（足部）的跟踪结果如图 9.1.5 所示。

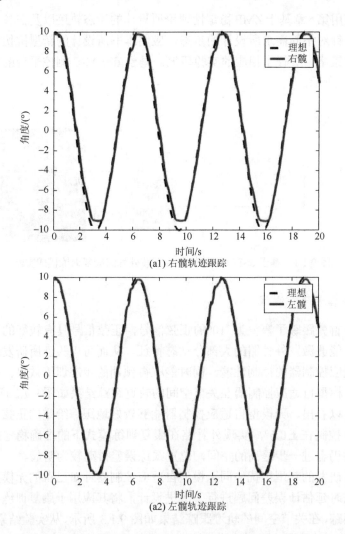

(a1) 右髋轨迹跟踪

(a2) 左髋轨迹跟踪

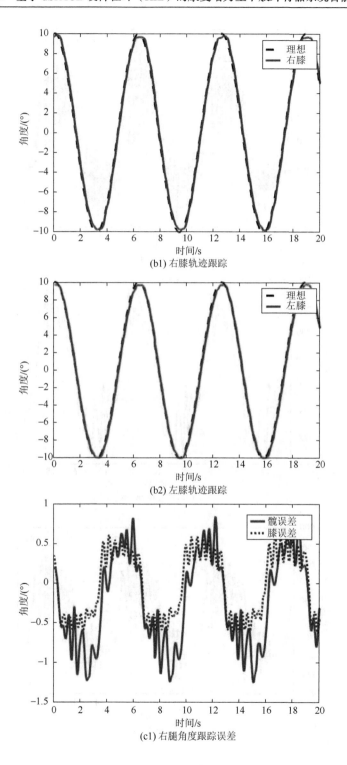

(b1) 右膝轨迹跟踪

(b2) 左膝轨迹跟踪

(c1) 右腿角度跟踪误差

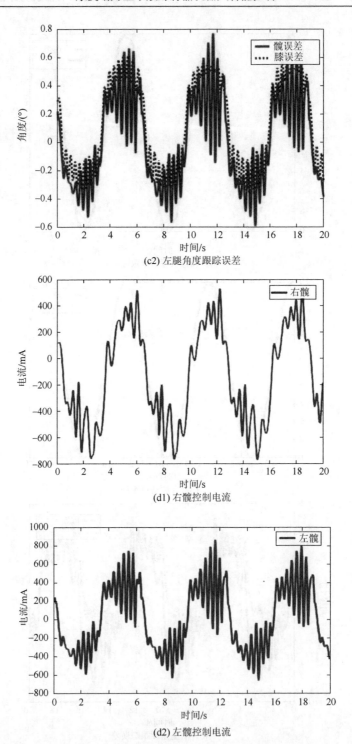

(c2) 左腿角度跟踪误差

(d1) 右髋控制电流

(d2) 左髋控制电流

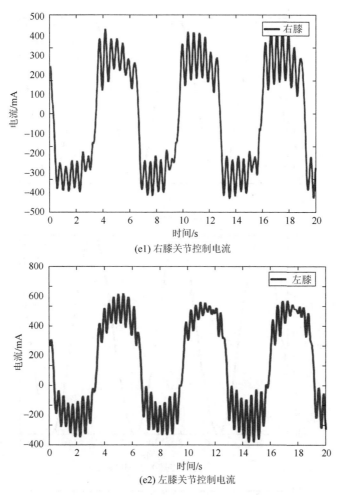

(e1) 右膝关节控制电流

(e2) 左膝关节控制电流

图 9.1.2　传统无模型自适应控制方法跟踪结果

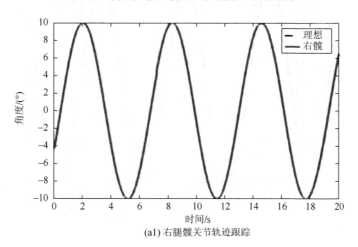

(a1) 右腿髋关节轨迹跟踪

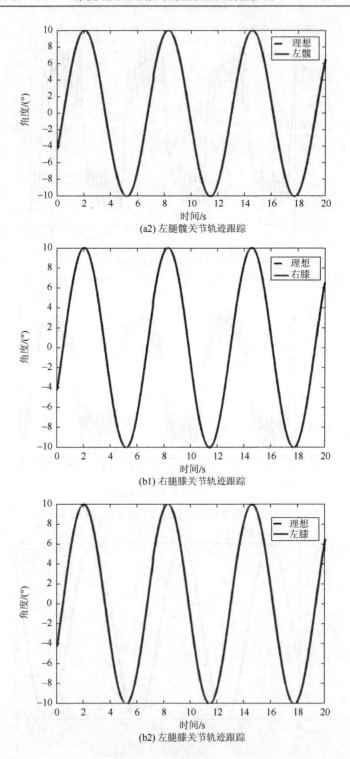

(a2) 左腿髋关节轨迹跟踪

(b1) 右腿膝关节轨迹跟踪

(b2) 左腿膝关节轨迹跟踪

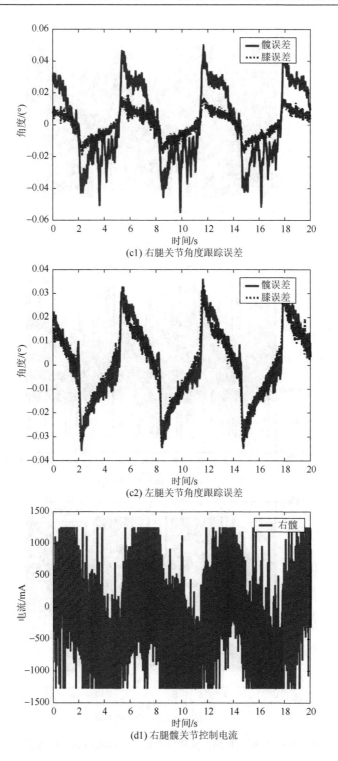

(c1) 右腿关节角度跟踪误差

(c2) 左腿关节角度跟踪误差

(d1) 右腿髋关节控制电流

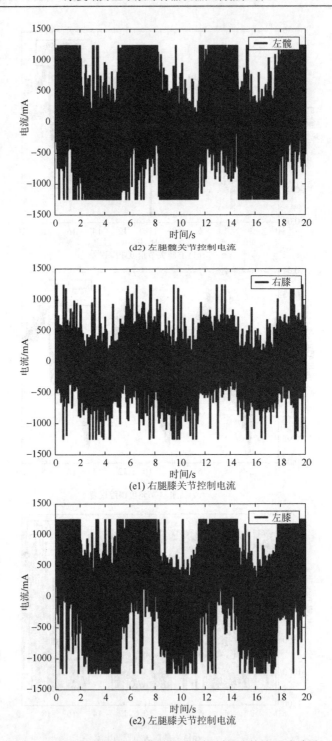

(d2) 左腿髋关节控制电流

(e1) 右腿膝关节控制电流

(e2) 左腿膝关节控制电流

图 9.1.3　新型抗扰协同无模型自适应控制策略轨迹跟踪结果

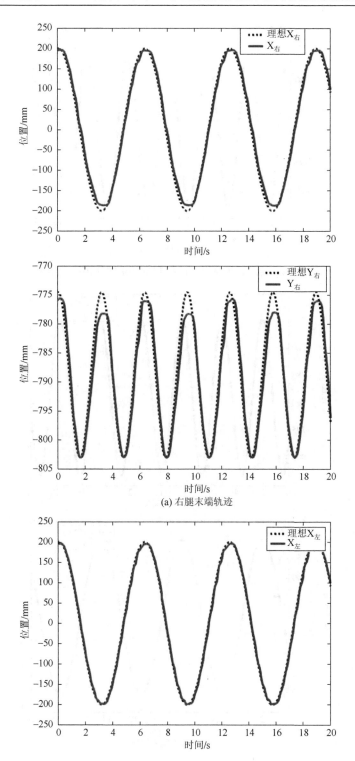

(a) 右腿末端轨迹

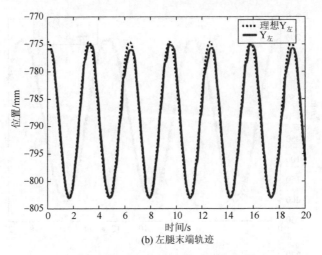

(b) 左腿末端轨迹

图 9.1.4　传统无模型自适应控制方法末端轨迹跟踪结果

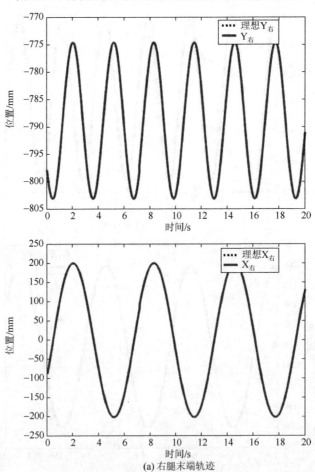

(a) 右腿末端轨迹

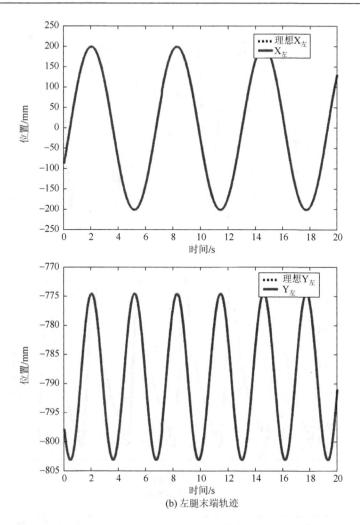

(b) 左腿末端轨迹

图 9.1.5　新型抗扰协同无模型自适应控制策略末端轨迹跟踪结果

2. ZMP 稳定性规划步态实时测试研究

利用基于 ZMP 稳定性理论的步态规划结果,将其应用到第 3 章所设计制造的基于 dSPACE 硬件在环的外骨骼智能系统平台,以验证步态的稳定性与合理性,同时验证算法的有效性与优越性。与以上步骤类似,可得相应结果如图 9.1.6~图 9.1.9 所示。

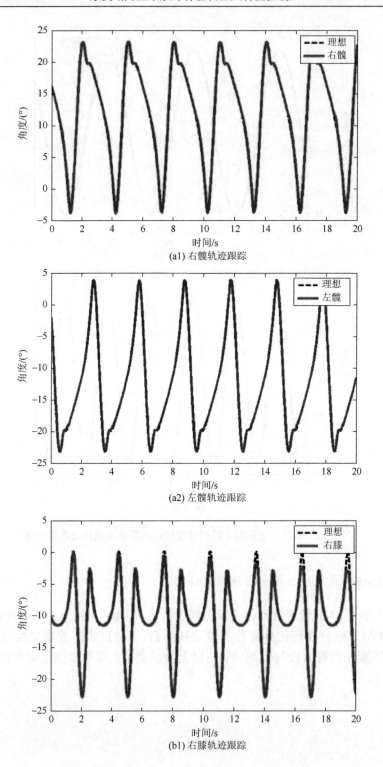

(a1) 右髋轨迹跟踪

(a2) 左髋轨迹跟踪

(b1) 右膝轨迹跟踪

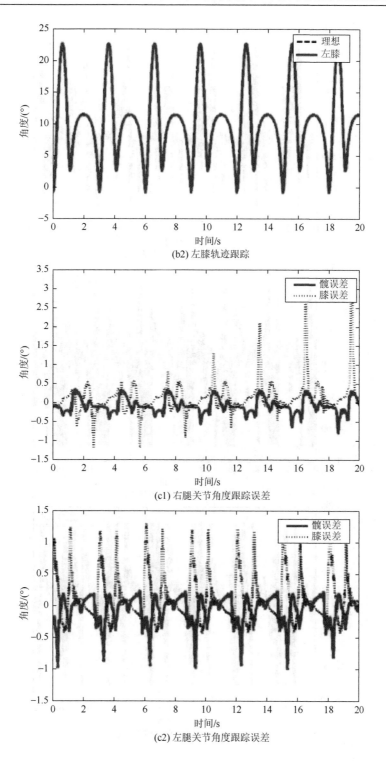

(b2) 左膝轨迹跟踪

(c1) 右腿关节角度跟踪误差

(c2) 左腿关节角度跟踪误差

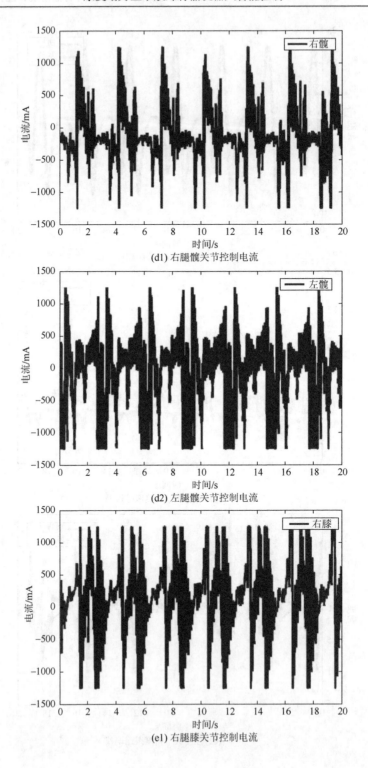

(d1) 右腿髋关节控制电流

(d2) 左腿髋关节控制电流

(e1) 右腿膝关节控制电流

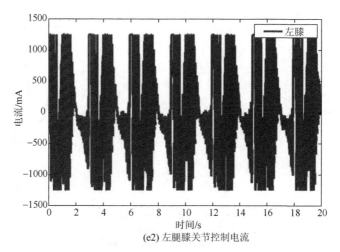

(e2) 左腿膝关节控制电流

图 9.1.6　传统无模型自适应控制方法轨迹跟踪结果

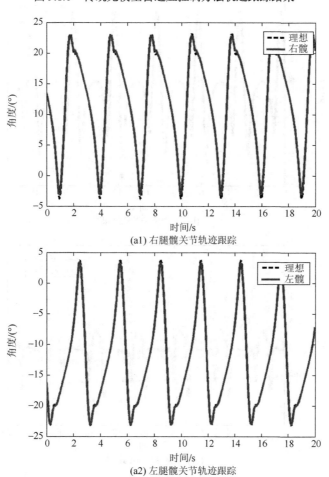

(a1) 右腿髋关节轨迹跟踪

(a2) 左腿髋关节轨迹跟踪

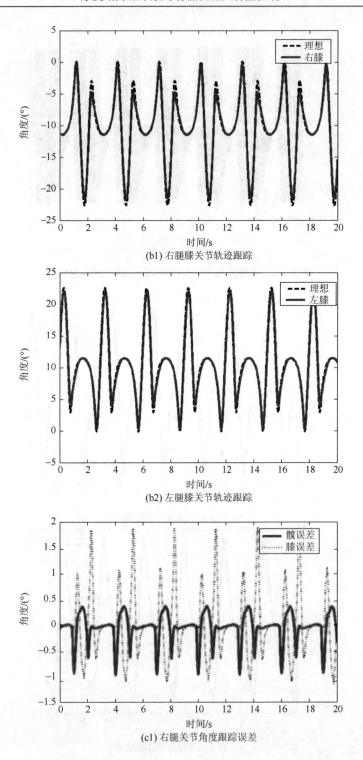

(b1) 右腿膝关节轨迹跟踪

(b2) 左腿膝关节轨迹跟踪

(c1) 右腿关节角度跟踪误差

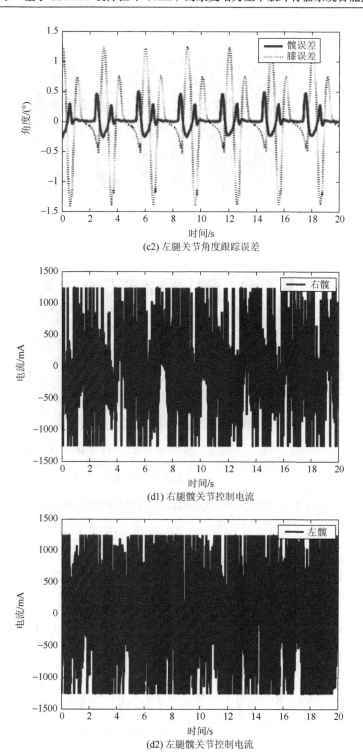

(c2) 左腿关节角度跟踪误差

(d1) 右腿髋关节控制电流

(d2) 左腿髋关节控制电流

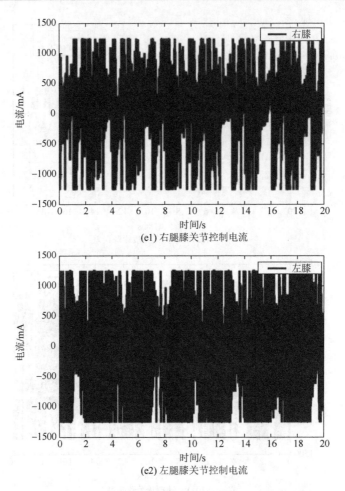

(e1) 右腿膝关节控制电流

(e2) 左腿膝关节控制电流

图 9.1.7　新型抗扰协同无模型自适应控制策略轨迹跟踪结果

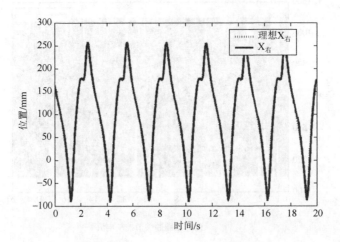

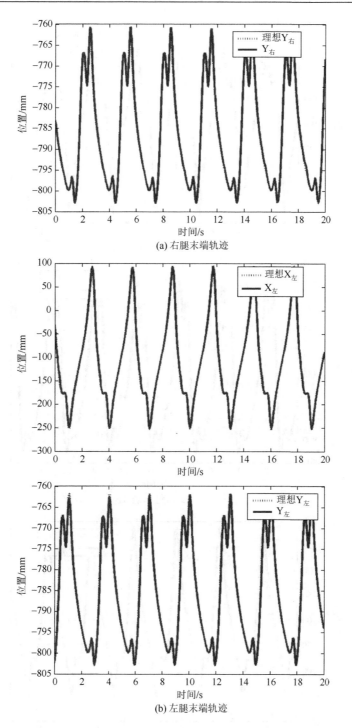

(a) 右腿末端轨迹

(b) 左腿末端轨迹

图 9.1.8　传统无模型自适应控制方法末端轨迹跟踪结果

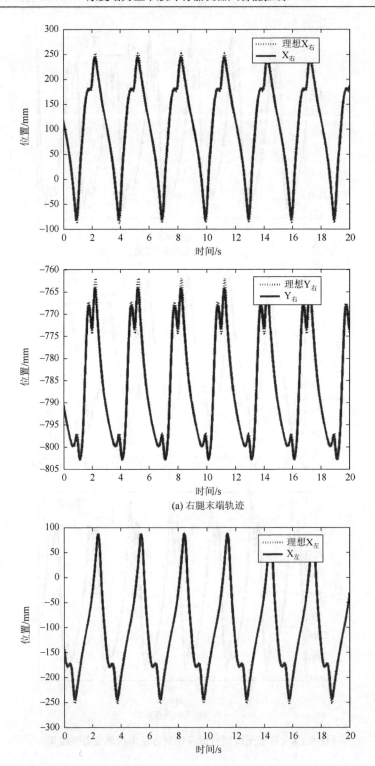

(a) 右腿末端轨迹

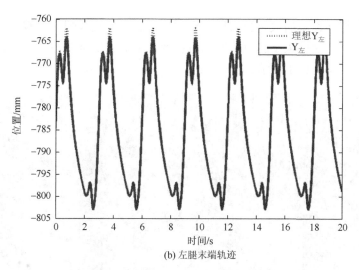

(b) 左腿末端轨迹

图 9.1.9　新型抗扰协同无模型自适应控制策略末端轨迹跟踪结果

从实验结果可以看出，基于 ZMP 稳定性理论所规划的步态结果可成功应用于康复训练任务，实现康复治疗的目的。所规划的稳定步态在康复任务中有助于克服人体无意识动作（如抽搐、抖动、应激反应等）产生的震颤与抖动，所研发的具有协同抗扰能力的无模型自适应控制器，能够有效地实现预期的控制效果。

3. 穿戴情况下实时测控研究

利用所规划的符合各种康复需求的 ZMP 稳定步态，对老年人进行康复训练测试（年龄 61 岁，身高 172cm），相应的测试者信息如图 9.1.10 所示。

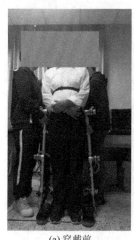  

(a) 穿戴前　　　　　　　　(b) 穿戴中　　　　　　　　(c) 穿戴后

图 9.1.10　康复训练模式下老年人测试

　　穿戴前将外骨骼的大小腿长度调整到与受测对象相匹配，穿戴过程可自主完成，老年受测者通过大小腿位置的绑带以及背部的固定绑带与外骨骼固定，受测者测试过程如图 9.1.11 所示。

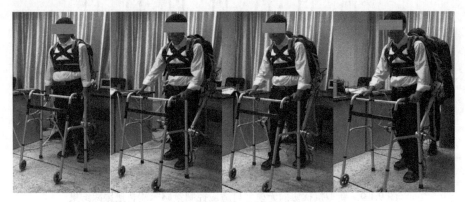

图 9.1.11　老年人测试过程

　　实验表明下肢外骨骼智能系统在康复训练模式下可帮助穿戴者实现站立、行走功能。

9.2　增力辅助模式下的实验测控研究

　　为进一步验证所构建的康复增力型下肢外骨骼系统，在穿戴者选择增力辅助模式下的控制性能，在所设计的摆动与支撑相算法控制下，进行有负重情况下的实时穿戴测试实验，取得了预期的各项实验效果。图 9.2.1 所示是对不同

(a) 身高170cm　　　　(b) 身高175cm　　　　(c) 身高180cm

图 9.2.1　增力辅助模式下不同身高与步速的受测者

身高与步数的实验室人员穿戴外骨骼的具体测试图。另外相应的测试效果由具体视频展示。

　　由于在支撑相与摆动相人体-外骨骼动力学存在巨大差异，在控制上对两个相位分别采取了不同的方式，因而相位判断是进行增力辅助实验的基础，准确的相位判断对增力辅助实验至关重要，图 9.2.2 给出了不同相位情况的实验场景图。

　　通过所设计的足底压力传感[图 9.2.3（a）]，首先进行了人体下肢相位判断实验，根据前后脚掌的压力值与相位判断逻辑[图 9.2.3（b）]，所得的相位判断结果如图 9.2.4 所示。

　　当下肢处于摆动相时，判断结果为 1，处于支撑相时判断结果为 0。

(a) 起始相位　　　　(b) 左脚摆动右脚支撑　　　　(c) 双脚支撑　　　　(d) 右脚摆动左脚支撑

图 9.2.2　增力辅助模式下行走过程中不同相位图

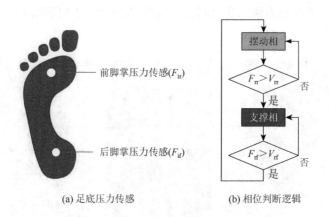

(a) 足底压力传感　　　　　　　　　(b) 相位判断逻辑

图 9.2.3　相位判断逻辑

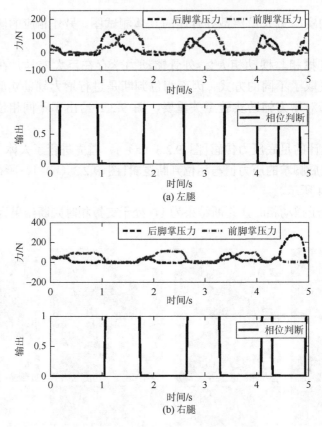

图 9.2.4　增力辅助模式下相位判断图

　　在增力辅助模式下，应用第 8 章设计的增力辅助模式控制策略，对健康人士在负重情况下进行增力辅助实验测试，测试场景如图 9.2.5 所示，步行 3m 用时 2.7s，其步速约为 3/2.7 = 1.11m/s。

图 9.2.5　增力辅助模式下增力辅助实验

　　分别在有无增力辅助控制器的情况下，测试了得到人体下肢与外骨骼之间的交互力，结果如图 9.2.6 所示。

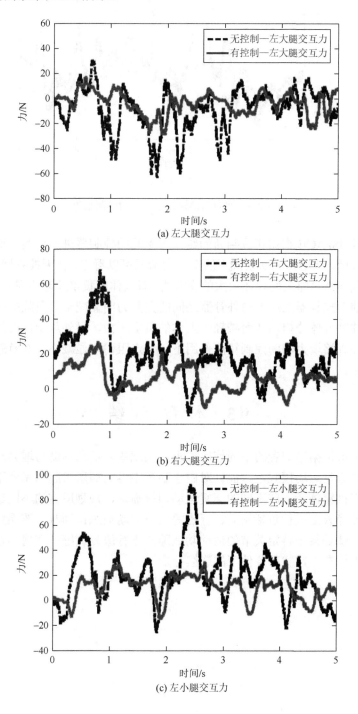

(a) 左大腿交互力

(b) 右大腿交互力

(c) 左小腿交互力

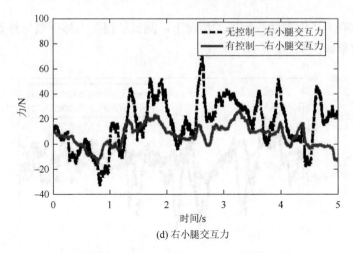

(d) 右小腿交互力

图 9.2.6　增力辅助模式下交互力检测结果

上位机 dSPACE 根据相位判断的结果对不同的控制器进行切换，实现不同相位的控制目标，从增力辅助模式下的交互力情况可以看出，在无控制器的情况下，负载导致人与外骨骼之间存在较大的交互力，对人体的负重运动造成一定的阻碍，引入增力辅助控制器之后人与外骨骼之间的交互力明显减小，负载的一部分重量由外骨骼辅助人体分担，从而减轻了人体的负重压力。另外从受试者的体感反应来看，在外骨骼增力辅助控制算法作用下，行走阻碍明显减小，对负载的增力辅助作用明显。

9.3　本章小结

该系统可根据穿戴者的不同使用需求，实现康复运动辅助与增力辅助两种工作模式：在康复运动模式下，能针对由于脑卒中等疾病所引起的患者下肢运动功能障碍，根据穿戴者下肢不同的康复运动训练需求，规划所需的不同康复运动轨迹，帮助残障人士进行包括站立、行走等康复运动训练；同时，该系统能针对患者下肢髋、膝等某个特定关节的运动功能障碍进行康复训练；在增力模式下，能实现正常人体在一定载荷条件下的连续行走。

参 考 文 献

[1] 黄如训，苏镇培. 脑卒中[M]. 北京：人民卫生出版社，2001.

[2] Long Y，Du Z J，Cong L，et al. Active disturbance rejection control based human gait tracking for lower extremity rehabilitation exoskeleton[J]. ISA Transactions，2017，67：389-397. http://dx.doi.org/ 10.1016/j.isatra.2017.01.006i.

[3] 张晓玉. 智能辅具及其应用[M]. 北京：中国社会出版社，2012.

[4] Vukobratovic M，Hristic D，Stojiljkovic Z. Development of active anthropomorphic exoskeletons[J]. Medical and Biological Engineering and Computing，1974，12（1）：66-80.

[5] 杨智勇，顾文锦，张静，等. 单兵负荷骨骼服的力控制理论与方法[M]. 北京：国防工业出版社，2013.

[6] Pan D，Cao F，Miao Y，et al. Co-simulation research of a novel exoskeleton-human robot system on humanoid gaits with fuzzy-PID/PID algorithms[J]. Advances in Engineering Software，2015，79：36-46.

[7] van Kammen K，Boonstra A M，van der Woude L H V，et al. The combined effects of guidance force，bodyweight support and gait speed on muscle activity during able-bodied walking in the Lokomat[J]. Clinical Biomechanics，2016，36：65-73.

[8] Huo W G，Mohammed S，Moreno J C，et al. Lower limb wearable robots for assistance and rehabilitation：A state of the art[J]. IEEE Systems Journal，2016，10（3）：1068-1081.

[9] Koopman B，van Asseldonk E H F，van der Kooij H. Estimation of human hip and knee multi-joint dynamics using the LOPES gait trainer[J]. IEEE Transactions on Robotics，2016，32（4）：920-932.

[10] Stegall P，Zanotto D，Agrawal S K. Variable damping force tunnel for gait training using ALEX III [J]. IEEE Robotics and Automation Letters，2017，2（3）：1495-1501.

[11] Talaty M，Esquenazi A，Briceno J E. Differentiating ability in users of the ReWalk[TM] powered exoskeleton：An analysis of walking kinematics[J]. International Conference on Rehabilitation Robotics，2013：1-5.

[12] Gad P N，Gerasimenko Y P，Zdunowski S，et al. Iron 'ElectriRx' man：Overground stepping in an exoskeleton combined with noninvasive spinal cord stimulation after paralysis[J]. Conference of The IEEE Engineering in Medicine and Biology Society，2015：1124-1127.

[13] Kazerooni H，Steger R. The Berkeley lower extremity exoskeleton[J]. Journal of Dynamic Systems，Measurement，and Control，2006，128（1）：14-25.

[14] Kawamoto H，Lee S，Kanbe S，et al. Power assist method for HAL-3 using EMG-based feedback controller[J]. IEEE Transactions on Systems，Man and Cybernetics，2003：1648-1653.

[15] Hayashi T，Kawamoto H，Sankai Y. Control method of robot suit HAL working as operator's muscle using biological and dynamic information[J]. IEEE/RSJ International Conference on Intelligent Robots and Systems，2005：3063-3068.

[16] Feyzabadi S，Straube S，Folgheraiter M，et al. Human force discrimination during active arm motion for force feedback design[J]. IEEE Transactions on Haptics，2013，6（3）：309-319.

[17] Gui L H，Yang Z Y，Yang X X，et al. Design and control technique research of exoskeleton suit[J]. IEEE International Conference on Automation and Logistics，2007：541-546.

[18] 张向刚，秦开宇，石宇亮. 人体外骨骼服技术综述[J]. 计算机科学，2015，42（8）：1-6.

[19] Yang W，Yang C J，Wei Q X. Design of an anthropomorphic lower extremity exoskeleton with compatible joints[J]. 2014 IEEE International Conference on Robotics and Biomimetics，2014：1374-1379.

[20] Fang Y，Yu Y，Chen F，et al. Dynamic analysis and control strategy of the wearable power assist leg[J]. IEEE International Conference on Automation and Logistics，2008：1060-1065.

[21] Cao H，Ling Z Y，Zhu J，et al. Design frame of a leg exoskeleton for load-carrying augmentation[J]. IEEE International Conference on Robotics and Biomimetics，2009：426-431.

[22] Mohammed S，Huo W，Huan J，et al. Nonlinear disturbance observer based sliding mode control of a human-driven knee joint orthosis[J]. Robotics and Autonomous Systems，2016，75：41-49.

[23] Hussain S，Xie S Q，Jamwal P K. Control of a robotic orthosis for gait rehabilitation[J]. Robotics and Autonomous Systems，2013，61（9）：911-919.

[24] Martin P，Emami M R. A neuro-fuzzy approach to real-time trajectory generation for robotic rehabilitation[J]. Robotics and Autonomous Systems，2014，62（4）：568-578.

[25] Wu J P，Gao J W，Song R，et al. The design and control of a 3DOF lower limb rehabilitation robot[J]. Mechatronics，2016，（33）：13-22.

[26] Madani T，Daachi B，Djouani K. Non-singular terminal sliding mode controller：Application to an actuated exoskeleton[J]. Mechatronics，2016，33：136-145.

[27] Nagarajan U，Aguirre-Ollinger G，Goswami A. Integral admittance shaping：A unified framework for active exoskeleton control[J]. Robotics and Autonomous Systems，2016，75：310-324.

[28] Aguirre-Ollinger G，Colgate J E，Peshkin M A，et al. Inertia compensation control of a one-degree-of-freedom exoskeleton for lower limb assistance：Initial experiments[J]. IEEE Transactions on Neural Systems and Rehabilitation Engineering，2012，20（1）：68-77.

[29] Shahi H，Yousefi-Koma A，Moghadam M M. An improvement on impedance control of performance of an exoskeleton suit in the presence of uncertainty[J]. RSI International Conference on Robotics and Mechatronics，2015：412-417.

[30] Ghan J，Steger R，Kazerooni H. Control and system identification for the Berkeley lower extremity exoskeleton（BLEEX）[J]. Advances Robotics，2006，12：989-1014.

[31] Beyl P，Van Damme M，Van Ham R，et al. Design and control of a lower limb exoskeleton for robot-assisted gait training[J]. Applied Bionics and Biomechanics，2009，6：229-243.

[32] 张佳帆. 柔性外骨骼人机智能系统[M]. 北京：科学出版社，2011.

[33] Karavas N，Ajoudani A，Tsagarakis N，et al.Tele-impedance based stiffness and motion augmentation fora knee exoskeleton device[J]. International Conference on Robotics and Automation，2013：990-995.

[34] Mefoued S. A second order sliding mode control and a neural network to drive a knee joint actuated orthosis[J]. Neurocomputing，2015：71-79.

[35] Desplenter T，Lobo-Prat J，Stienen A H A，et al. Extension of the WearME framework for EMG-driven control of a wearable assistive exoskeleton[J]. IEEE International Conference on Advanced Intelligent Mechatronics，2016：288-293.

[36] Kiguchi K，Hayashi Y. An EMG-based control for an upper-limb power-assist exoskeleton robot[J]. IEEE IEEE Transactions on Systems Man and Cybernetics，Part B：Cybernetics，2012，42（4）：1064-1071.

[37] Leonardis D，Barsotti M，Loconsole C，et al. An EMG-controlled robotic hand exoskeleton for bilateral rehabilitation[J]. IEEE Transactions on Haptics，2015，8（2）：140-151.

[38] Joo Er M，Mandal S. A survey of adaptive fuzzy controllers：Nonlinearities and classifications[J]. IEEE Transactions on Fuzzy Systems，2016，24（5）：1095-1107.

[39] Pasinetti S，Lancini M，Bodini I，et al. A novel algorithm for EMG signal processing and muscle timing measurement[J]. IEEE Transactions on Instrumentation and Measurement Magazine，2015，64（11）：2995-3004.

[40] Huo W，Mohammed S，Amirat Y. Observer-based active impedance contrl of a knee-joint assistive orthosis[J]. IEEE International Conference on Rehabilitation Robotics，2015：313-318.

[41] Huang T H，Cheng C A，Huang H P. Self-learning assistive exoskeleton with sliding mode admittance control[J]. IEEE International Conference on Intelligent Robots and Systems，2013：698-703.

[42] Oh S，Hori Y. Generalized discussion on design of force-sensor-less power assist control[J]. IEEE International Workshop Advanced Motion Control，2008：492-497.

[43] Oh S，Kong K，Hori Y. Design and analysis of force-sensor-less power-assist control[J]. IEEE Transactions Industrial Electronics，2014，61（2）：985-993.

[44] Wu J，Huang J，Wang Y J，et al. Nonlinear disturbance observer based dynamic surface control for trajectory tracking of pneumatic muscle system[J]. IEEE Transactions on Control Systems Technology，2013，22（2）：440-455.

[45] 吴宏鑫. 全系数自适应控制理论及其应用[M]. 北京：国防工业出版社，1990.

[46] 吴宏鑫，解永春，李智斌，等. 基于对象特征模型描述的智能控制[J]. 自动化学报，1999，25（1）：9-17.

[47] 吴宏鑫，胡军，解永春. 基于特征模型的智能自适应控制[M]. 北京：中国科学技术出版社，2008.

[48] 侯忠生. 无模型自适应控制的现状与展望[J]. 控制理论与应用，2006，4：586-592.

[49] Liu S D，Hou Z S，Yin C K. Data-driven modeling for UGI gasification processes via an enhanced genetic BP neural network with link switches[J]. IEEE Transactions on Neural Networks and Learning Systems，2016，27（12）：2718-2729.

[50] Zhu Y M，Hou Z S，Qian F，et al.Dual RBFNNs-based model-free adaptive control with aspen

HYSYS simulation[J]. IEEE Transactions on Neural Networks and Learning Systems，2017，28（3）：759-765.

[51] 韩京清. 控制理论：模型论还是控制论？[J].系统科学与数学，1989，9（4）：328-335.

[52] Han J. From PID to active disturbance rejection control[J]. IEEE Transactions on Industrial Electronics, 2009, 56（3）：900-906.

[53] Gao Z Q. From linear to nonlinear control means: A practical progression[J]. ISA Transactions, 2002, 41：177-189.

[54] Li J, Xia Y Q, Qi X H, et al. On the necessity, scheme, and basis of the linear-nonlinear switching in active disturbance rejection control[J]. IEEE Transactions on Industrial Electronics, 2017, 64（2）：1425-1435.

[55] Fliess M, Join C. Model-free control[J]. International Journal of Control, 2013, 86：2228-2252.

[56] Lafont F, Balmat J F, Pessel N, et al. A model-free control strategy for an experimental greenhouse with an application to fault accommodation[J]. Computers and Electronics in Agriculture, 2015, 110（1）：139-149.

[57] Abouaïssa H, Fliess M, Join C. On ramp metering: Towards a better understanding of ALINEA via model-free control[J]. International Journal of Control, 2017, 90（5）：623-641.

[58] Youcef-Toumi K, Fuhlbrigge T A. Application of decentralized time-delay controller to robot manipulators[J]. IEEE International Conference on Robotics and Automation, 1989：1786-1791.

[59] Jin Y, Chang P H, Jin M L, et al. Stability guaranteed time-delay control of manipulators using nonlinear damping and terminal sliding mode[J]. IEEE Transactions on Industrial Electronics, 2013, 60（8）：3304-3317.

[60] Ghanbari A, Chang P H, Hongsoo C, et al. Time delay estimation for control of microrobots under uncertainties[J]. IEEE/ASME International Conference on Advanced Intelligent Mechatronics, 2013：862-867.

[61] Lee J, Chang P H, Jamisola R S. Relative Impedance Control for Dual-Arm Robots Performing Asymmetric Bimanual Tasks[J]. IEEE Transactions on Industrial Electronics, 2014, 61（7）：3786-3796.

[62] Wang H P, Vasseur C, Christov N, et al. Vision servoing of robot systems using piecewise continuous controllers and observers [J]. Mechanical System and Signal Processing, 2012, 33：132-141.

[63] Wang H P, Tian Y, Christov N. Piecewise-continuous observers for linear systems with sampled and delayed output[J]. International Journal of Intelligent Systems, 2016, 47（8）：1804-1805.

[64] Wang H P, Tian Y, Vasseur C. Piecewise continuous hybrid systems based observer design for linear systems with variable sampling periods and delay output[J]. Signal Processing-EURASIP, 2015, 114：75-84.

[65] Wang H P, Ye X F, Tian Y, et al. Model free based terminal sliding model control of quadrotor attitude and position[J]. IEEE Transactions on Aerospace and Electronic Systems, 2016, 52（5）：2519-2528.

[66] Tamia R, Zheng G, Boutat D, et al. Partial observer normal form for nonlinear system[J].

Automatica，2016，64：54-62.

[67] Zheng G，Efimov D，Bejarano F J，et al. Interval observer for a class of uncertain nonlinear singular systems[J]. Automatica，2016，71：159-168.

[68] Whittle M W. Gait analysis：An introduction[M]. Oaoford：Butterworth-Heinemann，2014.

[69] Craig J J. Introduction to robotics：Mechanics and control[M]. Boston：Addison-Wesley Publishing Company，1986.

[70] 蔡自兴，谢斌. 机器人学：Robotics[M]. 北京：清华大学出版社，2015.

[71] 汤国苑. 基于表面肌电信号的下肢运动意图及膝关节角度识别[D]. 南京：南京理工大学，2017.

[72] 韩佳伟. 基于表面肌电信号的人体运动意图识别方法研究[D]. 南京：南京理工大学，2019.

[73] 胡晓，王志中，任小梅，等. 基于模糊自相似性的表面肌电信号分形分析[J]. 北京生物医学工程，2006，25（2）：178-181.

[74] Vukobratovic M，Juricic D. Contribution to the synthesis of biped gait[J]. IEEE Transactions on Biomedical Engineering，1969（1）：1-6.

[75] 马昌凤. 现代数值分析（MATLAB）[M]. 北京：国防工业出版社，2013.

[76] 毕盛，庄钟杰，闵华清. 基于强度 Pareto 进化算法的双足机器人步态规划[J]. 华南理工大学学报（自然科学版），2011，39（10）：68-73.

[77] 陈昌伟. 基于 Kinect 的人体动作比对分析及生物力学分析[D]. 天津：天津大学，2014.

[78] Shan Y，Zhang Z，Huang K. Learning skeleton stream patterns with slow feature analysis for action recognition[C]. European Conference on Computer Vision. Springer International Publishing，2014：111-121.

[79] 殷越，赵亚玲，卢伟. 基于力矩信息的拖拉机转向动态 PID 控制方法[J]. 测控技术，2017（5）：68-72.

[80] 方健，宋宇，朱茂飞，等. 基于时间最优的码垛机器人轨迹规划[J]. 控制工程，2018，25（1）：93-99.

[81] Righetti L，Ijspeert A J. Programmable central pattern generators：An application to biped locomotion control[C]. IEEE International Conference on Robotics and Automation. IEEE，2006：1585-1590.

[82] 殷越. 下肢康复型外骨骼自适应步态规划策略研究[D]. 南京：南京理工大学，2019.

[83] Righetti L，Buchli J，Ijspeert A J. Dynamic hebbian learning in adaptive frequency oscillators[J]. Physica D：Nonlinear Phenomena，2006，216（2）：269-281.

[84] Qin A K，Huang V L，Suganthan P N. Differential evolution algorithm with strategy adaptation for global numerical optimization[J]. IEEE Transactions on Evolutionary Computation，2009，13（2）：398-417.

[85] Kumar D S，Sharma V P，Choudhary H R，et al. A modified DE：Population or generation based levy flight differential evolution（PGLFDE）[C]. 2015 IEEE International conference on Futuristic Trends in Computational analysis and Knowledge management. IEEE，2015：704-710.

[86] Ijspeert A J，Nakanishi J，Schaal S. Learning rhythmic movements by demonstration using nonlinear oscillators[C]. IEEE/RSJ International Conference on Intelligent Robots and Systems.

IEEE，2002：958-963.

[87] Huang R，Cheng H，Guo H，et al. Hierarchical learning control with physical human-exoskeleton interaction[J]. Information Sciences，2017，432：584-595.

[88] Qiming C，Hong C，Chunfeng Y，et al. Dynamic balance gait for walking assistance exoskeleton[J]. Applied Bionics and Biomechanics，2018，2018：1-10.

[89] 雷震宇. 六足机器人行走步态的协调控制研究[D]. 西安：西安工业大学，2018.

[90] Seleem I A，Assal S F M. A neuro fuzzy-based gait trajectory generator for a biped robot using kinect data[C]. International Conference on Information Science and Control Engineering. IEEE，2016：763-768.

[91] Qiming C，Hong C，Chunfeng Y，et al. Step length adaptation for walking assistance[C]. IEEE International Conference on Mechatronics and Automation. IEEE，2017：644-650.

[92] 王纪伟，陈刚，汪俊. 基于模糊免疫 PID 的驾驶机器人车辆路径及速度跟踪控制[J]. 南京理工大学学报（自然科学版），2017，41（6）：686-692.

[93] 董全成，冯显英. 基于自适应模糊免疫 PID 的轧花自动控制系统[J]. 农业工程学报，2013（23）：38-45.

[94] Marchal-Crespo L，Reinkensmeyer D J. Review of control strategies for robotic movement training after neurologic injury[J]. Journal of NeuroEngineering and Rehabilitation，2009，6（1）：1-15.

后　记

　　本书总结了作者在外骨骼机器人领域多年的研究成果和经验，针对康复增力型下肢外骨骼机器人的研究进行了系统性的介绍。首先，本书从人体工程学特征出发，分析了健康人体和残障人士的下肢运动机理，在此基础上设计并构建了一种新型的集康复训练与增力辅助于一体的多功能下肢外骨骼智能系统，同时进行了运动学和动力学建模分析；为实现这类智能机器人系统的成功应用，本书进行了基于肌电信号的人体下肢外骨骼运动意图识别的相关研究，分别设计了基于滑动窗口和基于知识库与特征匹配的运动意图识别方法，并进行了实验验证；针对不同辅助需求下运动步态的规划问题，分别设计了用于被动康复辅助的 ZMP 稳定步态、针对特殊动作的步态和基于振荡器学习的学习型步态。

　　进一步，为实现有效的运动控制，本书进行了动力学层面运动控制方法的研究，提出了基于分数阶终端滑模的无模型自适应抗扰控制器、基于 RBF 神经网络逼近补偿的无模型自适应抗扰控制器和基于快速非奇异终端滑模与时延估计的无模型自适应抗扰控制器，三种控制器均通过数值仿真或联合仿真研究进行了有效性验证。

　　接着，针对康复运动辅助任务，本书分别设计了基于轨迹跟踪控制的被动式康复训练辅助策略和基于区域划分的多模式按需辅助策略；针对增力辅助任务，本书基于人体-外骨骼交互动力学模型分析，分别设计了摆动相和支撑相控制策略并实现联合仿真验证。

　　最后，本书利用 dSPACE 硬件在环（HIL）控制平台，构建了康复增力型下肢外骨骼硬件系统，分别进行了康复训练辅助和增力辅助的实验研究，验证了辅助方法的有效性和该外骨骼智能系统的可行性。在康复运动模式下，能针对由于脑卒中等疾病所引起的患者下肢运动功能障碍，根据穿戴者下肢不同的康复运动训练需求，帮助残障人士进行包括站立、行走等康复运动训练；在增力模式下，能实现正常人体在一定载荷条件下的连续行走。

　　本书从外骨骼研究领域的不同层次展开介绍，针对不同方面的前沿问题进行了攻关，为读者提供了较为全面的外骨骼领域的前沿知识，为有志于从事外骨骼机器人相关研究的学生和研究人员等提供参考。

　　作者在外骨骼机器人领域取得了一定的研究成果，但这一领域仍有众多的难题亟待攻克，如更符合人体工程学的穿戴设计、低成本而高效的新型样机、临床实验研究、产学研一体化推进等。随着传感技术、信息技术、微控制器技术、材料科学、人因工程技术、人工智能算法等的快速发展，以及从事该领域研究与推广的专业人员的增加，相信在不久的将来，外骨骼技术将得到更为迅速的发展。